四川盆地二叠系栖霞组油气成藏规律

杨　雨　文　龙　赵路子　张本健　谢继容　等著

石油工业出版社

内容提要

本书对四川盆地二叠纪栖霞组沉积期的岩相古地理格局的剖析，探讨了二叠系栖霞组储层特征及成因机制；对盆地内已发现的气藏的天然气组分、同位素进行了对比分析，同时对储层中沥青的生物标志化合物与潜在烃源岩的生物标志特征进行了对比，基本明确了二叠系栖霞组油气藏的主力烃源岩层系，并评价了各套烃源岩的有机质丰度、类型及成熟度在盆地内的发育特征；对主要构造的气藏特征进行了分析，厘定了油气充注期次，结合构造演化剖析了其成藏过演化过程，建立了油气成藏模式，指出了油气成藏控制因素。

本书可供勘探开发工作者及大专院校相关专业师生参考使用。

图书在版编目（CIP）数据

四川盆地二叠系栖霞组油气成藏规律 / 杨雨等著 .
—北京：石油工业出版社，2022.7
ISBN 978-7-5183-5337-8

Ⅰ. ①四… Ⅱ. ①杨… Ⅲ. ①四川盆地 - 二叠纪 - 栖霞阶 - 油气藏形成 - 研究 Ⅳ. ① P618.130.2

中国版本图书馆 CIP 数据核字（2022）第 064677 号

出版发行：石油工业出版社
（北京安定门外安华里 2 区 1 号　100011）
网　址：www.petropub.com
编辑部：（010）64523736
图书营销中心：（010）64523633
经　　销：全国新华书店
印　　刷：北京中石油彩色印刷有限责任公司

2022 年 7 月第 1 版　2022 年 7 月第 1 次印刷
787×1092 毫米　开本：1/16　印张：12.25
字数：304 千字

定价：120.00 元
（如出现印装质量问题，我社图书营销中心负责调换）

《四川盆地二叠系栖霞组油气成藏规律》

作者名单

杨　雨　文　龙　赵路子　张本健　谢继容

张玺华　冉　崎　罗　冰　汪　华　张　亚

刘　冉　袁海锋　高兆龙　陈安清　郝　毅

前言

四川盆地西邻青藏高原东缘的龙门山构造带，北与秦岭相接，东望雪峰山陆内造山带，南靠云贵高原，是我国最富天然气资源的盆地。四川盆地在我国的深层海相油气勘探创新中占有重要地位，当前已经进入了多层系立体勘探新格局。其西部的中二叠统栖霞组发育储渗性能良好的“砂糖状”白云岩，但主要分布于地质条件极为复杂性川西龙门山构造带前缘。20 世纪 80 年代，中美联合勘探队曾对四川盆地深层构造的栖霞组等层系进行过油气探索，在川西龙门山构造带前缘的矿山梁、吴家坝等地几经尝试，都无功而返。此后，长期的勘探都未在栖霞组获得规模性的油气发现。落实四川盆地栖霞组是否发育规模优质白云岩储层和是否具备规模油气聚集成藏条件，一直是油气勘探者孜孜以求的目标。

近年来，中国石油西南油气田分公司通过详实的沉积学与古地理基础研究，提出川西地区在二叠纪栖霞组沉积期位于陆表海台地边缘，具备发育稳定分布大面积白云岩储层的条件。通过深层复杂构造成像技术攻关，解构了龙门山北段的构造模型，重建了川西地区的构造—沉积演化过程，继而刻画出面积达数千平方千米的白云岩储层发育区。2014 年，据此以龙门山北段双鱼石构造的栖霞组孔隙型白云岩储层为勘探对象，部署双探 1 井，于推覆体下盘的原地构造系统发现栖霞组气藏，测试获气 $87.6\times10^4m^3/d$；2018 年，甩开预探龙门山南段平落坝构造，部署平探 1 井，在栖霞组再获重大勘探突破；特别是在川中高石梯—磨溪构造的立体勘探部署中，于高石 18、磨溪 42 等井陆续获得高产孔隙型白云岩气藏，大大拓展了四川盆地栖霞组的勘探局面。截至 2021 年底，四川盆地栖霞组已获地质储量 $1200.49\times10^8m^3$，显示了良好的勘探潜力。

二叠系栖霞组的勘探突破实现了四川盆地海相碳酸盐岩又一重大增储领域。为了深入认识栖霞组的油气发育分布规律，中国石油西南油气田分公司联合成都理工大学、中国石油勘探开发研究院杭州地质研究院等，集中攻关了二叠系栖霞组的构造—沉积格局、规模成储机制、成藏条件等，形成的主要内容和认识包括如下几个方面。

（1）构造—沉积格局：通过详细的岩心观察描述和测井资料分析，系统认识了栖霞组的岩石类型、沉积构造、生物组合、地球物理特征等相标志，明确了四川盆地二叠系栖霞组发育稳定背景下的局限台地、开阔台地、台缘斜坡和陆棚四种沉积相类型。基于地震资料解释和区域构造背景分析，揭示了四川盆地栖霞组沉积主体受控于加里东期古地貌，发育一个由广元—南充—内江—乐山的半环形台内滩带；川西的台地边缘受控于北东向大断裂，发育带状台缘滩。

（2）规模成储机制：四川盆地栖霞组储集岩岩性主要以褐色—浅灰色中—细晶白云岩、

中—粗晶白云岩为主，并包括灰质云岩与云质灰岩等，储集空间多为白云石晶间（溶）孔；规模白云岩储层的发育在宏观上受两个大型滩相带的控制，一个为沿川西龙门山一带的条带状分布的台缘滩相带，另一个为沿川中加里东古隆起呈环带状分布的台内滩相带，呈现出“一缘一环带”的分布格局。沉积地球化学证据表明白云岩主要为准同生成因，是相控基础上的蒸发泵和渗透回流白云岩储层，进一步落实了孔隙型滩相储层发育模式。

（3）天然气来源：四川盆地中二叠统栖霞组天然气以 CH_4 为主，为典型干气气藏；天然气组分、碳 / 氢同位素特征、储层沥青的生物标志物对比等表明，下寒武统筇竹寺组、下志留统、中二叠统烃源岩均对栖霞组气藏有贡献。下寒武统、下志留统、中二叠统烃源岩均处于过成熟演化阶段，有机质丰度高，生烃潜量大，其中下寒武统筇竹寺组烃源岩对栖霞组油气成藏的贡献最大，是主要的供烃层系。

（4）天然气成藏模式：栖霞组储层大都经历了四期油气充注，表现为印支期形成古油藏，燕山期发育古油气藏，喜马拉雅期调整和定型。川西北双鱼石构造油气成藏模式为“多期构造叠合、晚期调整保持”；川西南成藏模式为“早期差异演化，晚期差异成藏”；川中高石梯—磨溪地区成藏模式为“烃源断裂差异输导、古今构造叠合控藏”。

（5）成藏主控因素：通过对主要含气构造的解剖和分析，明确了二叠系栖霞组具备规模油气聚集带的发育条件——①沟通下伏富烃气源的断层是前提；②有利的规模滩相储层是核心；③构造差异叠合和生排烃期的有效匹配是油气调整就位的关键；④致密灰岩形成的封存箱是油气保存的保障。

本书以四川盆地栖霞组为例，系统深入地解剖白云岩储层发育机制、山前复杂构造深层及超深层海相油气成藏模式，为稳定陆表海台地背景的孔隙型滩相储层的油气勘探及山前复杂构造深层超深层海相碳酸盐岩油气勘探提供地质借鉴。

本书共分为 6 章，第 1 章由杨雨、文龙、张本健、张玺华、张亚等编写，第 2 章由文龙、陈安清、张玺华编写，第 3 章由赵路子、高兆龙、张亚、郝毅等编写，第 4 章由汪华、张玺华、袁海锋编写，第 5 章由谢继容、袁海锋、张本健、罗冰、梁家驹等编写，第 6 章由刘冉、文龙、冉崎、张玺华编写。全书由杨雨、文龙、赵路子等统稿，最后由杨雨审核定稿。陈聪、陈延贵、谌辰、匡明志、叶子旭、李天军等完成了本书大量图件的编制和校对工作。在此，衷心感谢为四川盆地栖霞组油气勘探开发潜心作出技术贡献的广大科技人员，对本书的出版付出辛勤劳动的工作人员表示诚挚的谢意。

目录

第1章　绪　论

1.1　区域构造特征

四川盆地位于中国中西部，面积约$18\times10^4km^2$。构造上，四川盆地位于扬子地块的西北部（图1-1），西以青藏高原东缘的松潘—甘孜褶皱带和龙门山冲断带为界，北临秦岭造山带南缘的略缝合带和大巴山冲断带，东侧为鲜水河断裂，整体呈现出长轴沿北东方向展布的菱形外貌。

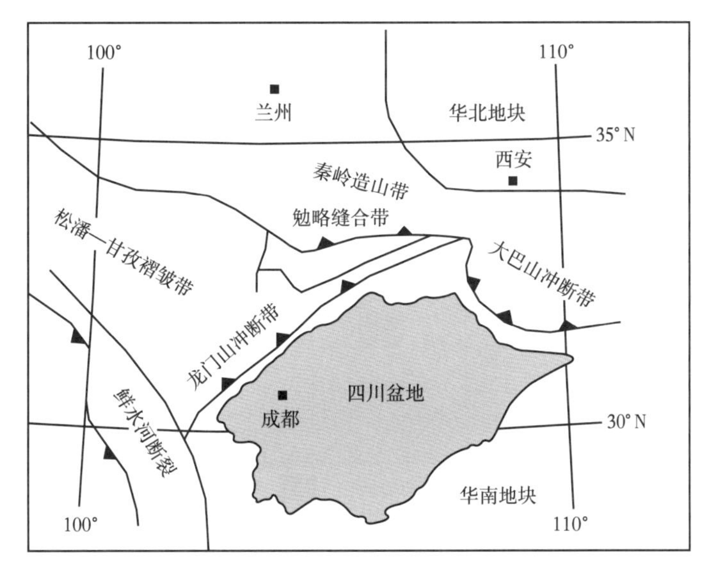

图1-1　现今四川盆地所处的大地构造位置示意图

四川盆地处于扬子板块西缘，经历了多期次的构造运动，是典型的多旋回性克拉通盆地（何登发等，2011）。显生宙，四川盆地表现为板块构造围限下的陆内变形与盆地发育过程，即北侧为秦岭洋盆，西南侧为昌宁—孟连洋盆、金沙江—墨江洋盆、甘孜—理塘洋盆，东南侧为江南—雪峰陆内裂陷带和西北侧龙门山陆内裂陷带，这些洋盆或裂陷带的开启与关闭使得四川盆地及邻区经历了原特提斯洋（Z—S）、古特提斯洋（D—T）与新特提斯洋（J—Q），每一阶段包括与洋盆打开有关的伸展阶段和与洋盆闭合有关的聚敛挤压阶段，这些构造作用在克拉通内部表现为盆地发展的旋回性。

四川盆地沉积盖层经历了震旦纪—晚三叠世卡尼期伸展体制下的差异升降和被动大陆边缘（海相碳酸盐岩台地）、晚三叠世诺利期—始新世挤压体制下的褶皱冲断和复合前陆盆地（陆相碎屑岩盆地）、渐新世以来的褶皱隆升改造（构造盆地）三大演化阶段（图1-2）。

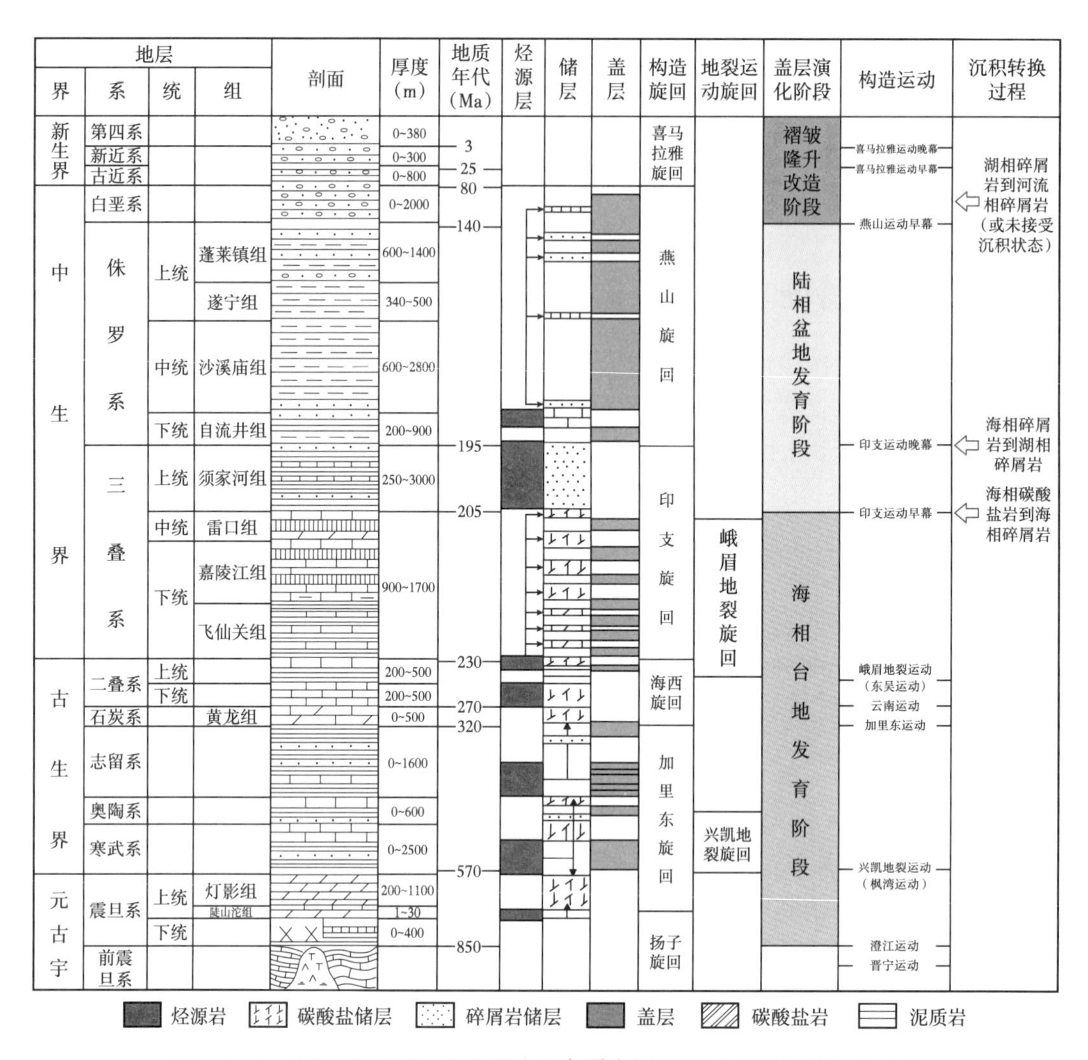

图 1-2　四川盆地沉积盖层纵向演化和主要生储盖图（据刘树根等，2015）

1.1.1　海相台地发育阶段（Z—T_2l 海相）

四川盆地海相沉积总体上是在拉张环境下形成的地台层序（刘树根，1995）。沉积期内，扬子地台为宽阔的浅水大陆架，而四川盆地是陆架上的一个相对隆起的台地。因此，沉积组合以浅海碳酸盐岩及潮坪碳酸盐岩沉积为主，时间长、时代老、层系全、厚度大，是四川盆地油气分布的主要层系。

1.1.2　陆相盆地发育阶段（T_3x—E_2 陆相）

四川盆地陆相沉积是在挤压环境下形成的前陆盆地序列，以河流、三角洲和湖泊相砂泥岩为主，沉积厚度总体上由北西向南东方向减薄。分布于盆地西北缘及东北缘的龙门山、米仓山、大巴山山系。印支期以来，在长期阶段性的挤压作用下，上地壳内发生多层次滑脱、褶皱、冲断和推覆，向陆相沉积盆地内递进侵位，最终形成冲断推覆构造。分布于盆地东南的齐岳山、大娄山盆缘山系，是由雪峰陆内构造活动向盆地内逐渐扩展形成的。而盆地西南缘峨眉山、大凉山盆缘山系，则主要受控于青藏高原的区域性隆升。燕山中—晚期，盆地北缘的米仓山—大巴山和盆地东缘的齐岳山近于同时发生褶皱—冲断变形，并大致在燕山晚期—喜马拉雅早期基本定型。与此同时，盆地北部和东部也开始隆起，结束沉积并遭受剥蚀，而盆地西南部同期继续发育前陆盆地，直至始新世中—晚期才遭受断褶变形和隆升剥蚀。

1.1.3　褶皱隆升改造阶段（E_2—Q）

从整体上讲，晚白垩世以来四川盆地进入隆升改造阶段（刘树根等，1995），但强烈的隆升活动发生在喜马拉雅期。四川盆地内部除川西南地区外自晚白垩世以来一直处于隆升阶段，但各地区有差异，主要的隆升时期是新近纪，隆升速率超过 100m/Ma，隆升幅度超过 4200m。晚白垩世以来的隆升历史大致可分成三个阶段。第一阶段：晚白垩世—古近纪，差异隆升阶段，大部分地区处于隆升状态，但隆升的速率有差异；第二阶段：整体隆升阶段，全盆地都处于隆升状态，整体隆升幅度大，速率一般大于 40m/Ma，隆升幅度超过 1000m；第三阶段：快速隆升阶段，全盆地的隆升速率除川西坳陷外均大于 100m/Ma，隆升幅度超过 1500m。

1.2　构造与沉积演化

对于四川盆地的形成演化阶段，前人已经从不同方面做了大量工作和系统总结。本书主要是从构造演化与沉积充填的角度，系统总结四川盆地的构造演化，并重点研究海西期以来的沉积充填演化历史。现以构造旋回为单元分别论述。从基底形成到晚期造山成盆，四川盆地共经历了扬子旋回、加里东旋回、海西旋回、印支旋回、燕山旋回及喜马拉雅旋回六大沉积构造旋回的多期构造叠合盆地（图 1-3），三叠纪之前属于海相克拉通盆地和克拉通边缘盆地，晚印支运动之后，早侏罗世—早白垩世，属于前陆盆地，晚白垩世以来，上扬子地区持续隆升，盆地萎缩并改造。其中加里东旋回晚期挤压隆升—海西中—晚期裂陷运动—早印支期挤压隆升过程对四川盆地海相上组合（C—T_2）生储盖发育及其油气成藏有重要影响。

1.2.1　扬子旋回

扬子旋回包括两次主要的构造运动：晋宁运动和澄江运动。晋宁运动是震旦纪以前的一次强烈构造运动，使前震旦系褶皱造山，并且地层变质，同时伴有岩浆侵入和喷出，从而固结形成统一的扬子准地台基底。澄江运动发生在早震旦世中—晚期，此时的火山活动和岩浆侵入扩展至盆地西部和川中腹部，从而使前震旦系基底复杂化。就组成盆地的基底而言，在某些地区，如盆地的西南一侧其地质时代可能要上延到早震旦世，上震旦统才是基底之上接受沉积的第一个盖层。

1.2.2　加里东旋回

加里东旋回主要发生在寒武纪、奥陶纪、志留纪。其中又发生了桐湾运动和加里东运动。桐湾运动发生在震旦纪末期，表现为大规模抬升剥蚀，使得寒武系与震旦系灯影组之间为假整合接触。桐湾运动之后，盆地发生沉降，并且形成西北高、东南低的古地理格局或东倾的斜坡，海水由东南侵入，除西侧康滇古陆外，盆地东部接受了海相碳酸盐岩沉积，西部则接受碎屑岩为主的沉积建造。寒武纪晚期，四川盆地中部的广元—康定—攀枝花一线以西地区开始隆升。到奥陶纪时期，形成一个窄长条形的古隆起，将寒武纪的沉积分为隔为东西两区（图 1-3）。

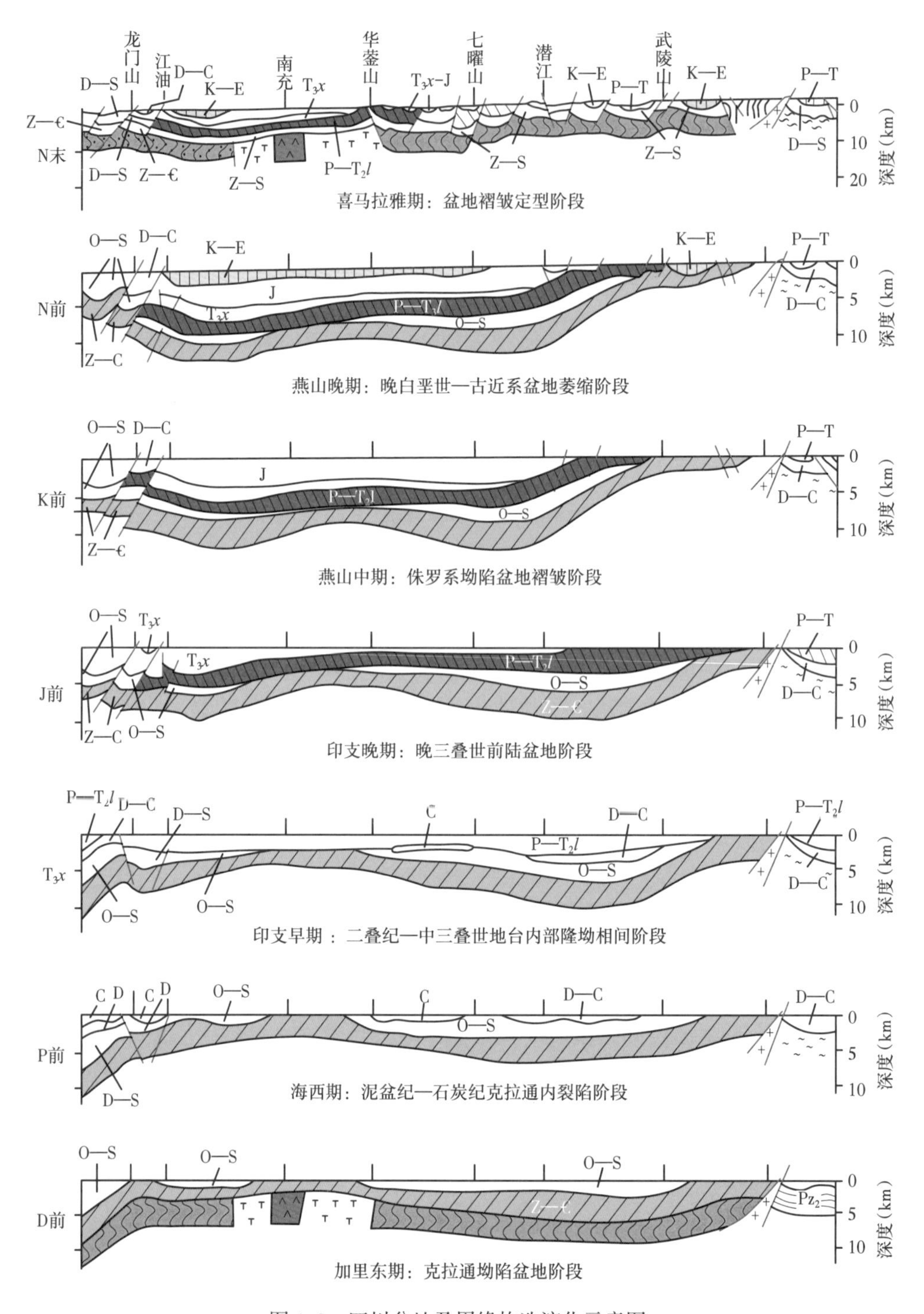

图 1-3　四川盆地及周缘构造演化示意图

奥陶纪基本继承了寒武纪的“隆坳”格局，岩性稳定。早奥陶世，盆地西部为滨岸相沉积，东部为广海陆棚相沉积，体现了西北高、东南低的古地理面貌。到中—晚奥陶世，海侵规模扩大，除康滇古陆，皆为水下沉积，主要沉积了一套石灰岩、泥灰岩、白云岩夹少许砂质页岩的建造。其中晚奥陶世海侵达到高潮，沉积一套区域分布的黑色碳质页岩和硅质岩的建造。

志留纪早期，广元—康定—攀枝花一线以西地区古陆向东进一步扩大到了南充附近，此时的四川中部隆起（川中古隆起）已具雏形。此时的海域格局仍继承了晚奥陶世时期西北高、东南低的沉积面貌，形成了一套深水陆棚含笔石的碳质泥页岩—浅水碳酸盐岩台地—海岸三角洲—潮坪砂泥岩的海退沉积建造。志留纪末发生了加里东运动，使四川盆地全面隆升遭受剥蚀，相对而言，形成西强东弱、西高东低的态势，导致志留系的残留程度表现为西薄东厚的特点。到加里东期末，川中古隆起进一步扩大，形成了庞大的北东向乐山—龙女寺古隆起，并一直持续到石炭纪末，导致川中核部二叠系与下寒武统直接接触。其中加里东期（震旦纪—志留纪），在总体伸展构造背景上，秦岭地区产生裂陷海槽，南秦岭大巴山一带演化成扬子的被动大陆边缘，沉积了一套海相类复理石沉积建造；川东北其他地区主要为地台区的陆表海，多为滨—浅海环境，沉积了以稳定型内源碳酸盐为主的沉积建造。该沉积期及剥蚀期均呈现出“一隆两凹”的区域古构造格局，明显受基底构造格架的控制。

1.2.3　海西旋回

海西旋回主要包括泥盆纪—二叠纪海西期，南秦岭是以勉略主缝合带为标志的 $D—P_1$ 的洋盆打开扩张期，盆地再次处于伸展构造体制。虽说其间发生了云南及东吴两期构造抬升运动，但盆地总体是以海侵和扩张为主。

早期盆地范围内继承加里东期“一隆两凹”的格局演化，川中隆起区缺失泥盆系—石炭系，在川东地区残留中石炭统黄龙组，为一套蒸发潮坪相的白云岩沉积组合，厚度仅 0~50m，由于长期暴露剥蚀，形成良好的岩溶孔隙性储层。

早二叠世初期梁山组沉积期，在晚石炭世剥蚀夷平的基础上，四川盆地及周缘地区普遍形成了一套区域性的滨岸—沼泽环境的含煤碎屑岩沉积。

在梁山组沉积期填平补齐上，栖霞组沉积整体受“西高东缓”古地貌影响，呈缓坡格局。盆地西北部受南西—北东向延伸的龙门山古断裂的控制，古断裂的东侧（上升盘）与古断裂西侧（下降盘）沉积特征差异较大。

茅口组沉积期继承了栖霞组沉积期沉积格局，海底地形总体平坦，局部高低不平。茅口组沉积初期，岩浆已经开始在深部活动，致使地表沉积环境动荡不安，经常发生地震及海啸，茅口组整体为一套动荡环境沉积，层面不平直，波状起伏，发育疙瘩状构造（瘤状构造），具塑性变形特征的石灰岩类。同时，有大量 SiO_2 从岩浆中分异出来，被热液带到海底，混合沉积于海底沉积物中，形成了丰富的燧石结核团块或条带顺层分布于石灰岩之中。茅口组沉积晚期，岩浆上拱穹隆开始形成并逐渐加剧，穹隆局部地区发生拉张下沉，形成断陷盆地，沉积了孤峰段硅质岩。此时沉积环境也很动荡，沉积物也容易发生同生滑动作用，因此，孤峰段硅质岩层面多不平直，波状起伏明显，呈透镜状。另外，在孤峰段沉积过程中，不时有未完全固结的石灰岩团块从附近台地中滚入断陷盆地，因此硅质岩中又常见不规则形态，塑性变形特征明显的石灰岩团块。

茅口组沉积末期，火山即将喷出地表，隆升作用达到顶峰，中—上扬子区整体隆升到海平面以上，全区演变为喀斯特环境，形成了中—上二叠统之间的平行不整合面。

吴家坪组沉积期，峨眉山玄武岩喷出地表，在川西地区堆积了厚度巨大的峨眉山玄武岩。西部火山爆发同时，以弥补岩浆房的空间，中—上扬子区除康滇地轴外，其余广大地区基底逐渐下沉，形成了吴家坪组的内缓坡—陆棚环境的中—薄层碳酸盐岩夹硅质岩沉积及龙潭组为滨岸—局限台地环境的含煤碎屑岩沉积。此时海底仍然动荡不安，沉积物中的同生滑动仍较频繁，吴家坪组特征与茅口组相似，为一套不稳定环境下的产物，也有更多的 SiO_2 进入海底。川东北地区，吴家坪组中燧石含量极丰富，形成大量燧石灰岩或灰质燧石岩。

晚二叠世长兴组沉积期，中—上扬子大部分地区火山活动基本结束，进入地幔柱演化的最后阶段，基底全面下沉接受沉积，但下沉方式及幅度有所不同。广旺—开江—梁平地区基底发生挠曲下沉，下沉幅度较大，形成广旺—开江—梁平陆棚，在陆棚与台地交界处形成了台地边缘生物礁，广旺—开江—梁平陆棚周边为碳酸盐岩台地前缘斜坡（缓坡）环境沉积。此时鄂西地区基底沿着断裂发生断陷下沉，且下降幅度较大，形成鄂西陆棚，也在陆棚与台地交界处形成了台地边缘生物礁，鄂西陆棚周边为碳酸盐岩镶边台地陡坡环境沉积。

1.2.4 印支旋回

早三叠世，研究区继承了二叠纪古地理格局，在长兴组沉积期台地边缘生物礁所形成的古地貌基础上，发育高能浅滩沉积，形成长兴组—飞仙关组台地边缘礁滩复合体，为目前川东北地区大型有利勘探目标。中三叠世，继承和发展了早三叠世的沉积格局，形成区域性开阔台地—局限台地—蒸发台地环境的碳酸盐岩夹石膏岩沉积。中三叠世末至晚三叠世，发生了强烈的南北大陆俯冲碰撞造山作用，致使勉略小洋盆关闭并褶皱隆起成山，并在其碰撞带的前陆一侧产生逆冲推覆。使得川东北地区普遍抬升，海水由东向西退出，转变为陆相沉积盆地。北大巴山推覆体以城口—房县断裂为主要推覆断层，由北东向西南呈叠瓦状推覆，米仓山在南北向挤压下逐渐隆升，在大巴山—米仓山山前地带，形成了川东北的前陆陆相盆地和北东向开江前陆隆起，造成隆起上雷口坡组上部地层剥蚀，沉积了须家河组磨拉石建造。西侧川西受古特提斯海关闭影响，龙门山及康滇区褶皱造山形成山系，而其东侧下降形成山前坳陷和前陆盆地沉积；川东地区受武陵—雪峰山地区褶皱推覆造山的影响，形成山前盆地。

1.2.5 燕山旋回

燕山旋回指侏罗纪以来至白垩纪末的构造运动。燕山期是川东北局部构造的主要形成期。燕山早期是构造的成型期，燕山晚期是构造的定型期。在燕山早期，盆地东北部发展成山前坳陷盆地，它既是沉降中心，也是沉积中心，充填超6000m厚（J—K_1）的内陆湖沉积。到燕山晚期，由于太平洋板块的俯冲，构造变动越往东越强烈。同时在盆地周缘山系进一步挤压下，山前坳陷盆地逐渐萎缩，沉积—沉降中心自东向西转移。在南东—北西向应力挤压下，形成了现今北东、北北东向构造雏形。宣汉—达县地区在印支期处于低凹部位的毛坝场、付家山、东岳寨等局部区域形成更加发育的局部构造。

1.2.6 喜马拉雅旋回

喜马拉雅旋回指主要发生在古近纪—新近纪的构造运动，喜马拉雅期盆地周边继续向盆地内挤压，中生代沉积盆地北部坳陷进一步萎缩，局部构造进一步改造或加强。喜马拉雅早期盆地的主要应力来自米仓山—雪峰山方向的北西西—南东东向挤压作用，形成该区北北东向构造带，改造了燕山晚期形成的北东向构造。

喜马拉雅晚期是川东弧形构造的最终改造定型期。在此期间，盆地西缘龙门山及东缘雪峰山活动减弱，而大巴山则表现出强烈的逆冲推覆作用。因此，区域应力场分布与喜马拉雅早期相反，主要为北东—南西向，形成较多的叠加在早期北东、北北东向构造之上并对其进行改造的北西向构造。

第四纪以来，新构造运动仍在发展，除龙门山山前以沉降为主外，其余均为间歇性上升运动，继续接受着新的剥蚀夷平作用。

综上所述，四川盆地栖霞组沉积格局主要受到加里东期形成的川中古隆起及川西的龙门山古断裂的双重控制作用，古断裂的上升盘主要呈现带状展布的台缘生物颗粒滩沉积，古断裂的下降盘沉积一套海槽相的细粒沉积物，具有碳酸盐岩镶边台地的沉积特征。台地内受川中古隆起影响，在微古地貌高部位发育多个台内生屑滩沉积。自川中古隆起向北地形整体较缓，沉积环境为碳酸盐岩缓坡沉积。茅口组沉积期，除继承了栖霞组的沉积格局外，在茅口组沉积晚期，还受到了东吴运动的影响，在四川盆地西南及东南部发生大规模隆升，地层遭受剥蚀，因此发育一套良好的风化岩溶储层。

1.3 区域地层概况

四川盆地是一个多层系的含油气盆地，在盆地演化过程中，虽然遭受了多期次构造运动，但是发育于上扬子克拉通结晶基底之上的沉积盖层依然较为完整。盆地基底为前震旦系，局部还包括下震旦统，厚数千米至万余米。盆地的基底由底部的元古宇或太古宇结晶基底和上部的前震旦纪褶皱基底构成，基底之上沉积地层发育齐全（刘和甫等，1994），包括前震旦系、震旦系、古生界、中生界及新生界，累计沉积盖层厚度为 6000~12000m。其中，震旦系至中三叠统属于海相地层，以碳酸盐岩沉积为主。上三叠统—第四系为陆相沉积，上三叠统厚 1500~3000m，厚度最大处出现在川西南部，侏罗系厚 2000~5000m，厚度最大值位于川北地区，白垩系厚 0~2000m，川西地层最厚。新生界厚度相对较薄，在成都平原出露较广（何登发，2012）。

1.3.1 前震旦系

四川盆地基岩从老至新由两层结构组成，前震旦纪变质基底具有双重结构，可以划分为结晶基底和褶皱基底（郭正吾等，1996）。其中，下部结晶基底主要为新太古界—古元古界“灰色片麻岩”或者中度变质及部分混合岩化的绿岩，上部褶皱基底主要为浅变质岩或火山岩。

1.3.2 震旦系

震旦系是四川盆地进入克拉通发展时期的第一个沉积盖层，盆地地腹普遍发育，埋深 3000~6000m。地层年龄为 5.7—8.5 亿年，属新元古代。在四川盆地及其边缘震旦系有两种组合类型：一种是正常沉积的由碎屑岩至碳酸盐岩的旋回组合，如川东三峡区的蓬沱组、南沱组、陡山沱组和灯影组，代表稳定的克拉通型沉积；另一种下部为大量火山岩，向上过渡为正常的碎屑岩至碳酸盐岩沉积。受晋宁运动影响，区内震旦系超覆不整合于前震旦系古老变质岩及其相应时代的侵入岩体之上。

对于四川盆地及邻区震旦系，目前大多区分为下震旦统陡山沱组和上震旦统灯影组。陡山沱组沉积期，南部的会理、汉源及北川的旺苍、南江等地，为紫红色砂岩、页岩及黑色泥质云岩和石灰岩，厚约200m。与下伏南沱组冰碛层为假整合接触关系。但往川中地台核部厚度显著减薄，在龙女寺和威远井下钻厚仅十余米，称为喇嘛岗组，为灰色砂岩夹少许泥岩及泥质云岩。

灯影组以白云岩为主夹灰色泥页岩，可分为四段。其中，部分地区灯三段、灯四段遭受强烈剥蚀，灯二段与上覆寒武系呈不整合接触关系，下与观音崖组整合接触；四川盆地灯四段遭受强烈剥蚀，其上与筇竹寺组假整合接触，资阳及其以西地区灯三段、灯四段被完全剥蚀，且缺失下震旦统，其他地区与下伏观音崖组或陡山沱组整合接触。

震旦系主要出露在川西北段西侧，包括下震旦统陡山沱组（Z_1d）（胡家寨组、青林组）及上震旦统灯影组（Z_2dn）。陡山沱组岩性主要为杂色泥砂质板岩，灰色、灰绿色绢云母砂质千枚岩互层，以及少量的深灰色云质灰岩、页岩、砂岩。灯影组岩性主要为浅灰色—深灰色硅质灰岩、薄层大理岩及云质结晶灰岩等，沉积厚度30~50m。

1.3.3 寒武系

晚震旦世海退后，全球海平面上升，克拉通盆地整体呈现西高东低的沉积格局，海水自东南方向入侵，向西、北方向扩展，古陆范围逐渐缩小，周围海水加深，沉积沉降中心进一步向东南方向迁移，盆地东部大规模发育海侵背景下的广海陆棚沉积，西部发育滨岸相沉积，相带展布自西向东由近南北向转为北东向。早寒武世早期至早奥陶世，区域应力为伸展环境，裂谷盆地演化为裂陷盆地。

在该阶段，汉南古陆、龙门山古隆起、乐山—龙女寺古隆起和康滇古陆作为主要的物源区，早寒武世筇竹寺组沉积期滨岸—陆棚 → 早寒武世沧浪铺期台地 → 早寒武世龙王庙组沉积期碳酸盐岩缓坡 → 中寒武世陡坡寺组沉积期镶边台地 → 中—晚寒武世洗象池组沉积期—早奥陶世淹没台地，自下而上、由西而东陆源碎屑含量递减、碳酸盐岩含量递增，并与下伏上震旦统灯影组平行不整合接触。其中，筇竹寺组沉积期为海侵期，形成巨厚的泥质烃源岩；沧浪铺组沉积期及陡坡寺组沉积期为海退期，形成龙王庙组沉积期及陡坡寺组沉积期良好的膏岩质区域盖层；龙王庙组沉积期及洗象池组沉积期为海侵期，形成较好的台地、台地礁滩相储层。

1.3.4 奥陶系

早奥陶世，盆地仍然保持西北高、东南低、地形平缓的的沉积格局。古地貌、沉积环境和沉积充填控制因素和中—晚寒武世有明显的继承性和相似性，西部为碎屑岩组合 → 中部和中北部为碳酸盐岩组合 → 东南部为泥页岩、细碎屑岩组合。此时，松潘—甘孜边缘裂陷，中—晚寒武世受构造运动回返影响，隆升为陆，并遭受剥蚀，因而大部分地区遭受剥蚀，缺失中—上寒武统。

中奥陶世至志留世，处于加里东晚期，受秦岭洋盆逐渐关闭与来自南面古太平洋板块和华夏陆块的区域应力作用，盆地处于挤压应力环境。古地理格局上表现为隆起区扩大，并伴随沉积盆地中心的向东迁移。受黔中隆起、川中隆起（即乐山—龙女寺古隆起）、雪峰水下隆起及古陆的控制，前期西北高、东南低的古地理转为西低、东高的特征，沉积建造以碎屑岩和混积型为主，剖面结构具有碳酸盐岩减少、碎屑岩增多趋势，沉积相表现为有陆棚—深水缓坡 → 混积陆棚 → 滨岸—陆棚体系的向上变浅演化序列。受加里东时期古隆起的影响，奥陶系遭受不同程度的剥蚀，表现为研究区中西部普遍缺失中—上奥陶统，仅残存下奥陶统桐梓组，甚至部分地区缺失整个奥陶系。

1.3.5　志留系

早志留世最早的时期—龙马溪组沉积期为中—上扬子克拉通构造转换阶段，陆块边缘处于挤压、褶皱造山过程，在扬子克拉通上构造—古地理的巨大变化，表现为形成古隆起的高峰阶段。除边缘的川西—滇中古陆、汉南古陆扩大以外，川中隆起的范围不断扩大，扬子南缘的黔中隆起、武陵隆起、雪峰隆起和苗岭隆起基本相连，形成了滇黔桂大的隆起带。中—上扬子克拉通上转为由古隆起带包围的一个局限浅海深水盆地，隆起边缘主要发育潮坪—潟湖相，向中部为局限浅海陆架，雪峰隆起以东为陆架相和深水盆地相。

因此，寒武系、奥陶系、志留系在盆地内广泛分布，受后期加里东运动的影响，中—上寒武统和奥陶系在成都以南局部地区遭受剥蚀。

1.3.6　泥盆系

泥盆纪、石炭纪，上扬子古陆始终保持上升状态，盆地内部大面积缺失，只在盆地边缘见有发育齐全的泥盆系、石炭系。其中在川西南及龙门山一带，可见与下伏志留系呈平行不整合接触，在龙门山北段西缘可见低角度不整合。在川东一带，上泥盆统与下伏志留系呈平行不整合接触。在西部边缘龙门山地区，泥盆系发育比较齐全，主要为碎屑岩沉积，厚度较大。泥盆系在研究区普遍发育，主要在山前带呈环状出露，包括下泥盆统平驿铺组（D_1p）、甘溪组（D_1g），中泥盆统观雾山组（D_2g）及上泥盆统沙窝子组（D_3s）。平驿铺组沉积厚度 220~2330m，岩性主要为浅灰色—灰白色中—厚层石英砂岩夹部分粉砂质页岩（郑和荣等，1992）。甘溪组沉积厚度 34~123m，岩性主要为灰黄色—褐灰色石英砂岩、页岩夹浅灰色石英砂岩。养马坝组沉积较厚，沉积厚度 558~1223m，岩性主要为灰色、褐灰色石英砂岩、粉砂岩，以及石灰岩与粉砂质页岩互层。观雾山组沉积厚度上百米，上部岩性主要为浅灰色、灰色中—厚层石灰岩，下部岩性主要为黄灰色中—厚层石英砂岩夹粉砂质灰岩等。沙窝子组局部发育，但是沉积厚度上百米，岩性主要为灰白色白云岩夹白色厚层石灰岩。

1.3.7　石炭系

石炭纪，四川盆地为西高东低的古地理格局，海水自东向西入侵，发育碳酸盐台地相沉积，但沉积相的展布主要分布在川东北地区，为石炭系黄龙组沉积。另外，盆地除四川盆地西缘有少量的局限台地沉积，盆地主体处于隆升状态，露出地表。石炭纪末期的云南运动，使盆地内大面积缺失石炭系，但是在四川盆地东北部，有石炭系沉积，例如在普光5井、普光1井，雷西1井，雷西2井等均钻遇到厚度很薄的石炭系。研究区仅发育下—中石炭统，包括下石炭统岩关组（C_1y）、大塘组（C_1d），中石炭统黄龙组（C_2h）、船山组（C_2ch）。下石炭统沉积厚度上百米，下部岩性主要为浅灰色—乳白色中—厚层灰岩夹少量棕红色页岩，上部岩性为黄褐色、紫红色铁质砂岩、页岩及部分高岭土。中石炭统沉积厚度较薄，研究区仅数十米，岩性主要为乳白色灰岩。

1.3.8 二叠系

二叠系遍布全区，为浅海台地沉积，分布广泛。根据中国年代地层表，中国二叠系顶、底界地层年龄介于251—295Ma，跨度约44Ma。2000年，国际地科联国际地层委员会将二叠系划分为上、中、下三统。下二叠统乌拉尔统（Cisuralian Series，P_1）分为阿瑟尔阶（Asselian Stage）、萨克马尔阶（Sakmarian Stage）、亚丁斯克阶（Artinskian Stage）和空谷阶（Kungurian Stage），中二叠统瓜德鲁普统（Guadalupian Series，P_2）分为罗德阶（Roadian Stage）、沃德阶（Wordian Stage）和卡匹敦阶（Capitanian Stage），上二叠统乐平统（Lopingian Series，P_3）分为吴家坪阶（Wuchiapingian Stage）和长兴阶（Changhsingian Stage）。中国于2000年召开的第三届全国地层会议也将二叠系确定为三分（即分为下统、中统、上统），以便与国际接轨。与原划分方案相比，二叠系划分更细化，海相地层下二叠统分为紫松阶（P_1^1）和隆林阶（P_1^2），中二叠统分为栖霞阶（P_2^1）、祥播阶（P_2^2）、茅口阶（P_2^3）和冷坞阶（P_2^4），上二叠统分为吴家坪阶（P_3^1）和长兴阶（P_3^2）。

四川盆地二叠系沉积建造过程中，盆地基底不断抬升，地壳振荡频繁，总体上以浅海碳酸盐台地沉积为主，其间夹陆源碎屑及海陆交互相含煤建造，晚二叠世并有比较发育的火山喷发岩（峨眉山玄武岩）。沿龙口山和江南古陆前缘，还有半深海相的硅泥质沉积（大隆组）。二叠系分为上二叠统、中二叠统和下二叠统。中二叠统自下而上划分为梁山组、栖霞组、茅口组。上二叠统自下而上划分为吴家坪组（或龙潭组）和长兴组（或大隆组）。

二叠纪，中—上扬子地区主要表现为稳定的浅海碳酸盐缓坡—台地沉积环境，分布广泛。早二叠世晚期，受云南运动的影响，发生规模海退；中二叠世早期，地壳全面下沉，四川盆地发生较大范围的海侵，海水几乎将整个隆起区淹没。海侵初期，发育了梁山组滨海沼泽相沉积；随着大规模的海侵，水深加大，中—上扬子地区主体表现为自西向东及向北倾斜的碳酸盐台地，沉积栖霞组。晚二叠世，受中二叠世末华力西晚幕构造运动影响，由于康滇古陆活动强烈，研究区北缘、西南缘及南部右江地区处于更为强烈的拉张环境，在川西南地区及南秦岭地区都可见到玄武岩的喷发，在四川盆地沉积了开阔台地相的茅口组和碎屑岩台地及浅水缓坡相的吴家坪组。长兴组沉积期，盆地进一步扩张，盆地大范围发育台地相的沉积灰岩、生物碎屑灰岩及礁滩相灰岩及高能滩灰岩。直到中三叠世末早印支期，上扬子地区整体抬升，盆地内部遭受不同程度的剥蚀，大规模海侵从此结束。

根据上述二叠系三分方案和最新的年代地层划分与对比，可将四川盆地及邻区的二叠系的岩石地层单元归纳于表1-1。

表 1-1 四川盆地及邻区二叠系对比

国际标准					中国标准			四川盆地地层区						四川盆地邻区地层区				
系	统	阶	时限（Ma）	年代（Ma）	统	亚统	阶	西昌—甘洛	峨眉—雷波	川南—川中	川东—川北	广元	恩施—城口	贵州遵义	湖南涟源	湖北新滩	陕西镇安	云南宣威
上覆地层								飞仙关组						夜郎组T_1	大冶组T_1	大冶组T_1	金鸡领组T_1	卡以头页岩
				251														
二叠系	乐平统	长兴阶	4.0		乐平统		长兴阶	峨眉山玄武岩组	宣威组	长兴组	长兴组	长兴组／大隆组	大隆组	大隆组／长兴组	大隆组	大隆组／吴家坪组		汪家寨组／宣威组
				255														
		吴家坪阶	5.5				吴家坪阶	峨眉山玄武岩组	宣威组	龙潭组	吴家坪组	吴家坪组	吴家坪组	龙潭组	龙潭组	吴家坪组	西口组	汪家寨组／宣威组；峨眉山玄武岩
				260.5														
	瓜得鲁普统	卡匹敦阶	4.5		阳新统	茅口亚统	冷坞阶	茅口组	茅口组	茅口组	茅口组	茅口组	茅口组	茅口组	茅口组	茅口组	水峡口组	茅口组
				265														
		沃德阶	3.0				孤峰阶	茅口组	茅口组	茅口组	茅口组	茅口组	茅口组	茅口组	茅口组	茅口组	茅口组（五里坡组）	茅口组
				268														
		罗德阶	4.5					茅口组	茅口组	茅口组	茅口组	茅口组	茅口组	茅口组	茅口组	茅口组	茅口组（五里坡组）	茅口组
				279.5														
	乌拉尔统	空谷阶	7.0			栖霞亚统	祥播阶	栖霞组	栖霞组	栖霞组	栖霞组	栖霞组	栖霞组	栖霞组	茅口组	茅口组／栖霞组	茅口组（五里坡组）／栖霞组（垭子组）	栖霞组
							罗甸阶	梁山组	梁山组	梁山组	梁山组	梁山组	梁山组	梁山组	栖霞组	栖霞组	栖霞组（垭子组）	梁山组
				279.5														
		亚丁斯克阶	4.5		船山统		隆林阶								船山组		马平组	马平组
				284														
		萨克马尔阶	6.0				紫松阶								船山组		马平组	马平组
				290														
		阿瑟尔阶	6.0												船山组		马平组	马平组
				296														
下伏地层								黄龙组C_2	黄龙组C_2	黄龙组C_2	秀山组	秀山组	秀山组	上志留统	船山组	上石炭统	马平组	马平组

1.3.8.1 下二叠统

研究区下二叠统，均为原归上石炭统上部的船山组、马平组，或黄龙组的上部地层，由灰白色厚层块状灰岩或云岩组成，见蜓类化石。四川西南的普安、右江小区等地的龙吟组、包磨山组，整合覆于南丹组之上、梁山组之下，由一套深色泥岩、砂质泥岩夹石灰岩、泥灰岩以及砂岩、粉砂岩组成，产蜓类、珊瑚类、腕足类、菊石等化石。在右江小区的其他研究程度较低的同类地层，称为四大寨组。

1.3.8.2 中二叠统

中二叠统普遍假整合超覆于中—下石炭统及泥盆系、志留系或更老地层之上，中—上二叠统之间也呈假整合接触。中二叠统主要出露于盆地四周边缘，此外，在华蓥山及川东地区高陡背斜核部也有零星出露。盆地内部深埋地腹，埋藏深度一般为1500~3000m，坳陷区可达5000m以上。中二叠统包括梁山组、栖霞组及茅口组，主要为碳酸盐岩，岩性变化小。各组岩性特征如下。

梁山组为赵亚曾、黄汲清于1931年命名，剖面位于陕西省南郑县梁山。梁山组为陆相或海陆过渡相砂页岩沉积，发育黑色碳质页岩、煤线（层），底部常见砾岩、砾状砂岩。盆地内梁山组整体呈西薄东厚，川西北部、川西南部和川中高石梯部分地区梁山组不发育，其他大部分地区厚度在5~15m之间。在米仓山前缘厚10~30m，主要岩性为泥岩、碳质泥岩，龙门山前缘以风化残积的铝土质泥岩为主，厚10m以下。梁山组为海陆交互相沉积，其地层厚度厚区可能反映了下二叠统沉积前处于相对的低洼部位，梁山组沉积的厚度变化实际上是填平补齐的结果。

栖霞组曾称栖霞石灰岩，由李希霍芬于1912年命名于江苏省南京市东郊约20km的栖霞山，最初指一套深灰色—灰黑色夹燧石的厚层石灰岩及泥灰岩系列，被称为五通砂岩和南京砂岩。1931年，李四光将栖霞石灰岩分为3层，下部称船山石灰岩，中部为臭灰岩，上部为栖霞石灰岩（狭义）。盛金章（1962）在总结中国的二叠系时，把栖霞组的含义进一步明确。栖霞组主要发育了大套深灰色—灰黑色薄—中—厚层状生物（屑）灰岩、泥晶灰岩，生屑泥晶灰岩夹泥质岩的碳酸盐岩台地沉积，含不规则的燧石结核、燧石条带，底部夹碳质页岩，普遍含沥青质，具似眼球状构造。可见水平层理，化石类型主要为蜓类（*Nankenella*、*Misellina*、*Pisolina*）、珊瑚类（*Polythecalis*、*Hayasakaia elegantula*、*Wentzellophyllum volzi*）、腕足类（*Chaoina reticuleta ching*、*Spinomarginifera*、*Orthotelina*）、牙形石类（*Sweetognathus whitei*、*Prioniodella*、*Neogond-olella idahoensis*）等。与上覆茅口组为整合接触，常在界限处出现眼球状等构造。四川盆地栖霞组地层厚度较为稳定，总体厚度在100~140m之间。川中高石梯地区和川北广元—苍溪—阆中一线组地层厚度最薄，局部地区不足100m，向东向西厚度逐渐缓慢增大。龙门山北段、米仓山一带，栖霞组中上部滩相特征明显，沉积物颜色较浅，以浅灰白色块状灰岩为主，夹白云岩、云质灰岩；龙门山北段云化作用较强，有厚层浅灰白色白云岩发育，米仓山云化作用较弱，多为豹斑灰岩。川西南部地区栖霞组沉积物颜色较川西北部地区略深，野外露头观察，峨眉山附近露头栖霞组白云岩发育，已钻井表明周公山—汉王场一线白云岩发育，厚四五十米。川中地区栖霞组云化现象较弱，单层厚度较薄，仅几米厚，纵向上发育多层，累计厚度几米至十几米。在川西北地区见浅灰色、灰白色厚层云质斑块灰岩及白云岩。

今栖霞组在四川盆地指在陆源碎屑岩梁山组之上、茅口组石灰岩之下的一套厚

100~200m 的海相碳酸盐岩。栖霞组自下而上可细分为两段：栖一段和栖二段。

栖一段为深灰色厚层块状灰岩，深灰色泥晶灰岩、泥晶生屑灰岩、云质泥晶灰岩，含少量泥质，栖一段下部具有泥质增多趋势，近底部泥质最重，颜色过渡至灰黑色，局部具似眼球状构造，见燧石条带和燧石结核，下部常见层状硅质岩。生物以䗴类、腕足类、有孔虫、绿藻为主，见珊瑚类、棘皮类、腹足类和瓣鳃类等。栖一段从下而上可细分成栖一$_b$亚段和栖一$_a$亚段。电性上，栖一$_b$亚段自然伽马总体中值，为 30~60API；电阻率曲线中值；部分钻井栖一$_b$亚段下部见黑色层状硅质岩和灰黑色石灰岩互层，层状硅质岩发育段自然伽马值降低，密度降低，中子降低，声波时差升高，电阻率升高。栖一$_a$亚段自然伽马低—中值，一般为 20~40API；声波时差无明显变化。

川西南部周公山、汉王场等构造栖一$_a$亚段发育厚层滩相白云岩，川中高石梯—磨溪地区栖一$_a$亚段内发育数层薄层滩相白云岩，川西北部地区部分单井栖一$_a$亚段内发育 10~20m 滩相白云岩或豹斑灰岩，为开阔海台地相低能环境，厚度 70~300m，产盘形南京䗴、假纺锤䗴、早板珊瑚等特征的栖霞组化石组合，西北、东南地区展示浅灰白色亮晶藻虫灰岩高能滩相建造，东北为生物泥丘建造。以浅灰色—深灰色生屑灰岩、泥晶灰岩为主，位于川西台缘带上的钻井及野外露头以晶粒白云岩或残余生屑白云岩为主。石灰岩中生物发育，主要为䗴类、腕足类、藻类、棘皮类、有孔虫和苔藓虫，也见三叶虫、腹足类和瓣鳃类。白云岩中多见生物幻影，偶见腕足类碎片和棘皮类。栖二段自然伽马值低，电阻率较高，和上下地层易区分，多为滩相高能环境。浅灰色—白灰色块状亮晶有孔虫灰岩、灰色到深灰色中—厚层或块状的泥晶灰岩、泥晶生屑灰岩，含较多的燧石团块或条带，亮晶绿藻虫灰岩、亮晶红藻虫灰岩、次生云岩等建造。在 P_1q^1 滩相基础上展扩而出现龙女寺—磨溪台内滩及城口—万源台内滩，界于其间的为开阔海台地相低能环境灰色、浅灰色泥晶藻虫灰岩建造，厚度变化在 100~150m 之间。

茅口组原名“茅口灰岩”，岩性稳定，主要为一套深灰色、灰色及灰白色的厚层到块状的泥晶灰岩和泥晶生屑石灰岩、藻灰岩，局部见少量白云岩，含较多的燧石团块或条带，局部地区下部有厚 40~60m 黑色碳质页岩夹扁豆状灰岩，厚度较为稳定，为 100~400m，一般为 200m，与栖霞组连续沉积。在四川地区，茅口组可大致分为四段，下部茅一段多发育灰黑色中薄层生屑泥晶灰岩及泥质泥晶灰岩、钙质泥岩和页岩，眼球状构造发育，构成眼球状灰岩段。茅二段和茅三段以厚层—块状生屑泥晶灰岩为主，有时可见明显的白云岩化作用，可出现云质斑块泥亮晶砂屑灰岩和白云岩，受东吴运动影响，部分地区茅四段甚至茅三段被剥蚀。在川西南成都、乐山、珙县一带及川东丰都等地保留较全，可见茅四段，常为泥晶灰岩；在盆地内一般保留到上部茅三段；川西北灌县、安县、广元一带及川东北南江、巫山、巫溪等地剥蚀较多，仅保留了茅一段和茅二段。

茅口组在区内厚 130~230m，茅口组与栖霞组的界限明确。以含 *Cryptospirifer* 的眼球状和似眼球状灰岩作为茅口组的底。中—下部主要由中—薄层状深灰色、灰黑色眼球状、似眼球状灰岩和生物（屑）泥晶灰岩构成，常具丘状、波状起伏的层面，化石含量丰富，常见的有腕足类如 *Cryptospirifer omeishanensis*，*C.striatus* 等，䗴类如 *Schwagerina*，*Chusenella* 等。中部（茅三段）以厚层块状浅灰色、灰白色泥—亮晶生物（屑）石灰岩和似眼球状泥晶灰岩为主，局部夹有豹斑状云质灰岩和粉细晶云岩，含大量䗴类如 *Neoschwagerina*，*margaritae minor*，*N.craticulifera*，*N.colaniae*，*N.multicircumvoluta* 等，绿藻类化石等，该段地层中见少量晶洞、晶间孔和晶间溶孔，裂缝在局部地区发育，具有一定的储集性能；上部（茅四段）多为中—薄层状似眼球状生物（屑）泥晶灰岩，局部含燧石条带（或团块），蜓类如 *Neoschwagerina margaritae minor Zhou*，*N.craticulifera*，*N.colaniae ozawa.* 等，珊瑚类如 *Ipciphyllum baishagouenes Fan*，*Paracaninia sinensis Chi* 等，绿藻和腕足类等较为丰富。在广元朝天、九龙山—旺苍—南江桥亭一线该组的顶部可见 1.5~30m 的中—薄层状深灰色、灰黑色硅质岩、硅质泥岩，含较多完整的腕足类和菊石化石。

受东吴运动茅口组抬升剥蚀影响，盆地内茅口组地层厚度变化幅度较大，厚度变化在 150~350m 之间，工区内川西北部龙门山前地区厚度相对较大，可达 300m，高石梯—磨溪地区厚度相对较薄，多为 180~220m，北部米仓山前厚度最薄，仅 160~200m。

1.3.8.3 上二叠统

在盐源、木型、会东一带，峨眉山玄武岩发育，以此为中心向四周有如下的变化特点：喷发强度减弱，厚度变小。大体以康滇地轴为界，西部以非稳定型海相喷发为主，东部为次稳定到稳定的以陆相为主的喷发。玄武岩主要位于四川盆地的西南部，周公 1 井、周公 2 井、汉深 1 井，岩性主要为玄武岩等溢流相沉积，向北过渡为油 1 井，转为火山碎屑岩、铝土质泥岩，为火山碎屑沉积相，厚度 100~400m。

吴家坪组分布于川东北分区，可分两段，上段为一套相对高能的地层，发育生屑灰岩、硅质灰岩、硅质岩等，下段为海陆交互相含煤地层，岩性是铝土质黏土岩、碳质页岩夹煤层（线）、鲕状赤铁矿、铝土矿，底部局部地方具有底砾岩。在广元、旺苍一带，岩性为碳质页岩、铝土岩、黏土层夹含黄铁矿结核的煤，底部具砾岩，偶见灰岩透镜体，厚 3~8m。巫溪、巫山一带，为灰白色铝土质页岩、含硅质结核，往东变厚，时夹煤线（层）、铝土矿、黄铁矿，厚 0.3~10m。在绵竹、达州、南川及古蔺—石宝一线以西，逐渐相变为龙潭组。龙潭组一般与下伏开阔台地相的茅口组呈平行不整合接触关系，厚度为 100~300m，岩性主要为黑色碳质页岩、煤层，底部为紫红色铝铁岩，往往夹有豆状铝土矿。在盆地内为一套海陆交互相含煤建造（龙潭组），在盆地西南部以泥、页岩夹煤为主。厚度变化大，广元一带数十米，城口、巫溪厚 72~242m，万州、忠县厚近 150m，石柱、丰都厚 99~112m，彭水、酉阳厚 100m，产蜓类、腕足类、珊瑚类。

长兴组（P_3h）、大隆组在同一条剖面上为上、下关系，界线清楚（广元长江沟剖面），但在区域上却又呈互为消长的相变关系。在广元朝天、旺苍、万源及奉节以北，为大隆组分布区，长兴组很薄，向南则长兴组逐渐变厚，进而替代大隆组。大隆组的命名地在广西来宾大隆，该组底部为黑色薄层硅质岩夹页岩及石灰岩透镜体，整合于吴家坪组或长兴组之上。大隆组中—上部为薄层硅质岩夹页岩、薄层泥质条带灰岩。万源、城口及川鄂交界处，硅质岩减少，以黑色页岩为主夹薄层灰岩、泥灰岩、硅质岩，局部夹薄煤层及粉砂岩。至广元朝天以南，石灰岩夹层增多，含硅质重，夹钙质、硅质页岩。厚数米至 60m，产蜓类及植物化石。

长兴组地层厚度 279~355m，以岩性和岩相突变的关系超覆在龙潭组之上，岩性主要为灰色、灰黑色中—厚层石灰岩、深灰色生物碎屑灰岩和海绵礁灰岩互层组合，产古纺锤蜓、马丁贝相似种等标准化石，上部夹灰黑色碳质页岩，顶部被下三叠统飞仙关组大套紫灰色薄层状泥质灰岩超覆，在川中地区、川东北地区，长兴组最为发育。下部为灰色、深灰色厚层泥晶灰岩、骨屑灰岩、藻灰岩夹少量黑色钙质页岩，中—上部为灰色、灰白色中—厚层含隧石结核、条带灰岩与云质灰岩，顶部为青灰色薄层泥晶灰岩、云质灰岩与黏土岩不等厚互层夹硅质层及隧石条带，厚 96~280m，在川东北地区，开县及城口之间，厚度达到最大，近 320m。景江、南川一带，厚 64~93m。叙永、古蔺，夹有凝灰质页岩，厚 41~53m。绵竹一带为浅灰色、黑灰色石灰岩、含隧石结核，夹隧石层及页岩，厚 65~190m。广元一带，隧石含量增加，厚 40~80m。巫溪咸瑞地区，仅厚 4m。总之随厚度变薄隧石含显明显增多。长兴组与吴家坪组或龙潭组整合接触。在盐源，长兴组以粉砂岩、粉砂质泥岩为主，夹石灰岩及煤线。

第2章 层序地层格架及岩相古地理

岩相古地理研究与编图工作是油气勘探的一项重要基础地质工作，是重建地质历史中海陆分布、构造背景、盆地配置和沉积演化的重要途径和手段。其目的在于通过重塑沉积环境，研究沉积作用，了解地质历史演变及构造发育史，重建各时期的海陆变迁、古气候变化、沉积区及剥蚀区的分布，分析不同沉积环境下沉积物的特征及其分布规律，为油气勘探有利相带提供依据。

四川盆地栖霞组主要为海西期的一套稳定分布于上扬子克拉通的晚古生代碳酸盐岩沉积，针对该时期盆地的形成与演化，前人曾做过大量的研究工作，主要涉及了古生物学、海平面变化、古海洋环境和层序地层学等多方面分析，并利用了多种方法进行了海陆分布或岩相古地理的编图，提出了碳酸盐岩缓坡和镶边碳酸盐岩台地等海相碳酸盐岩沉积模式。本书通过岩心的观察描述和测井资料分析，依据岩石类型、沉积构造、生物组合、地球物理特征等相标志，明确了四川盆地二叠系栖霞组沉积特征受控于加里东期古地貌，发育局限台地、开阔台地、台缘斜坡和陆棚四种沉积相类型。在四川盆地西缘以发育带状台缘滩为特征，在川西中部绵阳一带，有一海湾深入克拉通内部，形成一个弯曲的台缘滩带；在盆地内部，受加里东古隆起的影响，发育一个由广元—南充—内江—乐山的半环形台内滩带，该滩带在白云岩化作用下，形成了栖霞组重要的勘探区带。

2.1 岩相古地理特征

2.1.1 区域构造背景

从志留纪末期的加里东运动结束后，进入晚古生代的海西构造旋回，四川盆地主要表现为陆隆伸展背景下的差异隆升造陆运动，没有明显的褶皱造山作用。扬子北缘为昆仑—秦岭洋，南缘为金沙江洋，东边为华夏古陆，西缘以龙门山一带的裂陷槽与松潘陆块相隔（许效松等，1996）（图2-1）。泥盆纪—石炭纪，以四川、黔北为主体的上扬子古陆始终保持着上升状态，导致古陆面积逐渐扩大，海盆面积逐渐缩小，造成泥盆系、石炭系在地台内部大面积缺失。川西地区由加里东期的活动大陆边缘向被动大陆边缘转换，发育大型伸展断裂及活跃的裂陷作用。

四川盆地在经历了加里东运动和海西运动的剥蚀夷平之后，一直持续到二叠系沉积前，形成乐山—龙女寺古隆起，并在古隆起的核部缺失了多套地层，整个盆地内缺失泥盆系和大部分石炭系，古地貌表现为一个大的夷平面（宋文海，1996）。二叠纪是四川盆地晚古生代沉积充填与构造演化的重要转折期，该时期发生的古特提斯洋扩张演化、峨眉山大火成岩省构造热事件和盆地拉张裂陷活动等一系列地质事件。构造运动不仅控制着盆地的沉积演化阶段和各阶段盆地内的沉积充填特征，而且控制着不同时期的沉积格局和古地理面貌。早二叠世，川西地区仍然为构造相对稳定的被动大陆边缘，整个上扬子地区在海侵背景下重新成为海相克拉通盆地，浅水滨岸沼泽相的梁山组逐渐超覆到石炭系和下古生界之上，川西海西期的伸展背景下形成的被动大陆边缘，为碳酸盐岩礁滩带的发育创造了良好的条件。中二叠世，海水已全面覆盖整个四川盆地，盆地内发育中二叠统栖霞组和茅口组台地相和缓坡相碳酸盐岩（赵宗举等，2012；邱琼等，2015），沉积非常稳定，全区可生物对比。

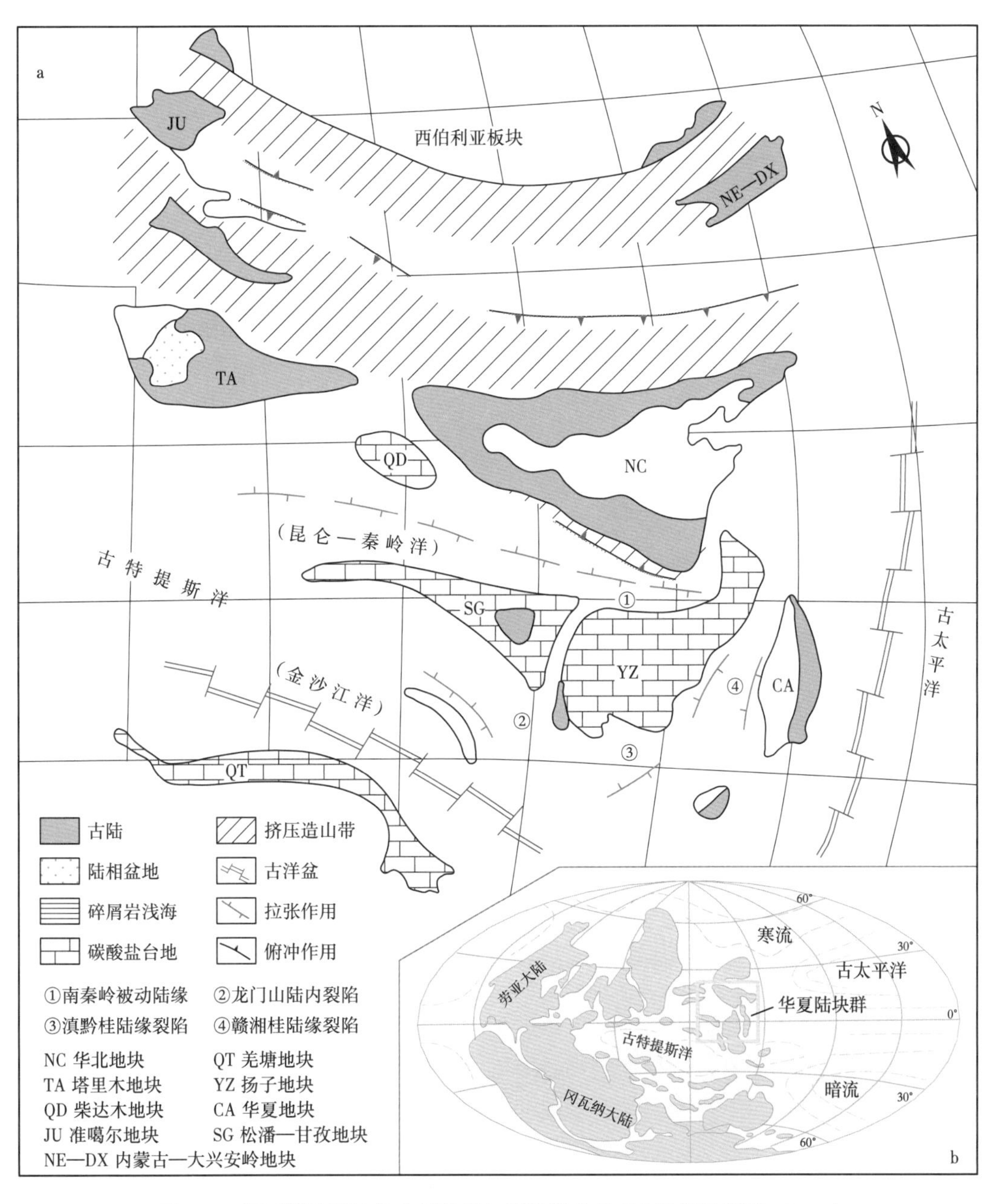

图 2-1　海西期扬子地块位置及其与周缘板块关系（据黄涵宇等，2017）

构造活动对栖霞组的主要控制作用表现在地壳大规模隆升，形成穹隆状隆起，并影响着栖霞组地层厚度、古地理格局及沉积相展布等。在栖霞组沉积早期，四川盆地迎来晚古生代以来大规模的海侵作用，海平面上升，受盆地西南高、东北低古地貌格局的影响，水体自西南向北东方面逐渐加深，盆地整体处于碳酸盐岩浅水沉积环境之中（梅庆华等，2014；陈洪德等，1999）。栖霞组上覆于梁山组之上，厚 20~150m。四川盆地栖霞组在区域沉积格局控制下，沉积环境相对稳定，主要为开阔台地、台地边缘沉积，发育台内滩、台缘滩等微相，栖霞组顶面呈现北西—南东向的“三隆两洼，隆凹相间”格局。蜀南地区相较邻近地区抬升幅度要大。川北梓潼—阆中—仪陇—大竹一带凹陷相对川南、川东要浅。从构造演化与油气聚集角度来看，川西下寒武统优质烃源岩在二叠纪末已经开始进入生油窗，与此同时在川西地区栖霞组顶面出现多个局部古构造高点，可能为油气聚集有利区。

中—晚二叠世之交，以攀西裂谷为中心产生了大规模的玄武岩喷溢，即峨眉山大火成岩省构造热事件，目前普遍认为是峨眉山地幔柱作用形成的（罗志立等，1988；徐义刚，2002）。在四川盆地西南缘的峨眉山、荥经、天全及芦山等地普遍发育了一套暗绿色杏仁状、块状玄武岩。近年来的钻井（如天府 8 井）陆续发现盆地内部也发育了较为广泛的峨眉山玄武岩或与之相关的火山沉积岩，表明该事件在四川盆地内部也有强烈的响应（刘冉等，2021）。由于峨眉地裂运动的隆升，致使茅口组顶部露出地表，形成长达 1—3Ma 的风化壳，岩溶作用较为发育。

晚二叠世晚期，四川盆地及邻区构造活动较为强烈，扬子板块北缘受古特提斯洋拉张活动，在鄂西—城口一带形成断陷盆地性质的半深海—深海相沉积，称为城口—鄂西海槽。盆地北部开江—梁平—广元一带，在区域性拉张作用背景下，受基底断裂活动控制形成 NW 向长条状展布的构造沉降带，海水较深，称为开江—梁平海槽。盆地中部南充—绵阳一带，受基底断裂活动影响，沉降幅度虽然低于开江—梁平海槽，但仍可见深水沉积，因其处于台地内部，称为南充—绵阳台洼。

2.1.2 东吴期活动基底断裂分布

东吴运动是李四光于 1931 年发现和命名的，指南京、镇江地区中二叠统栖霞组与上二叠统龙潭组之间发生的角度不整合。在四川盆地内部，东吴运动多表现为中二叠统茅口组与上覆地层的平行不整合或整合接触关系，峨眉地区的峨眉山玄武岩与下伏中二叠统之间的不整合接触是东吴运动在四川地区的直接表现。四川盆地北缘在东吴期存在一个克拉通地台—被动大陆边缘—深海洋盆的大地构造环境，从地台向陆缘方向，水体逐渐加深，至勉略洋为一个向西开口的局限海小洋盆，其北侧为秦岭微地块。

峨眉山大火成岩省的地幔柱致使东吴期四川盆地西南缘存在一次晚期的快速构造隆升背景，在峨眉山最后一期大规模玄武岩喷发之前，地层向西南方向逐步抬高，剥蚀程度也逐步增大。因此，四川盆地东吴期的构造演化主要受两条线控制，一是峨眉山地幔柱的隆升和玄武岩喷发过程，二是勉略洋南缘被动大陆边缘的伸展裂解过程，前者是东吴期短暂时间内发生的构造运动，后者则是发生于整个扬子板块北缘的具有长期性和继承性（D_1—T_3）的构造运动。在区域拉张应力作用下，活动基底断裂表现为北西、北东两个方向的正断层活动性。

通过构建北西向 gj2、gj4 两条地震剖面和三条北东向 gj6、gj5、2012GW008 地震剖面，由二叠系龙潭组底层拉平显示（图 2-2 至图 2-8）：茅口组有同沉积增厚，相应位置构造变形明显，反映了龙泉—通江断裂（Ⅰ$_5$）（图 2-2）、大邑—中江—旺苍断裂（Ⅱ$_5$）（图 2-2）、峨眉—沐川断裂（Ⅲ$_6$）（图 2-4）、厚坝—蓬安—石柱断裂（Ⅱ$_2$）（图 2-6）、简阳—大足断裂（Ⅲ$_3$）（图 2-8）、龙泉山断裂（Ⅲ$_7$）（图 2-5、图 2-7）在东吴期活动明显。钻井数据也显示通江—开江断裂（Ⅲ$_1$）、昭化—碧泉—达州断裂（Ⅱ$_1$）、厚坝—蓬安—石柱断裂（Ⅱ$_2$）、简阳—大足断裂（Ⅲ$_3$）为正断层活动，通江—开江断裂（Ⅲ$_1$）下盘天东 23 井茅口组残余厚度为 167m，上盘五科 1 井则厚 196.5m；昭化—碧泉—达州断裂（Ⅱ$_1$）下盘池 7 井茅口组残余厚度为 251.5m，上盘峰 2 井则厚 309m；钻井位置如图 2-8 所示。厚坝—蓬安—石柱断裂（Ⅱ$_2$）下盘张 20 井茅口组残余厚度为 255.5m，上盘张 1 井则厚 317m；简阳—大足断裂（Ⅲ$_3$）下盘高科 1 井茅口组残余厚度为 198m，上盘高石 17 井则厚 218.6m。

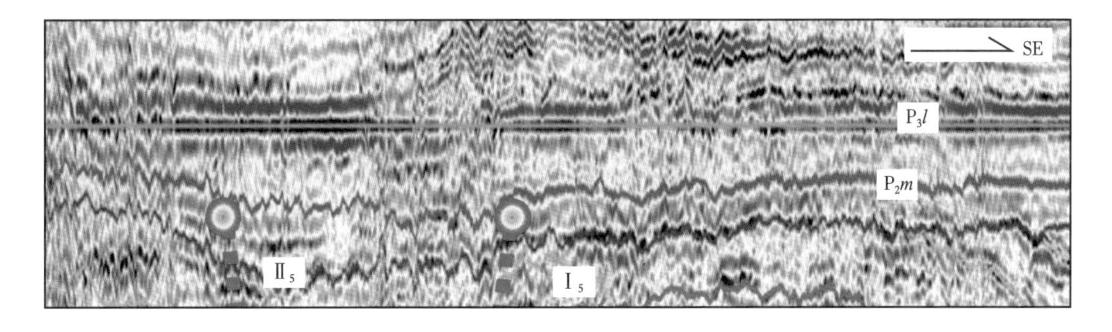

图 2-2　gj2 龙潭组底层拉平及古断层解释

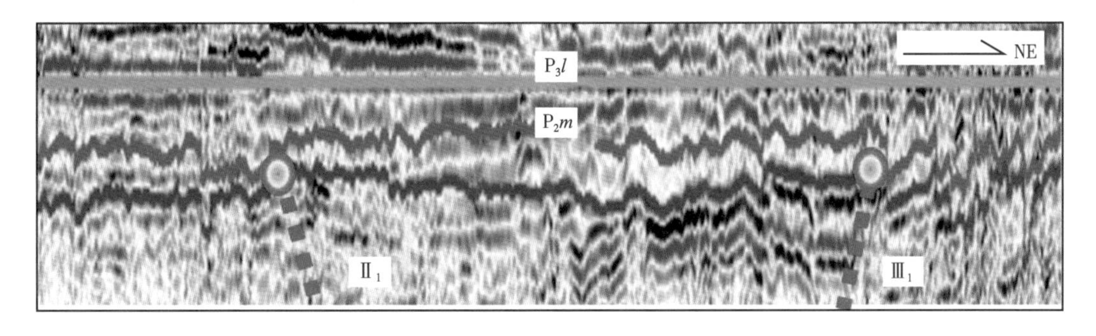

图 2-3　gj6 北东段龙潭组底层拉平及古断层解释

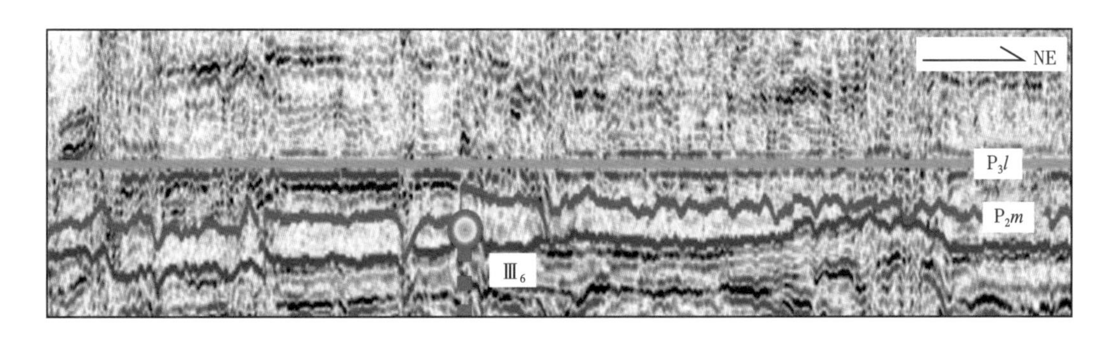

图 2-4　gj6 南西段龙潭组底层拉平及古断层解释

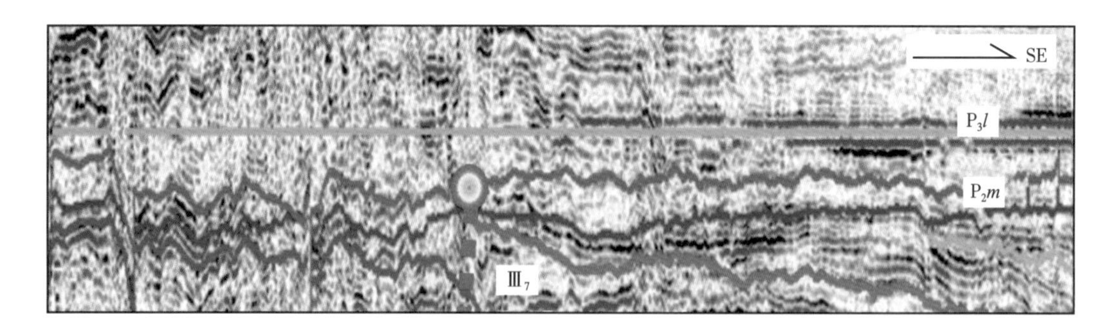

图 2-5　gj4 南西段龙潭组底层拉平及古断层解释

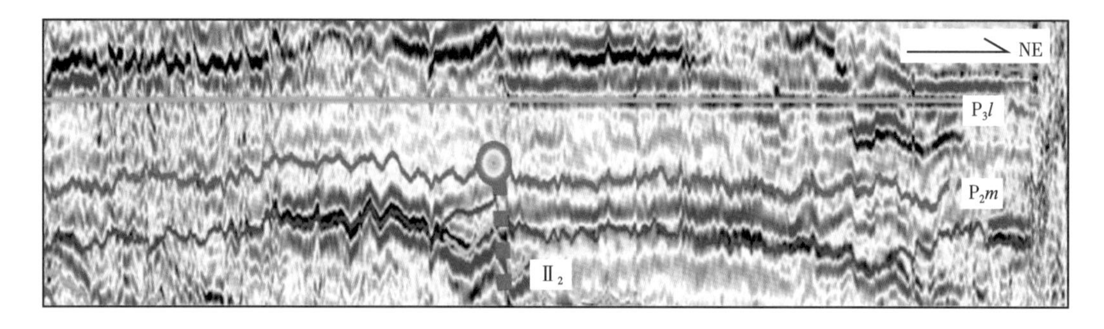

图 2-6　gj5 北东段龙潭组底层拉平及古断层解释

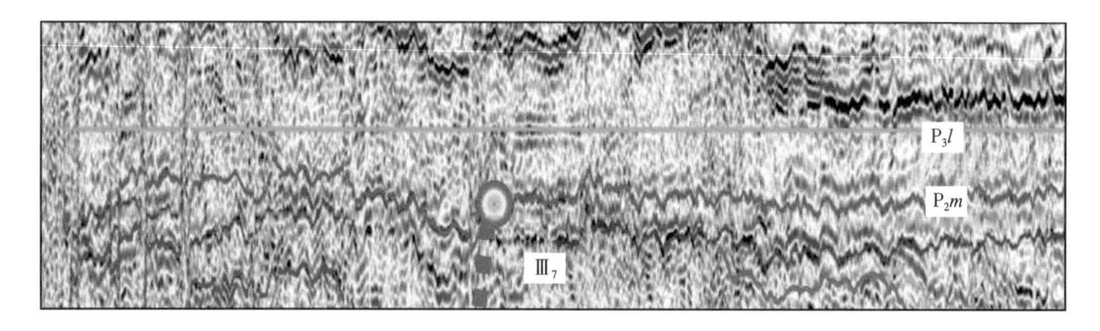

图 2-7　gj5 西南段龙潭组底层拉平及古断层解释

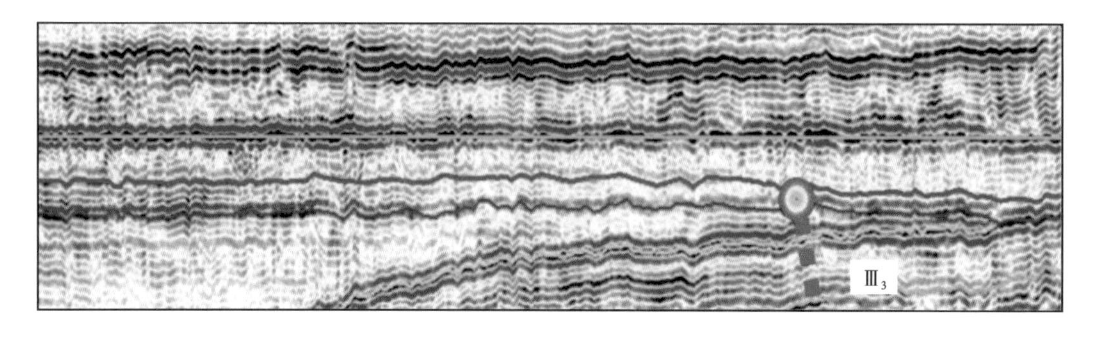

图 2-8　2012gw008 龙潭组底层拉平及古断层解释

综上所述东吴期北西向、北东向基底断裂均表现为正断层。北东向活动基底断裂有大邑—中江—旺苍断裂（$Ⅱ_5$）、龙泉—通江断裂（$Ⅰ_5$）、龙泉山断裂（$Ⅲ_7$），北西向活动基底断裂有通江—开江断裂（$Ⅲ_1$）、昭化—碧泉—达州断裂（$Ⅱ_1$）、厚坝—蓬安—石柱断裂（$Ⅱ_2$）、简阳—大足断裂（$Ⅲ_3$）、峨眉—沐川断裂（$Ⅲ_6$）。在区域动力背景下，城口断裂带（$Ⅰ_2$）表现为拉张活动，发育正断层。

2.2　地层界面特征及划分

沈树忠等（2019）厘定的中国二叠纪综合地层和时间框架，将全国地层委员会（2002）的年代地层划分方案与国际方案进行对比：全国地层委员会（2002）方案中—下二叠统紫松阶和国际地层中乌拉尔统阿瑟尔阶、萨克马尔阶对应；下二叠统隆林阶和乌拉尔统萨克马尔阶、亚丁斯克阶对应；中二叠统栖霞阶和祥播阶对应乌拉尔统的空谷阶，茅口阶对应瓜德鲁普统的罗德阶、沃德阶，冷坞阶对应卡匹敦阶；上二叠统的吴家坪阶和长兴阶分别对应国际地层乐平统的吴家坪阶和长兴阶（图 2-9）。

		年代地层								岩石地层		
		国际		国内				（本文献）		李国辉等，2005　朱同兴等，1998		
界	系	统	阶	Huang，1932		Sheng和Jin，1994		全国地层委员会，2002 中国地质调查局，2005		陆相	海陆交互相	海相
中生界	三叠系		印度阶							飞仙关组 T_1f		
		251.902 ± 0.024										
古生界	二叠系	乐平统	长兴阶 Changhsingian	乐平统	长兴组石灰岩	乐平统	长兴阶	乐平统（上统）	长兴阶	宣威组 P_3x 上亚组	长兴组 P_3c	大隆组 P_3d 长兴组 P_3c
			254.14 ± 0.07									
			吴家坪阶 Wuchiapingian		竹矿系		吴家坪阶		吴家坪阶	下亚组 峨眉山玄武岩组 P_3e	龙潭组 P_3l	吴家坪组 P_3w
		259.1 ± 0.5										
		瓜德鲁普统	卡匹敦阶 Capitanian	阳新统	茅口组石灰岩	阳新统	冷坞阶	阳新统（中统）	冷坞阶	茅口组 P_2m 茅四段 P_2m^4		孤峰组 P_2g
			265.1 ± 0.4									
			沃德阶 Wordian				孤峰阶		茅口阶	茅二段 P_2m^3 茅二段 P_2m^2		
			268.8 ± 0.5									
			罗德阶 Roadian		栖霞组石灰岩		祥播阶		祥播阶	茅四段 P_2m^1 栖霞组 P_2q 栖二段 P_2q^2		
		272.95 ± 0.11										
		乌拉尔统	空谷阶 Kungurian				罗甸阶		栖霞阶	栖一段 P_2q^1 梁山组 P_1l		
			283.5 ± 0.6									
			亚丁斯克阶 Artinshian	船山统		船山统	隆林阶	船山统（下统）	隆林阶			
			290.1 ± 0.26									
			萨克马尔阶 Sakmarian									
			293.52 ± 0.17									
			阿瑟尔阶 Asselian				紫松阶		紫松阶			
		298.9 ± 0.15										
	石炭系		格舍尔阶									

图 2-9　中国二叠系划分历史沿革及四川盆地划分方案（据沈树忠等，2019）

李国辉等（2005）在二叠系三分方案的基础上，重新对四川盆地生物地层、年代地层和岩石地层进行了梳理和研究，再次厘定了岩石地层和年代地层的关系，依然是三阶八统的划分方式，下二叠统紫松阶和隆林阶对应陈家坝组；中二叠统栖霞阶和祥播阶下段对应栖霞组，祥播阶上段、茅口阶和冷坞阶对应茅口组；上二叠统吴家坪阶对应吴家坪组，长兴阶对应长兴组。其中，陈家坝组为新建组。上二叠统玄武岩喷溢区的峨嵋山玄武岩组、海陆过渡相龙潭组与海相吴家坪组为同时异相，海相的长兴组、盆地相的大隆组与陆相的沙湾组为同时异相。

四川盆地中二叠世主要为稳定克拉通内浅海碳酸盐岩台地相，由于台地上水体相对较浅，因此对地壳的升降变化、海平面的起伏变化沉积物都有比较明显的沉积响应特征，导致区内茅口组、栖霞组发育多个不同级次的沉积旋回。沉积旋回代表时间和环境演变过程的双重地质意义，理论上讲，相对海平面变化具有区域性乃至全球性，因此形成与沉积物沉积过程在时间上相一致的沉积旋回，这种由相对海平面周期变化形成的沉积界面在很大范围内具有等时性，其岩性响应特征也是很突出的，因此可作为地层划分与对比的标志层。为了满足工区内石油勘探工作的需要，提高地层划分对比的精度，本书以相对海平面变化沉积旋回为指导，结合岩性和电性特征，充分利用野外剖面、岩心观察及镜下观察等地质资料，从整体上把握地层发育特征，对研究区内中二叠统栖霞组进行三级层序划分。

2.2.1　栖霞组底界面

中二叠统梁山组是华南地区二叠系底部的一套海陆过渡相沉积，岩性以黑色含铁质泥页岩为主，夹铝土质黏土岩、粉砂岩及煤线，含有丰富的动植物化石，在盆地内厚度差异较大，通常为 3~20m，最厚处可超过 40m。在野外考察过程中部分野外剖面梁山组都表现为厚约 0.5m 的富铁质铝土质黏土岩，在剑阁马儿岩和南川东胜剖面，其铝土质黏土岩的厚度和品质都达到了工业开采的标准。栖霞组发生了中二叠统的第一次大规模海侵，底部普遍发育泥灰岩和生屑泥晶灰岩，栖霞组与梁山组具有显著的岩性差异为岩性突变接触界面（图 2-10）。该界面是进入上扬子栖霞组沉积期一次新的海侵旋回的开始。

从生物地层学来看，国内目前以䗴类作为生物地层单位划分依据，即以 Pseudoschwagerina 带的上限划分石炭系—二叠系界线，但是多数国家将二叠纪底界划在阿舍林（Asselian）阶之底，即划在 Pseudoschwagerina 带之底，这主要是由于中国南方广大地区（包括川西北地区）在晚石炭世末期和早二叠世初期，发生过一次大的造陆运动，即黔桂运动，在 Pseudoschwagerina 带之上形成了一个可追踪对比的不整合面或假整合面。因此，多数研究人员将四川盆地二叠系的底界划在该不整合面或假整合面上。梁山组下部地层以碳酸盐岩为主，䗴类化石发育，该组上下䗴类特征区别明显，其下隔壁褶皱强烈，旋脊不发育，其上旋脊发育而隔壁不褶皱，如 Nankinella 等，珊瑚成分也交替明显。盛金章等（1962）认为梁山组为栖霞组底部 Wentzellophyllum volzi 带相变为陆相的含煤地层，且二者连续沉积，与下伏地层多不连续，故发育于梁山组中的植物 Taeniopteris multinervis-Lepidodendron 组合带应纳入二叠纪早期范畴。

2.2.2　栖霞组顶界面

四川盆地栖霞组顶部地层是在持续时间较长的海退中形成的，地层中多以颗粒岩为主，泥质含量较低，并且该时期沉积物堆积较厚。茅口组沉积早期最大海泛事件是整个华南二叠纪甚至晚古生代以来的最大的一次海侵，四川盆地大多数地区都是由钙质页岩、泥

栖霞组与梁山组界面，剑阁马儿岩　栖霞组与梁山组界面，武隆江口

栖霞组与梁山组界面，华蓥二崖　栖霞组与梁山组界面，南川东胜

栖霞组与梁山组界面，华蓥椿木乡　栖霞组与梁山组界面，剑阁何家梁

图 2-10　四川盆地梁山组（P_1l）和栖霞组（P_2q）界面特征

灰岩和薄层状泥晶灰岩组成，在全盆发育眼球眼皮构造，是栖霞组与茅口组界线识别的重要标志，属于岩性—岩相转换面（图2-11）。由于栖霞组和茅口组该连续沉积界面在钻井上可据综合电性特征进一步划分和对比，表现为自然伽马曲线由栖霞组的低值突变为茅口组的高值，电阻率测井（RT和RXO）曲线则由高值突变为低值（图2-12）。

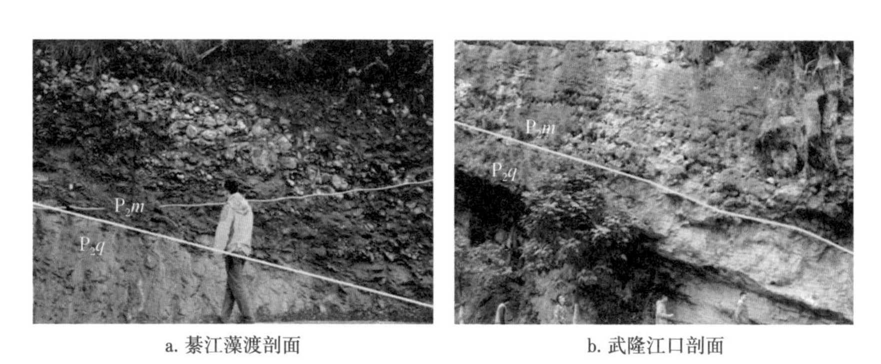

a. 綦江藻渡剖面　b. 武隆江口剖面

图 2-11　四川盆地栖霞组和茅口组（P_2m）界面特征

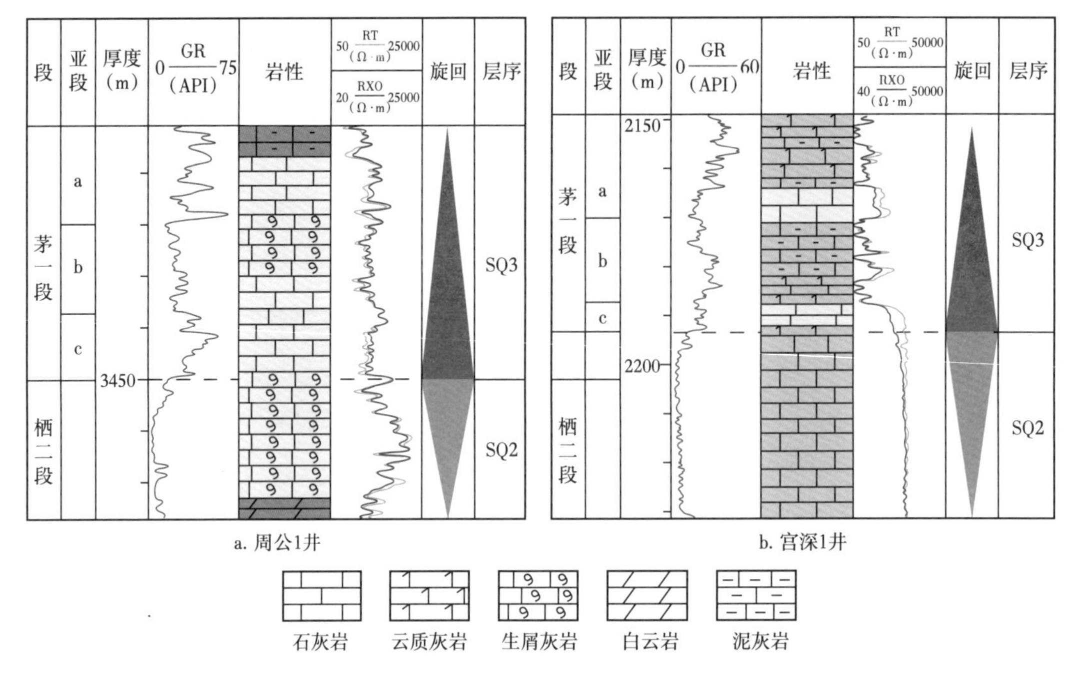

图 2-12　四川盆地栖霞组和茅口组界面电性特征

2.2.3　栖霞组内幕界面划分

栖霞组在四川盆地内分布比较稳定且保存完整，岩性上包含栖一段和栖二段两个岩性段，栖一段又被划分为 a、b 两个亚段。依据野外剖面和钻井资料，在栖霞组识别出三个层序界面，分别为栖霞组顶底界面、栖一$_b$亚段顶界面，以栖一$_b$亚段顶界面划分出两个三级层序，自下而上为 SQ1、SQ2，栖一$_a$亚段顶界面为 SQ2 最大海泛面。

栖一$_b$亚段：该亚段为完整的三级层序 SQ1，栖霞组沉积早期发生了中二叠统第一次大规模的海侵，在众多剖面（如广元西北乡、剑阁上寺、旺苍鹿渡坝、南江桥亭、华蓥二崖、綦江藻渡等剖面）的岩性为深灰色中—薄层状泥晶生屑灰岩沉积，泥质含量较高，局部地区（如华蓥二崖、阎王沟和邻水椿木乡等剖面）发育层状硅质岩和硅质结核（图 2-13）。测井曲线上表现为自然伽马曲线为中—高值，向上有逐渐降低的趋势。电阻率测井曲线（RT 和 RXO）则从低值向上逐渐升高，而后逐渐降低（图 2-14）。

栖一$_a$亚段：该亚段是层序 SQ2 中的海侵阶段，主要为灰色泥晶生屑、藻屑灰岩，部分地区发生白云岩化（图 2-13）。自然伽马曲线为持续低值，电阻率测井曲线为持续较高值（图 2-14）。从栖一$_b$亚段到栖一$_a$亚段，自然伽马曲线呈降低趋势，电阻率测井曲线呈升高趋势（图 2-14）。

栖二段：层序 SQ2 的高位体系域，主要发育中—厚层状生屑灰岩，生屑含量较高，部分地区发生白云岩化，其中以洪雅张村、甘洛新基姑和剑阁何家梁剖面栖二段白云岩最为发育（图 2-15）。自然伽马曲线为低于上下层段的持续低值，电阻率（RT 和 RXO）曲线则为高于上下层段的持续高值（图 2-14）。

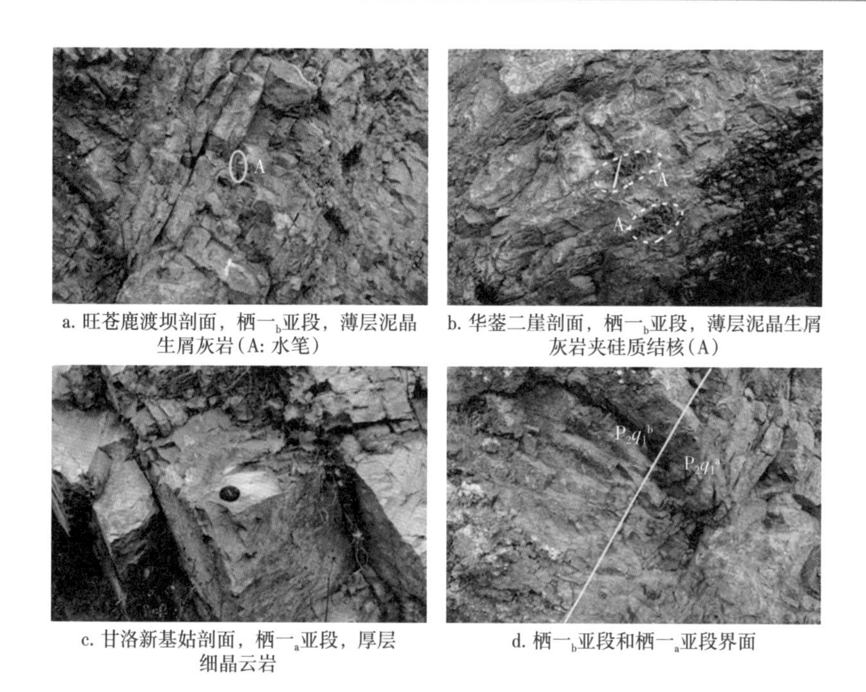

a. 旺苍鹿渡坝剖面，栖一$_b$亚段，薄层泥晶生屑灰岩（A: 水笔）

b. 华蓥二崖剖面，栖一$_b$亚段，薄层泥晶生屑灰岩夹硅质结核（A）

c. 甘洛新基姑剖面，栖一$_a$亚段，厚层细晶云岩

d. 栖一$_b$亚段和栖一$_a$亚段界面

图 2-13　四川盆地栖一段野外特征

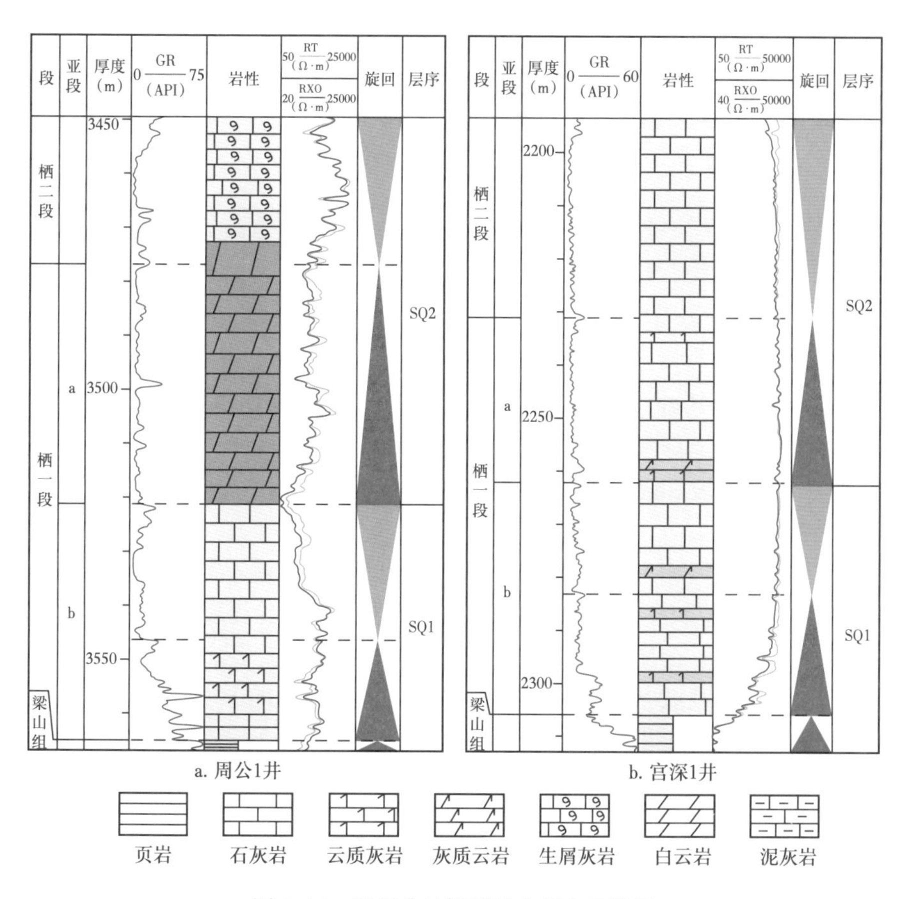

图 2-14　四川盆地栖霞组内部电性特征

a. 綦江藻渡剖面，栖二段，厚层状生屑灰岩

b. 剑阁何家梁剖面，栖二段，厚层状云岩

c. 旺苍鹿渡坝剖面，栖二段，豹斑灰岩
（A：灰质云岩，B：云质灰岩）

d. 旺苍鹿渡坝剖面，栖一段和栖二段界面

图 2-15　四川盆地栖二段野外特征

2.3　岩相古地理

2.3.1　沉积相展布

在前人研究成果的基础之上，通过岩心的观察描述和测井资料分析，依据岩石类型、沉积构造、生物组合、地球物理特征等相标志，明确了四川盆地二叠系栖霞组发育局限台地、开阔台地、台缘斜坡和陆棚四种沉积相类型。

2.3.1.1　局限台地

上扬子地区局限台地相一般水体循环不畅，水体能量总体不高，盐度变化较大。与开阔台地相比，生物种类单调、稀少，主要为蓝绿藻、介形虫及瓣鳃类，生物扰动现象明显；岩性主要为石灰岩、云质灰岩、灰质云岩夹藻叠层灰岩、泥晶灰岩。各种潮汐层理如透镜状层理、脉状层理及波状层理发育。根据水动力条件和地形变化等因素，进一步将局限台地划分为潮坪、潟湖亚相和浅滩亚相。

潮坪：受康滇古陆的影响，在研究过程中发现栖霞组和茅口组碳酸盐岩中皆有陆源碎屑颗粒的混入，造成上扬子地区局限台地环境下的潮坪沉积，其岩石类型相对较为复杂，根据其岩性组合特征，本书将其划分为云坪微相、灰坪微相（图 4-28）。云坪微相以亮晶云岩、灰质云岩为主，夹泥质白云岩，白云岩是蒸发泵白云岩化作用和渗透回流作用的产物。灰坪微相以砂质灰岩、泥晶生屑灰岩和微晶灰岩为主。

潟湖亚相：位于障壁之后的低洼海域中，盐度不正常—正常，古生物贫乏，主要为蓝绿藻、介形虫，次为海绵骨针。岩性多为灰色、深灰色中—厚层状泥晶灰岩、含生屑灰岩、泥—粉晶云岩。潟湖中潮汐作用弱，水体能量相对较低，层理类型主要为水平层理、波状层理，发育对称波痕，生物潜穴、生物扰动发育，偶见鸟眼构造。

浅滩亚相：为潮坪和潟湖边缘规模不大的滩体，组成滩的岩石类型为泥—亮晶砂屑云岩、亮晶云岩。生屑相对少见，主要为介形虫和藻类。

2.3.1.2 开阔台地

上扬子地区栖霞组沉积期的开阔台地发育于克拉通盆地之上，周缘的滩或水下隆起使其与广海相隔，其总体特点为海域广阔，海底地形较平坦，水体深数米至数十米。根据台地内地形高低及沉积水体能量大小可进一步将开阔台地划分为台内滩及半开阔海台地亚相。

2.3.1.2.1 台内滩亚相

沉积于开阔台地地形较高地区，由于水体较浅，因此能量较高，在波浪的作用下，形成灰色、浅灰色的粉—亮晶颗粒岩。岩性主要为浅灰色厚层—块状亮晶生屑灰岩、亮晶砂屑灰岩、亮晶红藻灰岩和白云岩。台内滩常发育底冲刷面、交错层理、平行层理和波状层理，沉积物单层厚度较小，颗粒间被亮晶胶结物充填，依据颗粒类型，进一步将台内滩划分为生屑滩、砂屑滩。

生屑滩：由于海水循环较通畅，海水带来的营养物质相对丰富，导致局部凸起生物较发育，在高能环境下生物被破坏形成各种生物屑，堆积成为生屑滩。研究区生物碎屑以䗴类、有孔虫、藻类等生物碎屑为主，其次为腕足类和珊瑚，具有一定抗浪能力的分支状红藻也比较发育，形成原地生长的红藻灰岩。

砂屑滩：主要为藻砂屑灰岩，砂屑灰岩次之，分选性差异大，由差到好；磨圆度为次圆状；填隙物主要是亮晶方解石，其次是灰泥基质，构成的岩石类型有亮晶细粒藻砂屑灰岩、亮晶中粒藻砂屑灰岩、亮晶粗粒藻砂屑灰岩。

2.3.1.2.2 半开阔台地

上扬子地区克拉通内较深水地区主要为半开阔台地。沉积时水体相对较深、水动力相对较弱。其特点为颗粒含量较少，颜色较深，岩石类型主要由灰色泥晶灰岩、泥晶生屑灰岩和泥晶藻灰岩组成，偶夹薄层白云岩和泥质条带。生物化石有藻类、有孔虫、海百合、介形虫和瓣腮类等。

2.3.1.3 台缘斜坡

台缘斜坡位于开阔台地和陆棚之间，是浅水沉积和较深水沉积的交换带，水动力能量强，具有较高丰度的腕足类、腹足类、双壳类、藻类等底栖生物，造礁生物共同生长繁育，反应高能沉积环境特征。岩性以亮晶颗粒灰岩、泥晶颗粒灰岩和泥晶灰岩为主。依据发育位置，将台缘斜坡划分出台缘滩亚相、台缘海湾亚相。

2.3.1.3.1 台缘滩亚相

台缘滩位于台缘斜坡水体较浅地区，水动力条件相对较强，因为受到波浪和潮汐的作用，生物群落常可见到陆棚处生活的底栖生物碎屑，由于底质不稳定，原地生物较少，钙质海绵礁灰岩、䗴类、有孔虫、海藻和海百合茎较丰富，含少量珊瑚、腕足类等化石。以颗粒亮晶灰岩、泥粒灰岩为主，颗粒磨圆、分选都较好。

2.3.1.3.2　台缘海湾

台缘海湾是台地边缘斜坡中相对偏深水地区，水动力弱，具有颗粒含量少、颜色较深的特点。岩石类型主要为深灰色、灰黑色和灰褐色泥晶灰岩、泥晶生屑灰岩，有机质含量高，发育泥质条带和燧石结核。生物化石有藻类、有孔虫、介形虫和瓣腮类等。

2.3.1.4　陆棚

陆棚沉积指在研究区相对开阔台地更深水的沉积体，位于扬子板块外侧面向广海一带。根据其岩石类型可以划分为浅水陆棚和深水陆棚，浅水陆棚在研究区主要表现为薄层状的泥灰岩，眼球眼皮状灰岩；深水陆棚则主要表位为薄层状的硅质岩和泥灰岩沉积。

2.3.2　岩相古地理

岩相古地理重建一般通过编制综合的图件来展示，重点表现编图单元的水陆分布、沉积相的空间展布与配置等。本节首先通过梁山组的沉积厚度和岩相特征，重建了栖霞组沉积前的古地貌特征，然后以栖霞组为编图单元，进行岩相古地理图的编制。在充分分析四川盆地各野外剖面和钻井资料的三级层序划分和沉积相的基础上，编制了栖霞组的岩相古地理图。

2.3.2.1　栖霞组沉积前的古地貌特征

古地貌分析是含油气盆地分析的一个重要方面，前人将古地貌恢复划分为构造恢复与地层厚度恢复两个组成部分。这里采用残余地层厚度参数法，统计分析了钻井和周缘野外露头的梁山组地层厚度空间分布，结合梁山组的岩相反映的沉积环境，重建了栖霞组沉积前的古地貌。如图 2-16 所示，梁山组地层厚度在几米至几十米不等，总体具有从盆地周

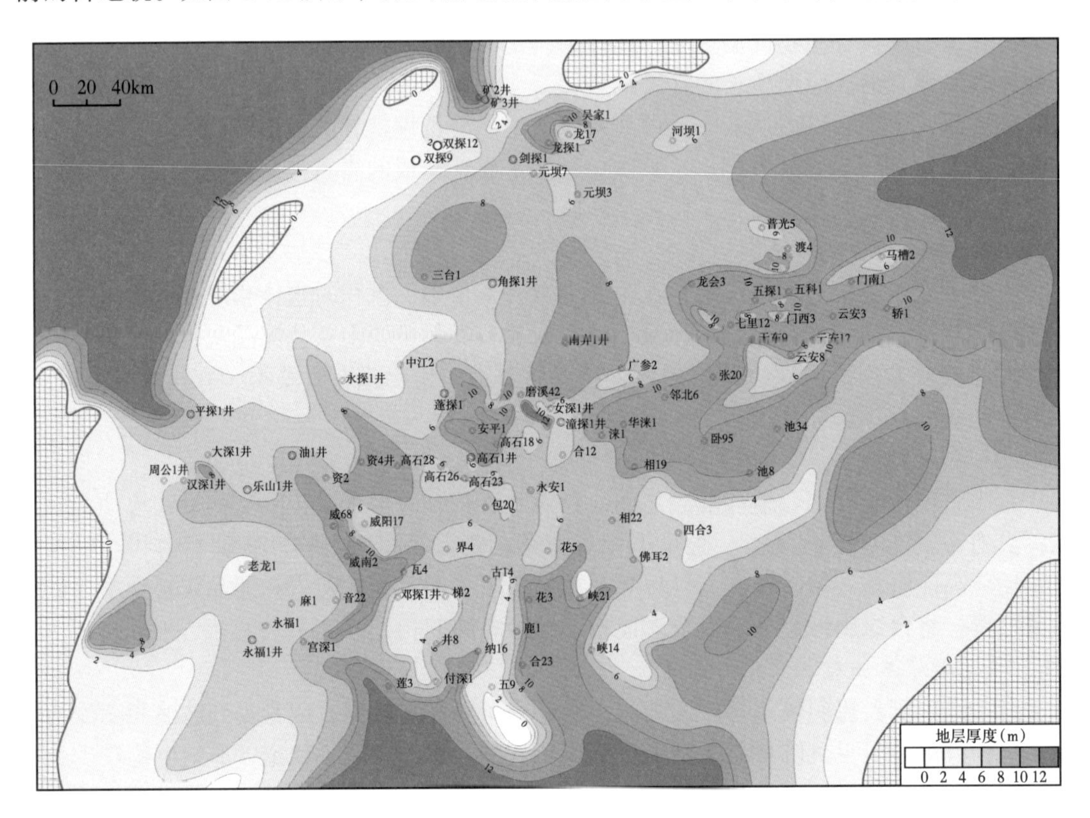

图 2-16　四川盆地二叠系梁山组古地貌格局图

缘向盆内逐渐减薄的趋势。体现了四川盆地自晚石炭世小规模海侵形成了黄龙组碳酸盐岩沉积后，早二叠世再次经历了大范围的抬升剥蚀过程，造成了下二叠统的缺失。梁山组沉积期，海水主要从自盆地东北部、东南部及西北部侵入。仅在盆地西南缘残存有康滇古陆暴露区，其边缘发育以灰色、灰白色石英粉砂岩、细砂岩为主，夹灰质砾岩和铝土矿等，代表了滨岸碎屑岩沉积。盆地东南缘和东北缘沉积厚度较大，代表了两个主要的海侵通道。特别是在南缘威宁、六盘水地区厚度急剧增大至百余米。在盆地西缘西大河、绵竹高桥以及西北部的广元等地区，发育1m以内的粉砂岩或粉砂质泥岩，为水体较浅滨岸环境。盆地中东部地区以含煤碎屑岩沉积为主，为广阔的近海泥炭沼泽环境。总体上，在栖霞组沉积前，西南康滇古陆、东南雪峰古隆起及沿龙门山断裂带为古地貌高地。在盆地内部高地貌区与加里东古隆起有很好的吻合性，为栖霞组环地貌高地台内滩的发育创造了条件。

2.3.2.2　栖霞组岩相古地理

栖霞组上覆于梁山组之上，为陆表海碳酸盐岩台地沉积建造，盆地范围内栖霞组常与下伏梁山组整合接触。梁山组沉积之后，伴随着古特提斯海洋的急剧扩张和古冰川的消融，盆地开始海侵接受沉积。且随着海侵作用的加速，海平面迅速上升，研究区内全部被海水淹没。受发育于盆地西南南缘康滇古陆的影响，在峨眉等地区栖霞组底部石灰岩中混杂有陆源石英，发育潮坪沉积。如图 2-17 所示，上扬子克拉通主体为一碳酸盐台地，包括开阔台地、半局限台地、台地边缘浅滩、台地浅滩、潮坪、台缘斜坡以及广海陆棚等沉

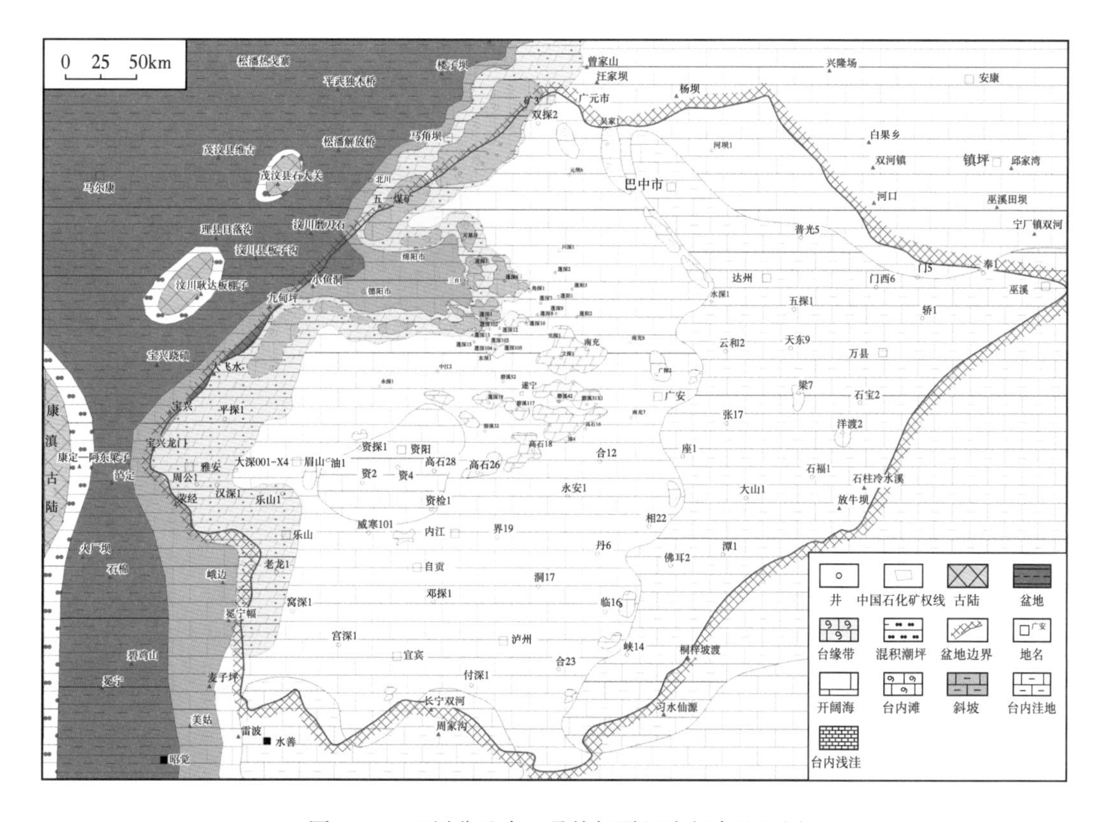

图 2-17　四川盆地中二叠统栖霞组岩相古地理图

积环境，古地理格局整体上较为稳定，以半局限台地和半开阔台地沉积为主。但在东部的华蓥山—云阳一线发育有较深水的开阔台地沉积，以如在邻水椿木乡剖面发育有薄层状硅质岩。在开阔台地和局限台地环境下，则发育有多个不同规模的台内浅滩沉积，以生屑灰岩和颗粒灰岩为其岩石类型主体，在洪雅—都江堰—江油一线发育潮坪沉积，以生屑灰岩和灰质云岩为其岩石类型主体。

第 3 章　储层特征与发育分布规律

据统计，中国海相碳酸盐岩沉积总面积超过 $450\times10^4km^2$，包括陆上海相盆地面积可达 $330\times10^4km^2$、海洋海相盆地面积超过 $120\times10^4 km^2$，海相油气资源总量超过 350×10^8t（油当量），包括原油 135×10^8t、天然气 $20\times10^{12}m^3$ 以上，海相层系油气探明率仅为 6%左右（孟宪武，2015）。四川盆地栖霞组储集岩包括泥—微晶灰岩、颗粒灰岩、豹斑灰岩、结晶云岩、残余颗粒白云岩、残余灰质云岩等 6 类，而以台缘高能相带及台内高能滩相带为基础，暴露溶蚀和（或）白云岩化的改造，破裂作用及深埋溶蚀的进一步作用，四川盆地栖霞组高能滩相裂缝—孔隙型白云岩储层较发育（孟宪武，2015）。

前人通过对世界上大量的碳酸盐岩储层对比研究后将碳酸盐岩储层归纳为以下 6 类（赵宗举等，2007）:（1）不整合面下的白云岩和石灰岩;（2）潮下带到潮上带的白云岩;（3）鲕粒、团粒浅滩；（4）礁（包括与礁有关的储层）；（5）白垩泥晶灰岩中的孔隙；（6）泥灰岩中微裂缝。由此可见，礁、滩相储层是碳酸盐岩储层中的重要类型。四川盆地碳酸盐岩气田的天然气储量有 90% 以上就富集于白云岩储层中（赵文智等，2014）。

成岩作用是影响碳酸盐岩储层储集性能的重要因素之一（邹才能等，2008）。20 世纪 70 年代之后，众多学者对各种成岩作用成岩环境特征进行研究分析，建立了不同的碳酸盐岩成岩理论模式，其中白云石化作用一直是礁滩储层成因研究的重点和难点。关于白云岩成因的研究的认识在不断推进，从 60 年代至今对交代白云岩的成因解释已总结出多种经典模式（娄雪，2017）。在对巴哈马和波斯湾（阿拉伯湾）等地的白云石研究基础上所提出了蒸发环境的白云石化作用，如萨布哈模式、毛细管浓缩白云化模式、卤水渗透回流白云化模式、蒸发白云石化模式。到 70 年代，提出了低盐度条件下的云化模式、大气水—海水混合模式，认为滨岸自由水层和深部承压含水层内的大气水和海水混合作用可导致沉积物白云石化。至 90 年代，则出现了埋藏压实白云化模式（包括热液白云石化模式），受到了更多学者的极大关注。虽然热液白云石化模式逐渐发展为一个主流模式，但对于其判断仍存在很多误区，其中主要原因是缺乏可靠依据去证明白云石是与热成因有关，例如：鞍状白云石并非都是热液成因，而且热液白云石也并非都利于改善储层物性，因为热液既可以发生溶蚀作用增大孔隙空间，同时也可以充填孔洞起破坏作用。后文将在前人大量研究的基础上，通过薄片的观察、储集物性资料分析、地球化学分析及大量钻测井资料，对四川盆地栖霞组储层的物性特征及重要成岩作用进行了研究。

3.1　储层岩石学

碳酸盐岩储层在四川盆地油气生产中占有非常重要的地位（洪海涛等，2012），其储集岩的岩石类型以白云岩为主，其次为石灰岩，超过 90% 的天然气藏富集于盆地的白云岩储层中，如近年来发现的普光、龙岗等超大型气田。而关于白云岩储层的岩石学、物性特征及孔隙结构特征都是研究白云岩油气储层的关键要素，对于进一步开展储层研究具有重要的铺垫作用，因而其吸引了众多研究者对该类储集岩开展详细的研究。二叠系栖霞组碳酸盐岩储层岩石类型较多，主要包括颗粒灰岩类、泥—微晶灰岩类及白云岩类 3 种主要岩石类型及其过渡岩性，其中滩相白云岩和滩缘微晶生屑灰岩是最为主要的储集岩类型。

3.1.1 石灰岩类

在四川盆地二叠系栖霞组发育的石灰岩类多为泥晶生屑灰岩，一般情况下形成于水体较安静的沉积环境中，主要分布在开阔台地滩间、静水泥、台地边缘滩间及前缘缓斜坡泥中，岩性主要为致密的浅褐灰色—深灰色中—薄层状泥晶灰岩，夹少量中—厚层含少量海百合、腕足类、有孔虫、介形虫等生物碎屑（图 3-1），泥晶灰岩孔隙不发育，一般不具备储集性能，但如果发生破裂，可形成裂缝型储层。

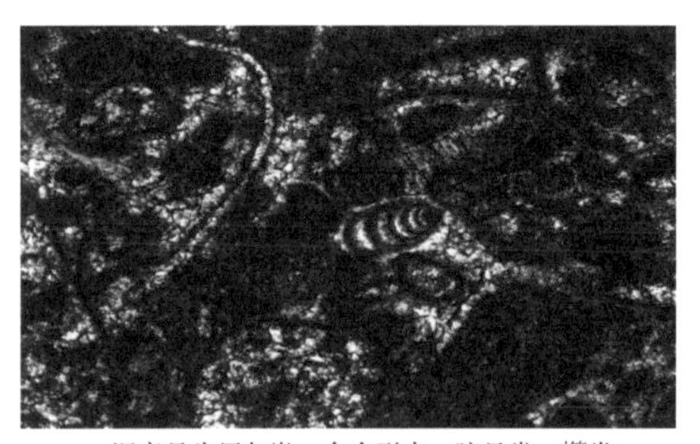

a. 泥亮晶生屑灰岩，含介形虫、腕足类、蜓类生屑颗粒，生屑分布均匀，大深1井，5614.69m，P_2q，单偏光

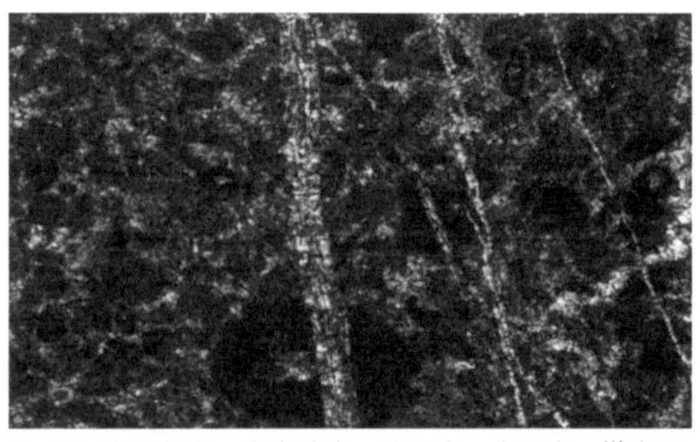

b. 泥晶生屑灰岩，含有孔虫、腕足类、介形虫、蜓类和藻类等生屑颗粒，发育裂缝，充填方解石，周公1井，3467.56m，P_2q，单偏光

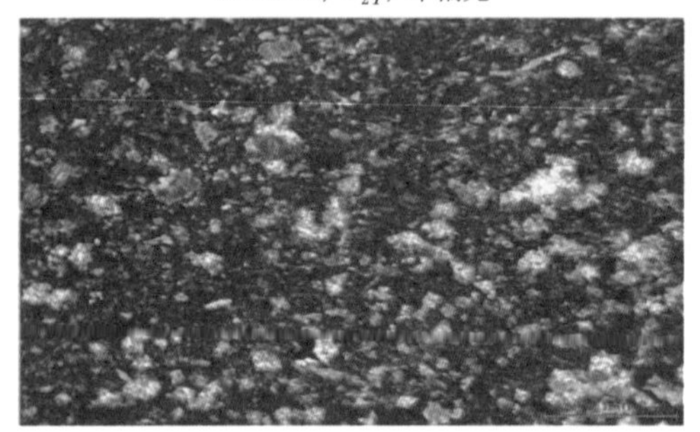

c. 微生物泥晶灰岩，具鸟眼孔及示顶底构造，双探9井，7701.09m，P_2q，单偏光

d. 微生物包覆的生屑泥晶灰岩，双探9井，7704.50m，P_2q，单偏光

e. 泥晶生屑灰岩，广参2井，4810.53m，P_2q，单偏光

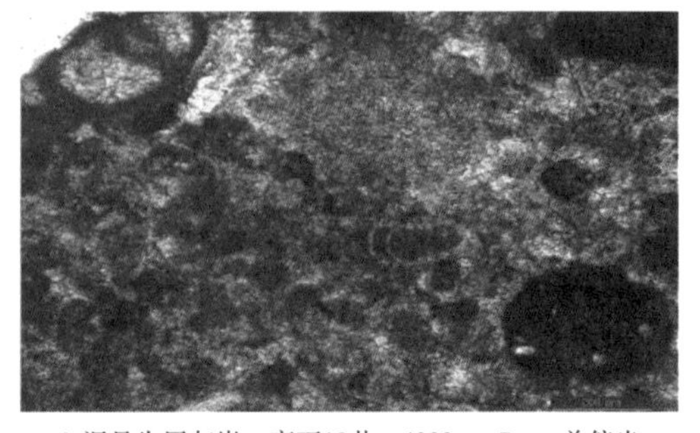

f. 泥晶生屑灰岩，高石18井，4232m，P_2q，单偏光

图 3-1 川西南地区二叠系栖霞组石灰岩显微特征

3.1.2　白云岩类

四川盆地栖霞组储层主要以褐灰色、浅灰色细—中晶云岩、中—粗晶云岩为主，晶粒较粗大（图 3-2、图 3-3），其次为灰质云岩、云质灰岩。

a. 中—粗晶云岩，双探3井，7457.04m

b. 中—粗晶云岩，发育溶孔，双探8井，7330.02m

c. 细晶云岩，磨溪42井，4655.70m

d. 粗晶云岩，高石16井，栖霞组，4543m

图 3-2　四川盆地栖霞组白云岩岩心照片

a. 细—中晶云岩，双探3井，7470.4m，2.5 × 10 -

b. 细晶云岩，双探12井，7058.16m，1.25 × 10 -

c. 细晶云岩，双探8井，7328.98m，2.5 × 10 -

d. 中晶云岩，双探8井，7327.69m，2.5 × 10 +

图 3-3　四川盆地二叠系栖霞组白云岩显微薄片照片

细—中晶云岩：主要由晶粒直径为0.25~0.5mm的白云石组成，常见的分布范围为0.3~0.4mm。有时晶粒大小较均匀，半自形粒状镶嵌结构为主，可含部分它形或自形晶粒。常发育雾心亮边构造，孔隙发育处可出现环带构造。一般还混杂有少部分细晶和粗晶晶粒。晶间孔隙发育时，而孔率约3%，有时被沥青充填。溶蚀孔、缝中可再度充填白云石，间或有呈环边胶结状的白云石，残余孔中则由方解石或石英充填。

中—粗晶云岩：石晶体粒径为0.5~2mm，但主要分布范围为0.5~1mm，可含部分中晶及巨粗晶，以半自形为主组成粒状镶嵌结构。雾心亮边结构发育，在孔隙发育处的白云石可出现环带构造，常见棘屑假象及生物碎屑幻影。

3.2 储集空间类型及储集物性特征

根据储集岩的成因、形态、大小及与岩石结构组分的关系，将栖霞组储集空间类型划分为三类：孔隙、溶洞和裂缝。其中起主要储集作用的是孔隙和溶洞，裂缝虽有一定的储集作用，但主要起较强的渗流作用。

3.2.1 储集空间类型

3.2.1.1 孔隙

主要为晶间溶孔和晶间孔。通过对岩心及镜下薄片观察表明，栖霞组白云岩孔隙主要以溶蚀孔和晶间孔为主（图3-4）。晶间溶孔在溶孔周围晶体形态模糊，白云石晶型不完整；晶间孔属残余晶间孔隙，白云石晶面清晰，晶型较为完整。铸体薄片及扫描电镜实验分析表明，孔隙直径在10~500μm之间，溶蚀作用强烈的部位呈蜂窝状发育，部分溶蚀孔内半充填沥青、方解石晶粒，孔隙连通性较好。

3.2.1.2 溶洞

发生于沉积后短暂暴露期，与混合水白云岩化同期，以小溶洞为主，部分溶洞直径可达3~5cm。岩心白云岩储层段可见溶洞发育（图3-4），洞内未充填或鞍状白云石、沥青部分充填，溶洞发育程度不均，局部较发育，连通性好。

3.2.1.3 裂缝

岩心局部层段中可见，以低角度缝为主，张开度不大，没有大规模的裂缝发育迹象，岩心裂缝密度为4.4条/m，裂缝充填物较少，均为有效缝。裂缝的发育提高了储层的渗流作用，对储层的储集能力具有一定的贡献；薄片观察，储层微裂发育，对晶间溶孔、晶间孔及溶洞起到沟通孔隙的作用，成像测井裂缝表现为正弦曲线特征，有效沟通溶洞、溶孔（图3-4）。

3.2.2 储集物性特征

3.2.2.1 孔隙度

根据双鱼石地区栖霞组取心井86个全直径样品的物性分析统计结果，栖霞组储层孔隙度最小为2.05%，最大为10.8%，平均4.0%，孔隙度中值为3.6%，孔隙度频率分布主要在2%~4%之间（图3-5）。

a. 中晶云岩，发育溶孔、溶洞、裂缝，双探3井，栖霞组，7467.23m

b. 中晶云岩，发育溶洞、溶孔，马牙状白云石半充填，双探3井，栖霞组，7473.2m

c. 中晶云岩，发育晶间孔隙，双探3井，栖霞组，7468.51m，岩心铸体薄片，2.5 × 10 -

d. 中晶云岩，晶间孔发育，双探8井，栖霞组，7327.69m，岩心铸体薄片，2.5 × 10 -

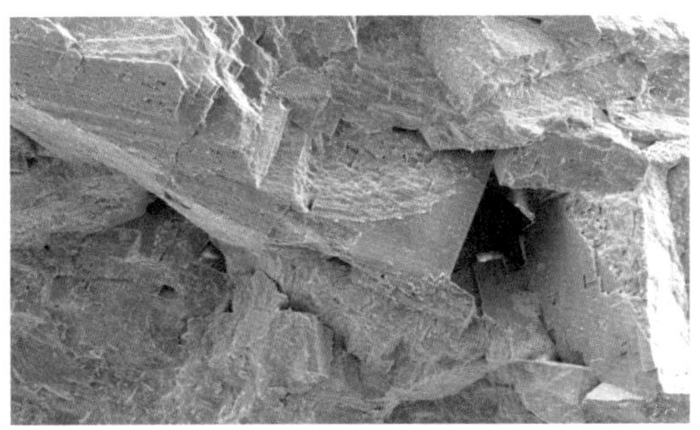

e. 白云石晶间孔，双探8井，栖霞组，电镜扫描图像，7319.23m

f. 白云石晶间孔，双探8井，栖霞组，电镜扫描， 7319.45m

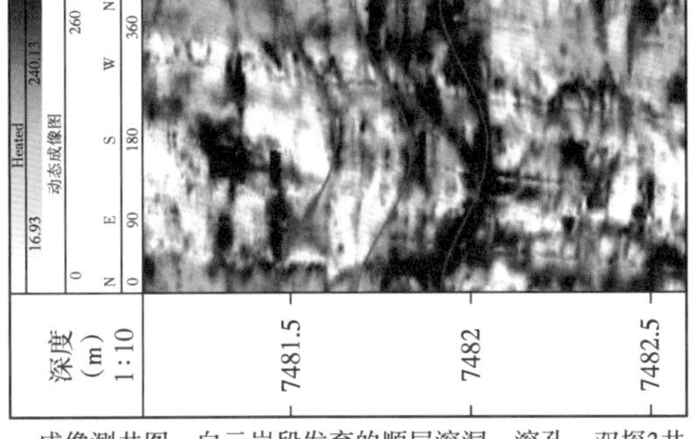

g. 成像测井图，白云岩段发育的顺层溶洞、溶孔，双探3井

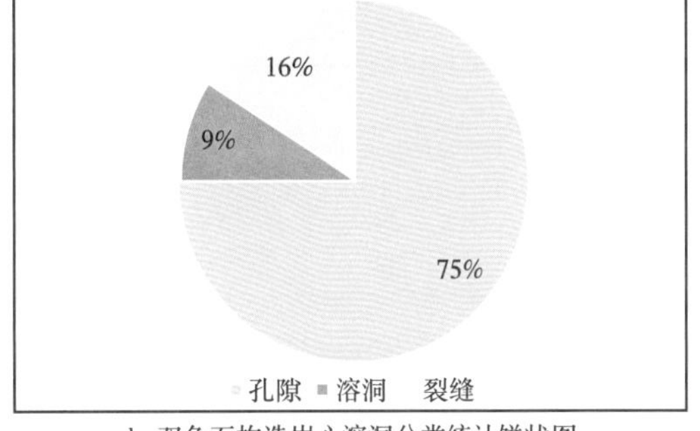

h. 双鱼石构造岩心溶洞分类统计饼状图

图 3-4　双鱼石构造栖霞组储层储集空间特征图版

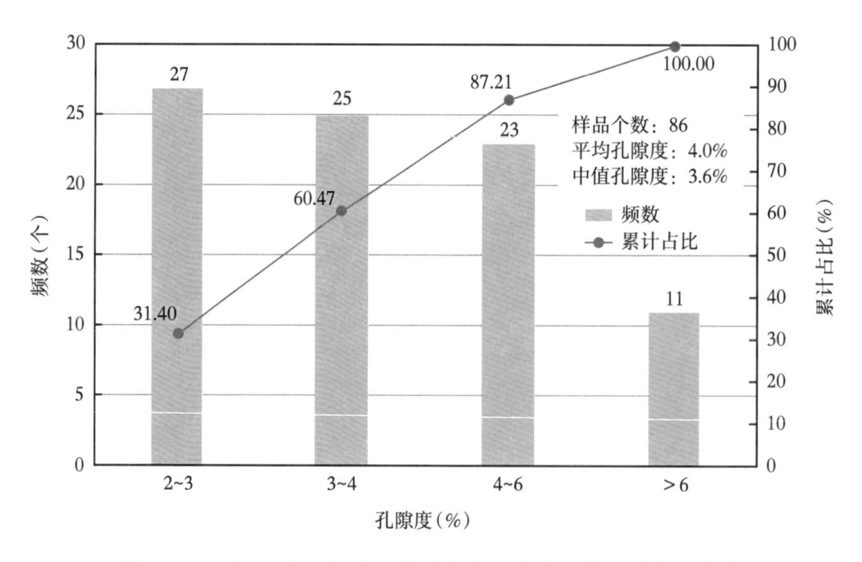

图 3-5 双探 1 井区栖霞组储层段岩心全直径样孔隙度频率直方图

根据 136 个柱塞样品的物性分析统计结果，栖霞组储层孔隙度最小为 2.0%，最大为 10.87%，平均为 3.25%，孔隙度中值为 2.75%，孔隙度频率分布主要在 2%~3% 之间（图 3-6）。

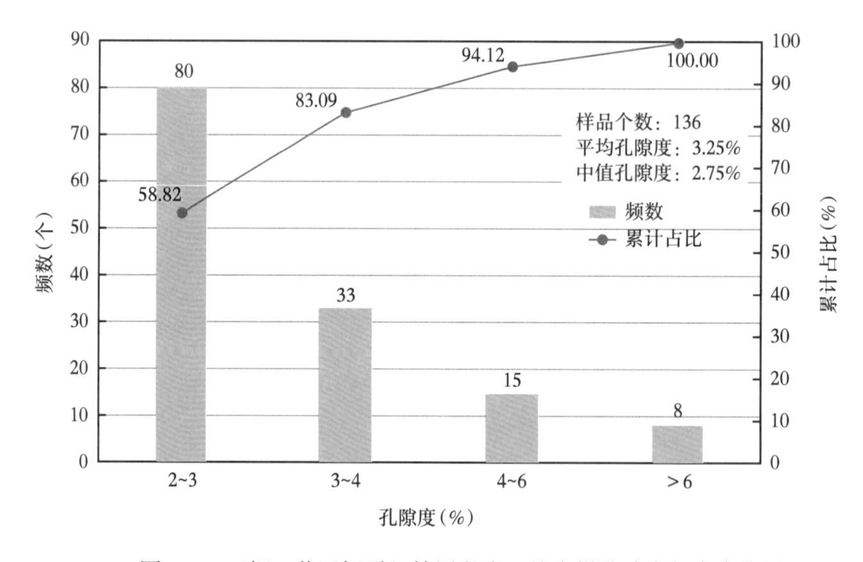

图 3-6 双探 1 井区栖霞组储层段岩心柱塞样孔隙度频率直方图

3.2.2.2 渗透率

根据 38 个全直径样品的物性分析统计结果，栖霞组储层渗透率最小为 0.0422mD，最大为 27.2mD，平均 3.4mD，渗透率中值为 1.37mD，渗透率频率分布主要在 0.1~10mD 之间（图 3-7）。

根据 51 个柱塞样品的物性分析统计结果，栖霞组储层渗透率最小为 0.0126mD，最大为 53.4mD，平均 4.49mD，渗透率中值为 0.68mD，渗透率频率分布主要在 0.01~10mD 之间（图 3-8）。全直径样品与柱塞样品相比，物性更好，渗透率更高，反映出基质孔隙、喉道之外溶洞、裂缝能有效提升储层储集空间和渗流能力（图 3-7、图 3-8）。

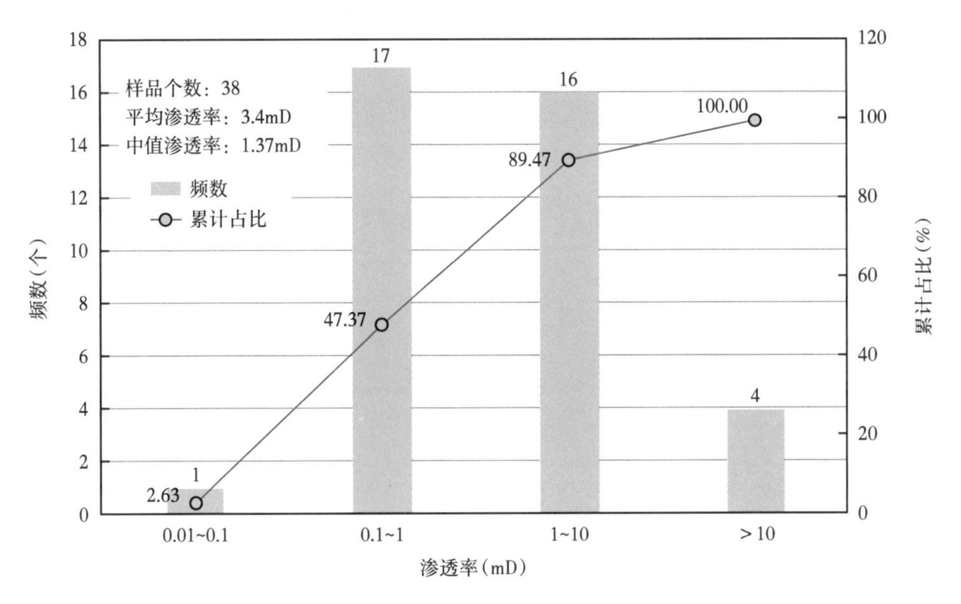

图 3-7　双探 1 井区栖霞组储层段岩心全直径样渗透率频率直方图

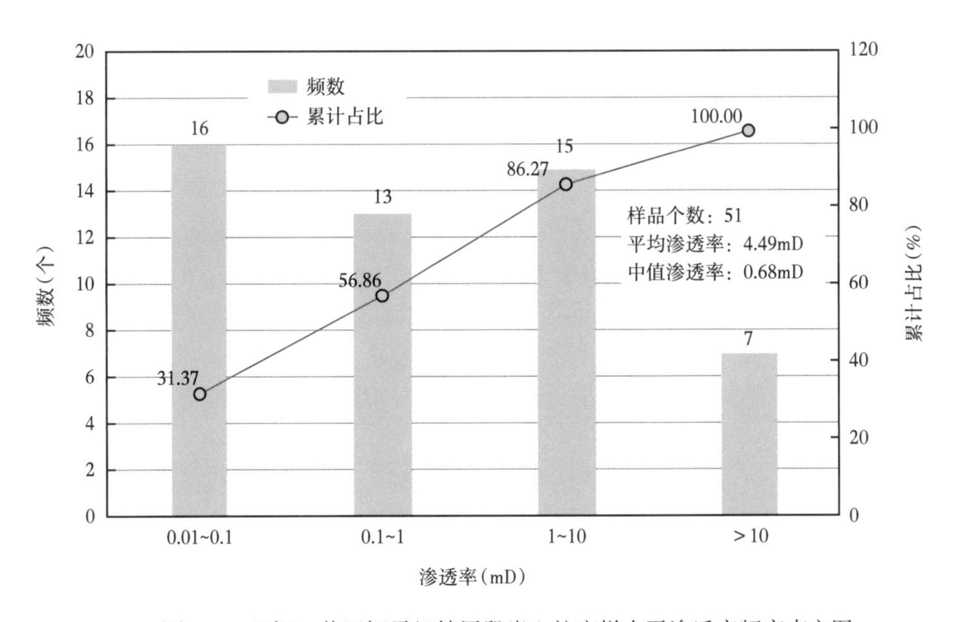

图 3-8　双探 1 井区栖霞组储层段岩心柱塞样水平渗透率频率直方图

3.2.2.3　孔渗关系

对川西北地区两口钻井及野外剖面共 93 个资料点进行储层孔渗关系分析表明：孔隙度和渗透率总体上具有较好的正相关关系（图 3-9）。随着孔隙度的增大，渗透率呈上升趋势，揭示了双鱼石区块栖霞组气藏的储集空间主要为孔隙，部分样品渗透率偏高，表明了该气藏储层同时也受裂缝因素的影响，裂缝起到了良好的渗流作用。

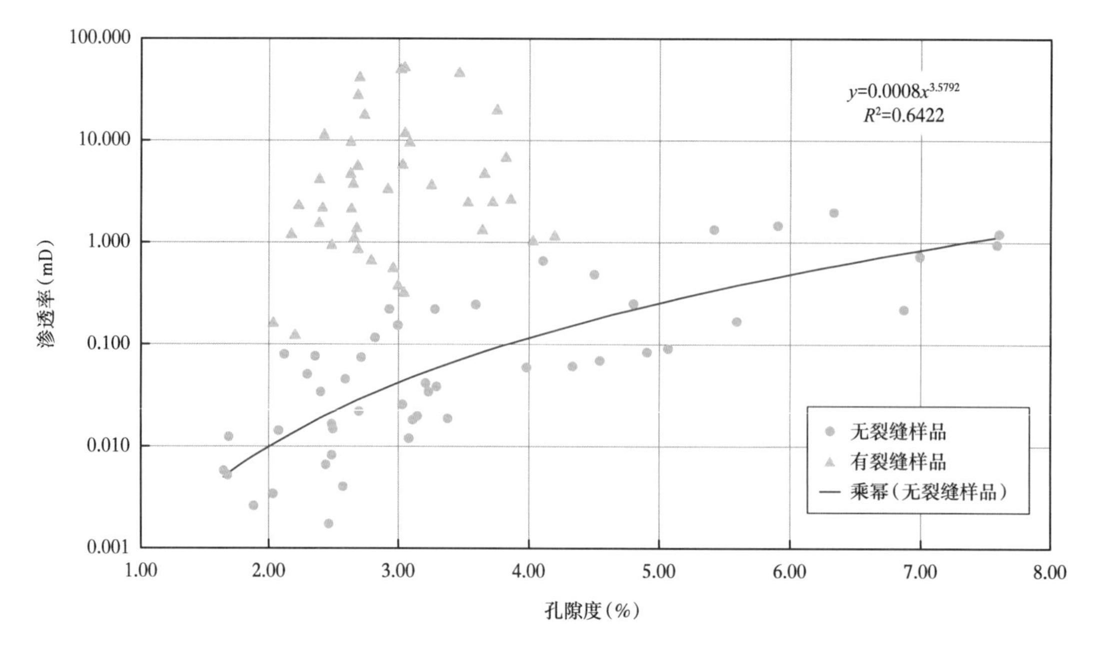

图 3-9　双鱼石栖霞组储层孔渗关系图

3.2.3　孔喉结构及储层分类

3.2.3.1　喉道特征

岩石中喉道的大小和类型决定了油气储集的渗透性，孔喉的配置关系则制约着岩石的储集有效性。

薄片和扫描电镜资料表明，栖霞组储层主要发育缩颈喉道、片状喉道，大孔隙的孔喉配位数均在 3 以上，具备较好的连通性，孔隙、喉道和微裂缝网络构成较好的储渗系统，为较好的孔—喉结构奠定了基础（图 3-10）。

缩颈喉道：孔隙缩小部分形成喉道。缩小可以是因晶体的生长或是砂屑颗粒的自然接触造成。孔隙与喉道无明显界线，扩大部分为孔隙，缩小部分为喉道。喉道宽度一般大于 10μm，在云岩晶间溶孔之间常见缩颈喉道。缩颈喉道是栖霞组储层主要的喉道类型之一。

片状喉道：白云石晶面之间形成的喉道或微裂缝，连接晶粒间或颗粒间孔隙，喉道宽度一般在 1μm 以下，呈片状。栖霞组晶粒白云岩储层中，片状喉道占优势（图 3-10）。

3.2.3.2　储层分类

根据岩心样品压汞实验毛细管压力 p_c 曲线，储层的孔喉结构具有明显的分带性，可分为四类：孔隙度大于 9% 为Ⅰ类储层；孔隙度 6~9% 为Ⅱ类储层；孔隙度 2%~6% 为Ⅲ类储层；孔隙度小于 2% 为Ⅳ类，非储层（表 3-1）。双鱼石含气构造栖霞组压汞实验分析表明（图 3-11），压汞曲线表现为粗—细歪度均有分布。对渗透率起主要贡献的孔喉半径分布在 0.0183~18.75μm 之间，大于 0.5859μm 的喉道（中喉）对渗透率的贡献在 95%以上，起主导作用。

a. 中—粗晶云岩，晶间溶孔，发育缩颈孔喉，双探3井，栖霞组，7468.51m，岩心铸体样品，5 × 10 —

b. 中晶云岩，溶蚀孔发育，发育缩颈孔喉，双探3井，栖霞组，7468.51m，岩心铸体薄片，2.5 × 10 —

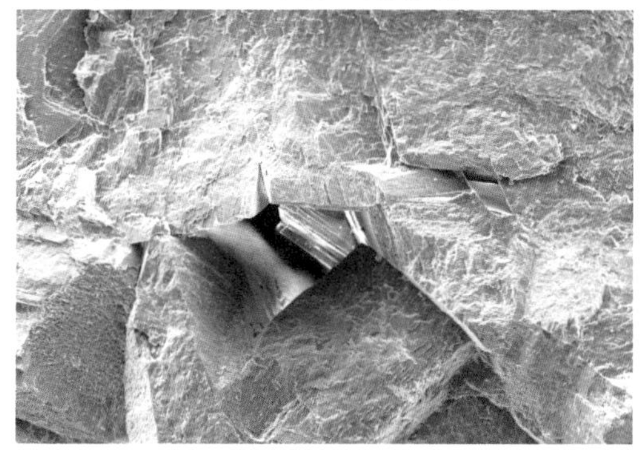

c. 细晶针孔云岩，发育片状孔喉，基本无充填的晶间孔隙形貌，扫描电镜图像，双探8井，栖霞组，7328.70m，400倍

d. 细晶针孔云岩，基本无充填的晶间孔隙形貌，发育片状孔喉，扫描电镜图像，双探8井，栖霞组，7328.8m，300倍

图 3-10　二叠系栖霞组储层孔喉特征图版

表 3-1　双鱼石含气构造栖霞组储层孔喉结构分类评价表

类别	Ⅰ	Ⅱ	Ⅲ	Ⅳ
孔隙度（%）	＞9	6~9	2~6	＜2
渗透率（mD）	32.39~34.48	1.44~6.35	0.058~1.14	0.062~0.52
排驱压力（MPa）	0.026~0.04/0.03①	0.055~0.37/0.23	0.04~0.17/0.10	4~9/6.5
中值压力（MPa）	0.12~0.15/0.13	0.36~1.48/0.75	2.5~22.42/9.22	49.75~90.35/70
中值半径（μm）	4.88~6.08/5.48	0.50~2.06/1.29	0.034~0.30/0.15	0.008~0.015/0.012
喉道半径（μm）	1.18~18.75/7.97	0.17~9.38/1.66	0.0046~9.38/1.56	0.009~0.15/0.058
孔喉组合	中—大孔粗喉	中孔中喉	小—中孔、中—细喉	小孔细喉

续表

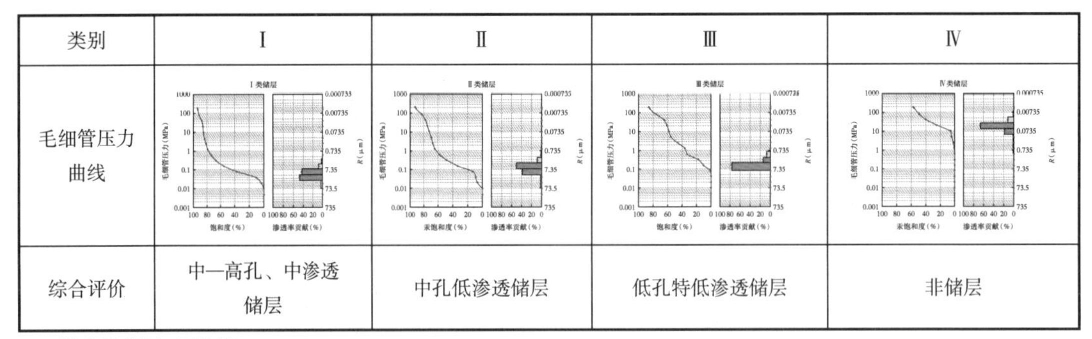

类别	Ⅰ	Ⅱ	Ⅲ	Ⅳ
毛细管压力曲线				
综合评价	中—高孔、中渗透储层	中孔低渗透储层	低孔特低渗透储层	非储层

①表示范围 / 平均值。

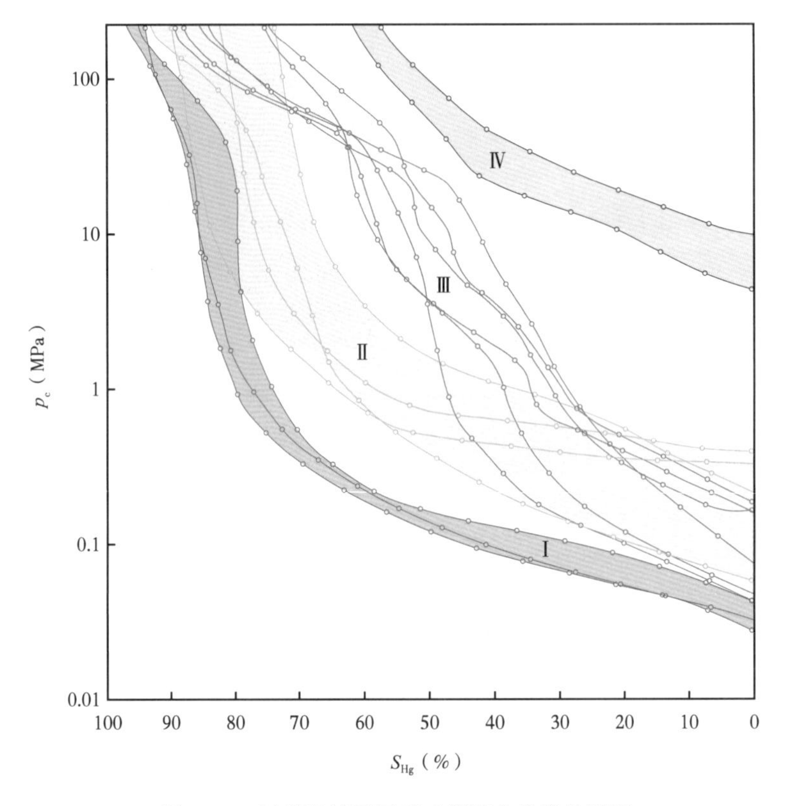

图 3-11　栖霞组储层压汞毛管压力曲线分类图

Ⅰ类、Ⅱ类储层具有较大的孔隙喉道宽度、较低的排驱压力和中值压力，综合反映为储层具有较强的储集和渗滤能力，产能较高。Ⅲ类储层，孔隙度小，喉道半径较小，排驱压力和中值压力较高，反映储层储集能力和渗透能力较弱，产能较低。Ⅳ类的非储层，孔隙度小，喉道半径极低，排驱压力和中值压力均异常高，对产能贡献非常小。

3.2.3.2.1　Ⅰ类储层

以较高孔隙度为特征，孔隙度大于 9%。储层的孔隙及喉道之间搭配关系良好，以粗孔隙喉道为主，中值喉道半径一般在 4.88~6.08μm 之间，喉道半径一般在 1.18 ~18.75μm 之间，平均 7.97μm；排驱压力低，分布在 0.026~0.04MPa 之间；毛细管压力曲线呈凹状台阶型（表

3-1)，具有明显的粗歪度特征。孔喉分选较好，大孔喉所占百分比最大。反映储层孔隙类型较单一，孔喉半径大，是渗储性最好的储层。

3.2.3.2.2 Ⅱ类储层

以中等孔隙度为特征，平均孔隙度 6%~9%。储层的孔隙及喉道之间搭配关系较好，以中等孔隙喉道为主，中值喉道半径一般在 0.50~2.06μm 之间，喉道半径一般在 0.17 ~9.38μm 之间，平均 1.66μm；排驱压力一般在 0.05~0.4MPa 之间，中值压力一般小于 2MPa；毛细管压力曲线呈台阶型(表 3-1)，较低排驱压力和饱和度中值压力，具有明显的粗歪度特征。发育大、小两类孔喉系统，曲线平直段出现在大孔喉段，表明大孔喉分选较好，储层渗储性较好。

3.2.3.2.3 Ⅲ类储层

以较低的孔隙度为特征，孔隙度分布在 2%~6% 之间。储层的孔隙及喉道之间搭配关系较差，以中—细孔隙喉道为主，中值喉道半径一般在 0.034~0.3μm 之间，喉道半径一般为 0.0046~9.38μm，平均 1.56μm；排驱压力一般小于 5MPa，中值压力一般为 5~20MPa。毛细管压力曲线呈近似直线型(表 3-1)，排驱压力较低，但中值压力较高，孔喉分选差。此类毛细管曲线代表的储层尽管有时表现出较高的孔隙度，但由于喉道明显偏细，其储渗能力相对降低，但仍可以具备一定的产能。

3.2.3.2.4 Ⅳ类(非储层)

孔隙度小于 2%，以微细孔隙喉道为主，中值喉道半径一般小于 0.02μm。排驱压力和饱和度中值压力较高，进汞饱和度低，具有明显的细歪度特征。孔喉分选好但以细孔喉为主。此类毛细管曲线反映了储渗能力差，为非储层。

3.3 储层主控因素及分布规律

研究表明，四川盆地栖霞组白云岩储层为高热流背景下，准同生期海水交代白云岩化为主，叠加后期热液改造，白云岩储层分布主要受滩相背景下的的准同生期云化控制，沿滩体稳定分布。白云岩碳氧同位素分析表明，栖霞组白云岩同位素与同期海水基本一致，表明云化流体性质和同期海水性质相似。栖霞组白云岩与石灰岩稀土元素分配模式基本一致，同样证实白云岩主要为海水交代成因，马鞍状白云石具有高 Eu 特征，表明存在热液影响。包裹体均一温度分析表明，从细晶到中—粗晶云岩普遍偏高，表明二叠纪存在高古热流成岩环境。

3.3.1 储层主控因素

从野外剖面和室内薄片鉴定的情况，四川盆地栖霞组真正能够形成有效储层的白云石类型主要为中—粗晶云岩。综合微观—宏观地质分析、地球化学分析及已知白云岩发育井解剖分析指出栖霞组白云岩的形成和分布主要受沉积相和成岩作用控制。

3.3.1.1 滩相是储层发育的物质基础，决定了早期孔渗层的空间展布

微观薄片分析揭示中—粗晶云岩储层原岩多为砂屑、生屑颗粒岩，部分残余结构中可见明显的生物碎屑颗，表明生屑滩是储层发育的物质基础(图 3-12)。栖霞组中—上部的生屑滩相沉积是形成白云岩储层的物质基础。准同生期生屑滩或其高部位暴露

遭受溶蚀形成高孔渗带，为白云石化及有机酸溶解提供流体通道。通过储层段薄片可以明显地看到颗粒原岩的幻影，即使在比较纯的结晶云岩中，通过原岩恢复技术可以看到，结晶云岩的原岩主要为颗粒岩，而颗粒成分主要为生物碎屑（图 3-12），不论是结晶云岩还是残余颗粒云岩，其都与浅滩环境形成的生物碎屑颗粒原岩有着一定的关系。

颗粒云岩及伴随早期浅滩环境的淡水淋滤作用是储层形成的基础。川西地区栖霞组沿龙门山山前带发育北东—南西向的台缘滩相沉积，台缘滩发育在碳酸盐台地边缘相对较浅的高能环境，水体动荡，生物富集，发育具有较好孔渗性的颗粒岩，主要为亮晶胶结的生屑灰岩，为后期储层的改造和演化提供了物质基础，决定了储层发育的空间展布。

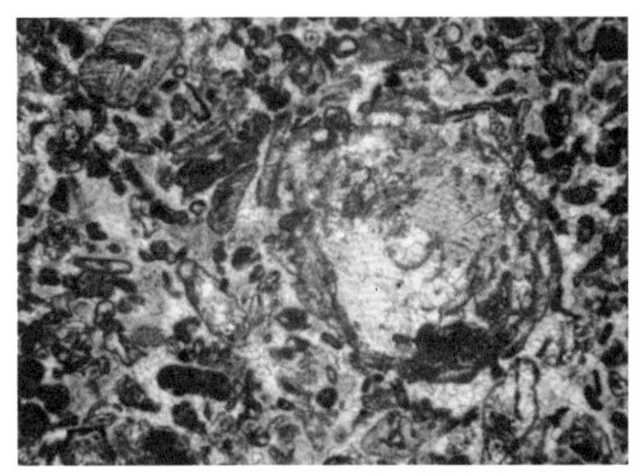

a. 大深1井，栖二段，5609.53m，亮晶生物灰岩，2.5 × 10 -

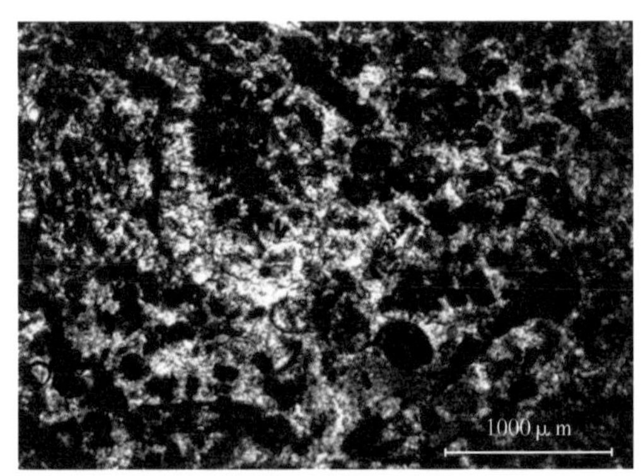

b. 北川通口，栖二段，亮晶生屑灰岩，2.5 × 10 -

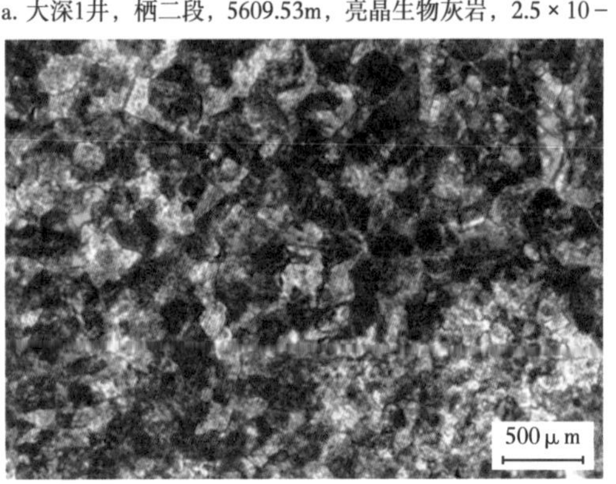

c. 磨溪42井，栖二段，4656m，残余颗粒云岩，2.5 × 10 -

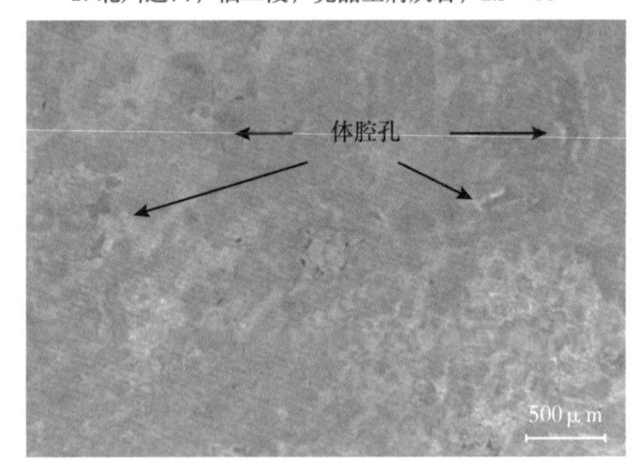

d. 视域同图c，磨溪42井，栖霞组，原岩恢复后可见较多的生物碎屑

图 3-12　栖霞组白云岩原岩微观结构

3.3.1.2　准同生期云化作用是孔隙型储层形成的关键

3.3.1.2.1　准同生暴露岩石学证据

大量的岩心观察发现，研究区各取心井常常可识别出典型的暴露间断面（图 3-13a、b、c），并可在垂向上频繁叠置出现（图 3-13a）。这些反映早期暴露溶蚀的间断面均为岩性岩相的突变面，暴露面界限清晰，栖二段顶部暴露面零星可见风化古土层保留（图 3-13g），栖一段暴露界面处偶见少量泥质充填（图 3-13h）。

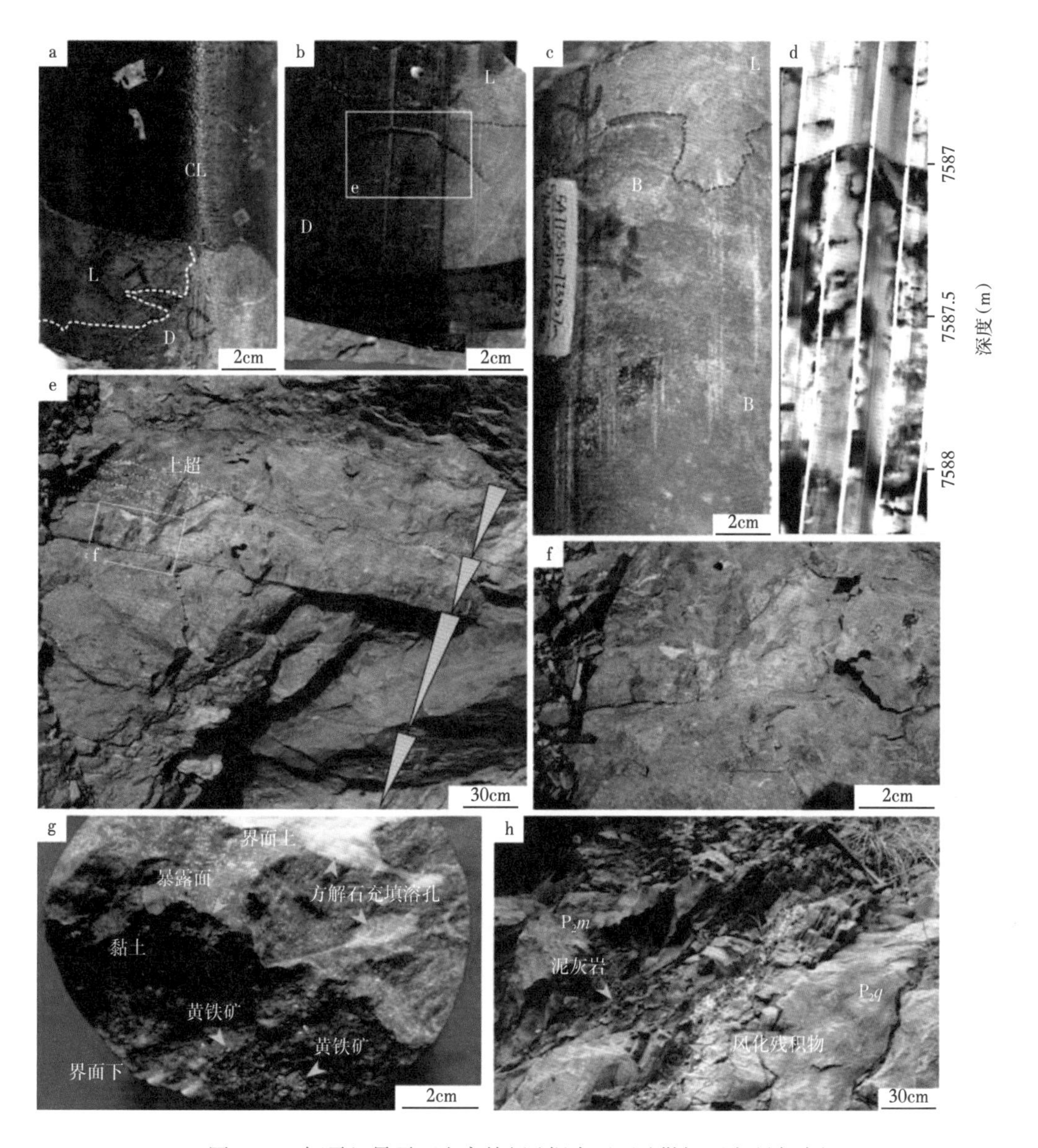

图 3-13　栖霞组暴露面发育特征（据中国石油勘探开发研究院）

a. 栖霞组内部暴露面特征（红线为暴露面），界面下部为向上变浅的滩体旋回顶部（L），发育云化的溶沟、溶斑（D），上部为含云质碳质灰岩（CL），双探 9 井，7735.16m，栖二段；b. 栖霞组内部暴露面特征，下部为向上变浅的潮坪（云质泥坪）沉积顶部，其上为后期海侵的低能泥晶灰岩沉积，双探 9 井，7745.64m，栖一段；c. 栖霞组内部暴露面特征，界面下部为云化的岩溶充填物，上部为海侵时沉积的含生屑泥晶灰岩，双探 9 井，7754.47m，栖一段；d. 电成像测井图像，栖霞组顶部准同生暴露面发育特征，双探 12 井；e. 栖霞组准同生高频暴露面发育特征，何家梁剖面，67 层，栖一段；f. 潮坪暴露序列顶部风化面之下发育土黄色粉晶云岩，何家梁剖面，67 层，栖一段；g. 准同生暴露面特征，暴露界限处发育黏土质纹层，界面上为碳质、泥质灰岩，黄铁矿发育，界面下为可见方解石充填的小型溶洞，双探 9 井，7758.41m，栖一段；h. 栖霞组顶面暴露不整合，界限处发育风化残积物，界限之上为茅口组海侵初期发育的石灰岩、泥灰岩韵律，旺苍高阳剖面暴露面之下多以各类型丘滩向上变浅型沉积序列为主，野外剖面、岩心和成像测井中均可见大量溶斑、溶沟、岩溶角砾发育，零星见黄铁矿。而暴露面之上则为下一个旋回的海侵过程，与暴露旋回顶部岩性存在明显差异的相对深水沉积物直接覆盖于暴露面之上。在研究区，该类暴露面往往出现于栖霞组两个三级旋回的顶部。其中 SQ1 旋回高位域近顶部和 SQ2 旋回底部由于构造背景总体较为稳定，海平面的次级起伏震荡造成了浅滩的频繁暴露，发育多个准同生期暴露界面。在部分存在正地貌的高能沉积建造的下一级旋回底部，还可发现较为明显的超覆现象（图 3-14c、d）。微观下在暴露面之下的粉晶云岩中可见明显的晶间漫流溶蚀特征，表明在准同生云化发生之后或同时，岩溶作用就开始影响沉积物本身，进一步说明了准同生暴露的存在。

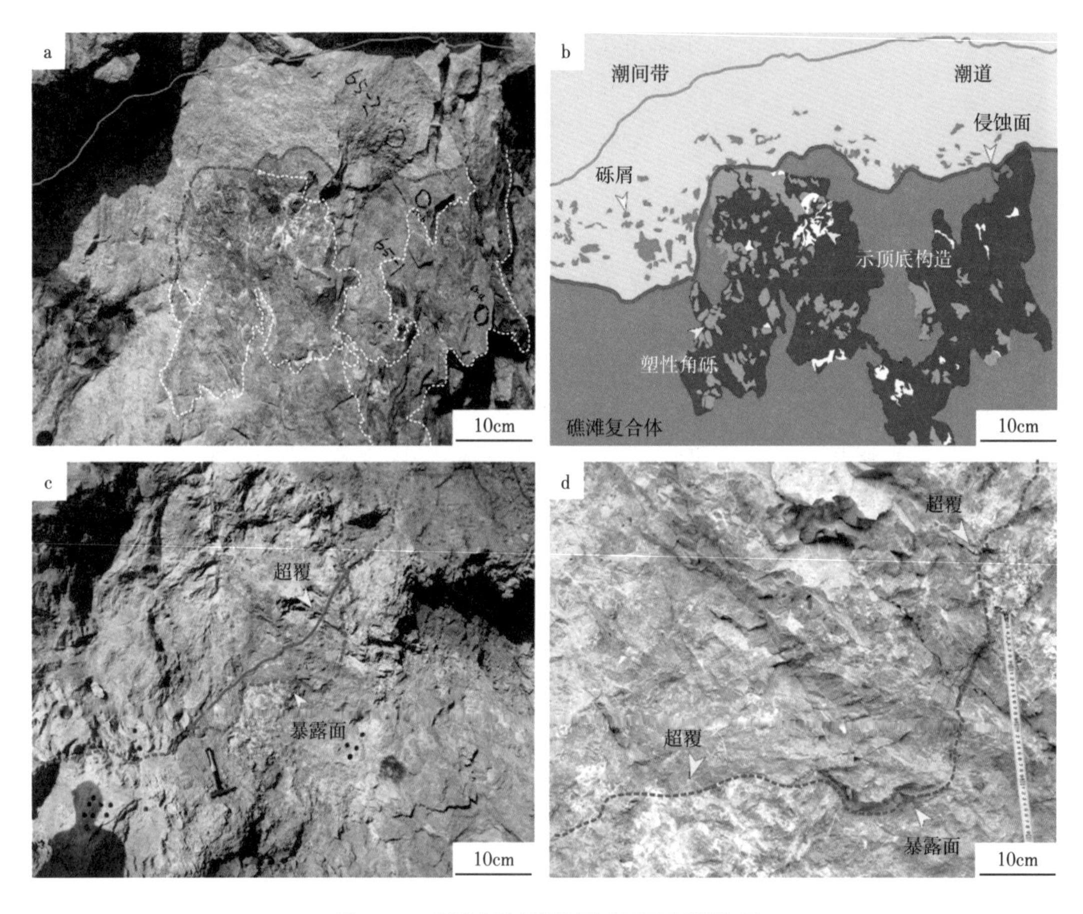

图 3-14　研究区栖霞组暴露面及超覆特征

a. 栖霞组内部侵蚀暴露面特征（红线为暴露面），界面下发育大型溶洞，溶洞为角砾、渗流砂充填，多见示顶底构造，侵蚀暴露面上部为潮沟沉积，潮沟底部多见打碎的砾屑，视域内完全云化，何家梁剖面，65 层，栖一段；b. 图 a 解译图；c. 微生物丘顶部暴露面，丘间位置可见超覆特征，何家梁剖面，64 层，栖一段；d. 图 c 丘间上超点位置放大图储层地球化学特征

基于上述岩石学的精细研究，选择典型样品开展地球化学特征与形成机理分析。进行元素同位素地球化学分析，力图识别、区分微观尺度下不同期次、性质成岩流体的作用痕迹，从而揭示白云岩的形成演化过程与机理。

（1）碳氧同位素特征。

目前，碳氧稳定同位素地球化学已广泛应用于碳酸盐岩岩石学、岩相古地理和储层地质学、白云岩成因等地质学方面的研究中，根据同位素分馏的原理，受沉积环境和后期成岩作用的影响，碳酸盐岩的碳氧同位素有不同程度的变化，依此可用来研究各种成因类型白云岩在各阶段的白云石化作用过程中的成岩流体性质和古水文条件。

栖霞组不同岩类碳氧同位素的组成，总体而言可划分出 3 个区域，其中豹斑云岩分布在值域较大的右上方区域，为潮坪环境海水交代云化；针孔云岩与马鞍状白云石则分布在值域较小的左下方区域，为热液白云岩化；其他细—中晶云岩介于前两者之间，主要为颗粒滩同沉积海水交代云化（图 3-15）。具体而言，豹斑云岩在所有岩石当中 $\delta^{13}C$、$\delta^{18}O$ 平均值均最大，分别为 3.26‰与 −3.72‰（PDB）。泥晶颗粒灰岩次之，$\delta^{13}C$、$\delta^{18}O$ 平均值分别为 2.39‰与 −5.76‰，且总体分布在中二叠世海水 $\delta^{13}C$、$\delta^{18}O$ 值域范围内。孔洞充填云岩及其围岩 $\delta^{13}C$、$\delta^{18}O$ 值相当，与石灰岩相比，$\delta^{13}C$ 值变化不大，分别为 2.38‰与 2.10‰，而 $\delta^{18}O$ 值则具有微弱的负偏特征，分别为 −6.91‰与 −6.96‰。马鞍状白云石 $\delta^{13}C$、$\delta^{18}O$ 平均值在所有岩类当中均最小，分别为 1.12‰与 −13.01‰；针孔晶粒云岩 $\delta^{13}C$、$\delta^{18}O$ 平均值较马鞍状白云石略大，分别为 2.16‰与 −10.79‰。

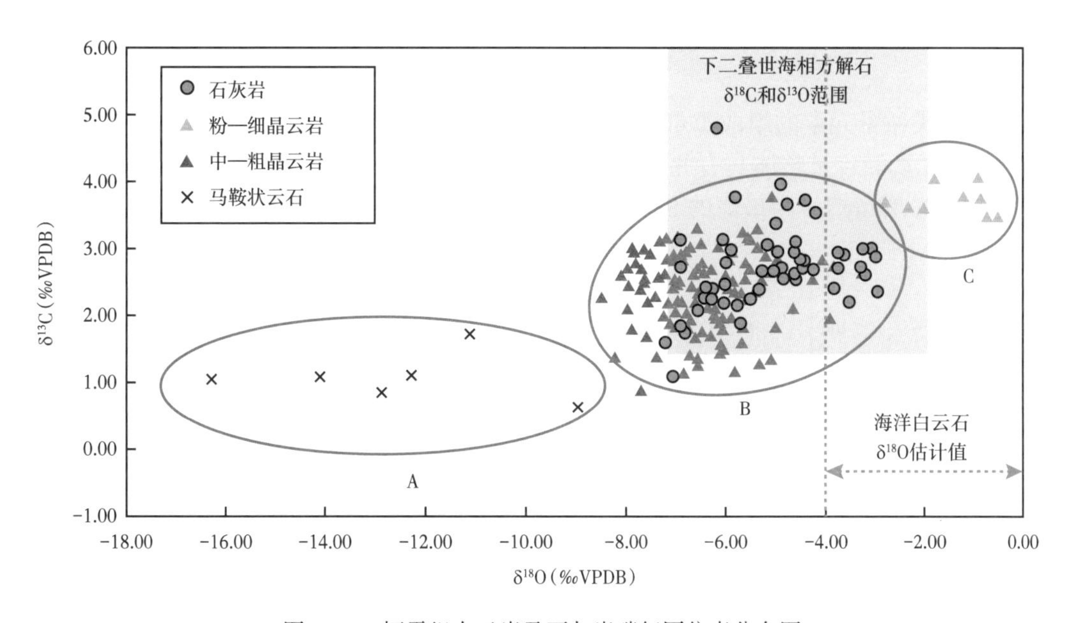

图 3-15　栖霞组白云岩及石灰岩碳氧同位素分布图

虚线方框为中二叠世海水沉淀方解石碳氧同位素值分布范围（Ján Veizer 等，1999），蓝色方框为基于分馏方程式（$\delta^{18}O_{dolomite}-\delta^{18}O_{calcite}$=+3‰ VPDB）（D A Budd，1997）计算得到的同时期海水沉淀的白云石氧同位素值分布范围

（2）锶同位素。

栖霞组不同岩类的锶同位素组成总体可分为两个值域范围。其中，泥晶颗粒灰岩、豹斑云岩以及泥粉晶云岩 $^{87}Sr/^{86}Sr$ 范围为 0.707279~0.707679，均分布于二叠纪海水 $^{87}Sr/^{86}Sr$ 范围内。孔洞充填中—粗晶云岩的 6 个样品当中，其中 3 个样品分布于二叠纪海水 $^{87}Sr/^{86}Sr$ 范围内，另外 3 个样品略大于同时期海水 $^{87}Sr/^{86}Sr$。而针孔晶粒云岩与马鞍状白云石的 $^{87}Sr/^{86}Sr$ 范围为 0.708451~0.709752，远大于同时期海水 $^{87}Sr/^{86}Sr$（图 3-16）。

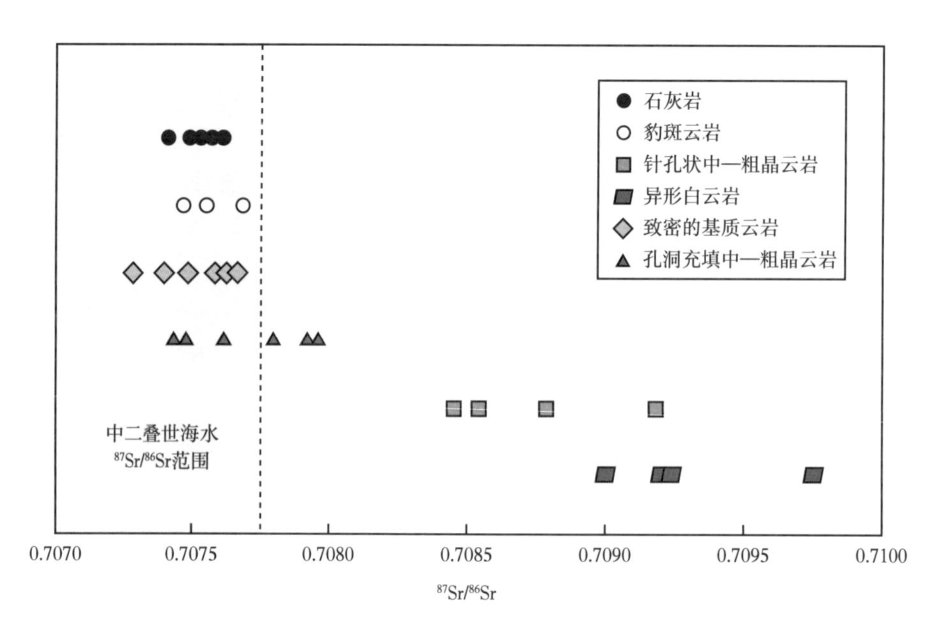

图 3-16 栖霞组白云岩及石灰岩锶同位素分布图

（3）微量元素。

不同岩类微量元素的组成重点分析了 Sr、Mn 和 Ba 三元素。结果如图 3-14 所示，发现 Sr、Mn 元素的含量整体具有此消彼长的特征。其中，泥晶颗粒灰岩具有最低的 Mn 含量（平均值 20.15mg/L）与最高的 Sr 含量（平均值 222.38mg/L），从而 Mn/Sr 也最低。

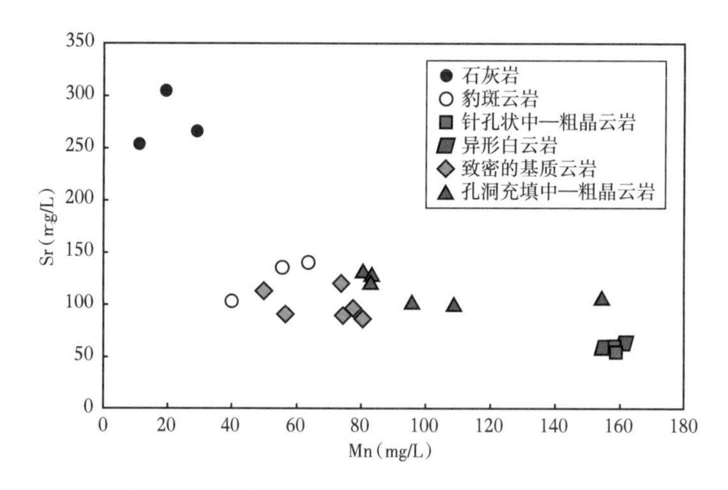

图 3-17 栖霞组白云岩及石灰岩 Sr、Mn 分布图

相反，针孔晶粒云岩与马鞍状白云石具有最高的 Mn 含量（平均值分别为 158.39mg/L 和 158.63mg/L）与最低的 Sr 含量（平均值分别为 57.58 mg/L 和 60.01mg/L），因而 Mn/Sr 最高并大于 2.0。而其他白云岩的 Mn 含量、Sr 含量介于它们之间。与此同时，针孔晶粒云岩与马鞍状白云石还具有极高的 Ba 含量（平均值分别为 184.53mg/L 和 374.93mg/L），而其他白云岩的 Ba 含量几乎不大于 20mg/L。

（4）稀土元素。

栖霞组不同岩类稀土元素的组成，大致呈现出 4 类配分模式，分别为左倾型、强烈左倾型、近水平型及强烈 Eu 正异常型（图 3-18）。具体而言，泥晶颗粒灰岩与孔洞云岩的围岩，也就是致密晶粒云岩具有相似的 REE+Y 特征，整体表现为 LREE（La、Ce、Pr、Nd）亏损、HREE（Ho、Er、Tm、Yb、Lu）略微富集的左倾型配分模式，Y/Ho 平均值分别为 44.657 和 44.904。豹斑云岩的 REE 配分形态较与之伴生的泥晶颗粒灰岩具有更加明显的 HREE 富集特征，从而导致曲线的左倾特征更加强烈，Y/Ho 平均值为 44.112。孔洞充填中—粗晶云岩的 REE 配分形态较与之伴生的致密晶粒云岩左倾特征相对减弱，呈近水平特征，且 ΣREE 总体大于致密晶粒云岩，前者与后者 ΣREE 的平均值分别为 3.345mg/L 和 2.608mg/L，Y/Ho 平均值为 37.091，则明显小于致密晶粒云岩。针孔晶粒云岩与马鞍状白云石具有极其突出的 Eu 异常特征，δEu 最大，范围为 5.011~6.546，而其他岩类 δEu 普遍小于 1.0。

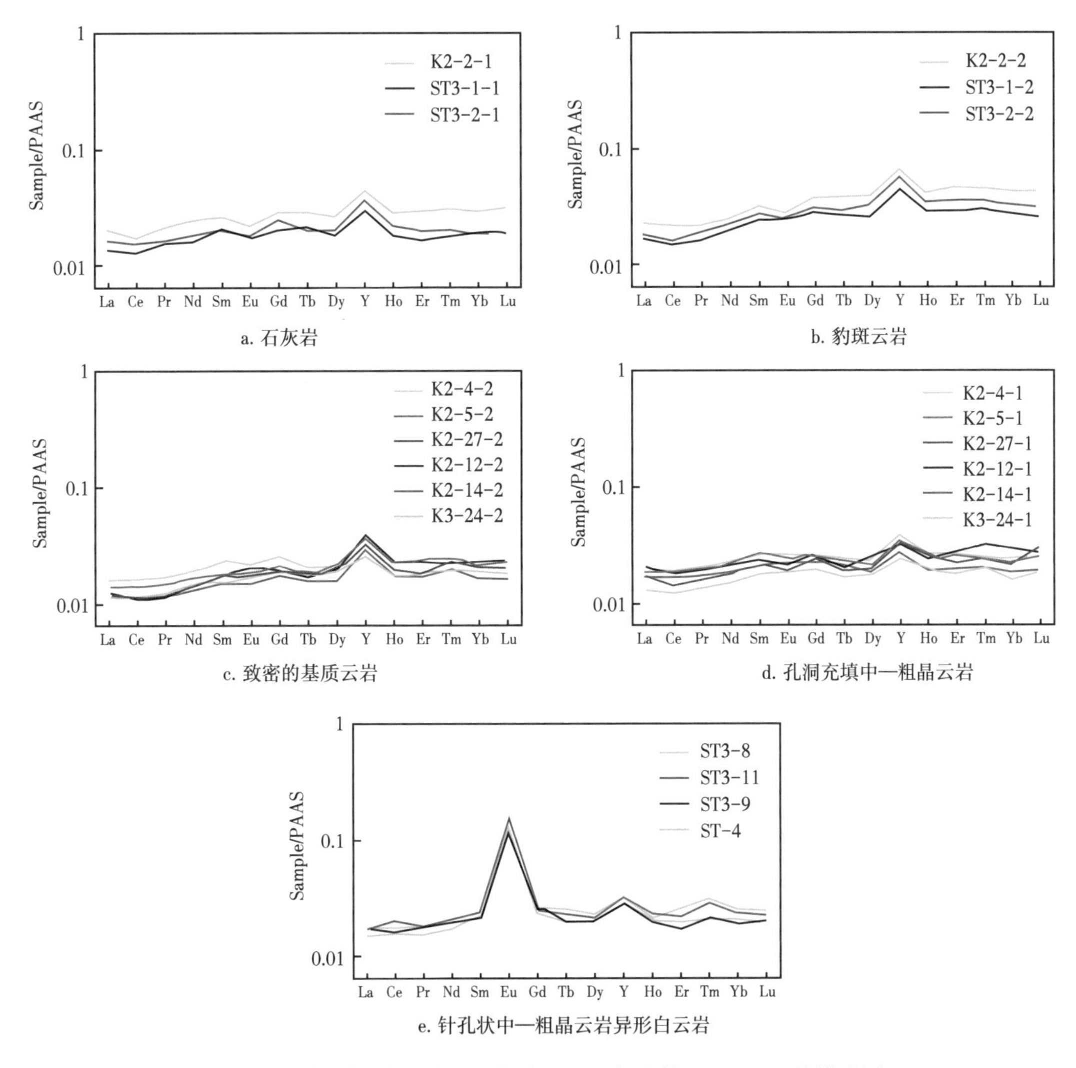

图 3-18　栖霞组白云岩及石灰岩 PAAS 标准化 REE+Y 配分模式图

对于 δCe，针孔晶粒云岩与马鞍状白云石的值在所有岩类中相对最大，范围为 0.944~1.144，而泥晶颗粒灰岩的值最小，平均值为 0.890，其他白云岩介于二者之间。针孔晶粒云岩与马鞍状白云石的 Y/Ho 平均值分别为 38.667 和 39.167。

（5）包裹体均一温度。

从细晶到中—粗晶云岩普遍偏高的包裹体均一温度（图 3-19）表明二叠纪存在高古热流成岩环境。通过测试包裹体的均一温度 $t_{均一}$，可以得到成岩流体的温度；通过测试包裹体的冰点温度，可以计算出成岩流体的盐度。

随着成岩环境的变化，其中捕获的盐水包裹体中的流体的性质也发生了相应的变化，流体的演化趋势为：较低温—高含盐度、高密度的盐水 → 低温—低含盐度、较低密度的盐水或淡水 → 高温—低含盐度、低密度盐水或淡水（马红强，2003）。

包裹体测试表明，栖霞组白云岩从细晶云岩、中—粗晶云岩，及马鞍状白云石的包裹体均一温度普遍偏高，表明二叠纪从准同生期到成岩期存在高古热流环境。

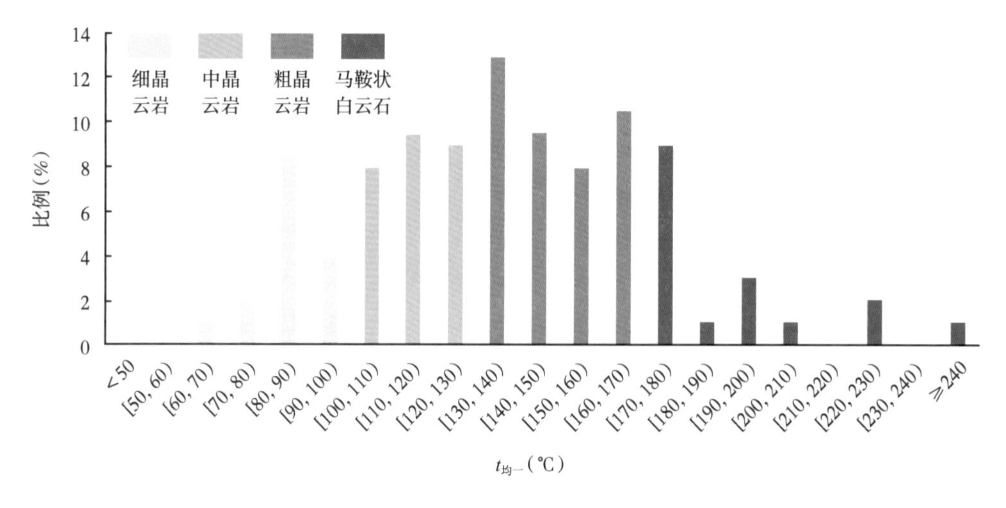

图 3-19　栖霞组白云岩包裹体均一温度分布图

3.3.2　储层分布规律

研究表明，栖霞组白云岩的平面分布主要受沉积相的控制，在开阔海台地边缘的台缘滩相及台地内古地貌较高的台内滩相往往发育较厚的白云岩储层（图 3-20、图 3-21）。从平面上来看，栖霞组白云岩沿北东—南西向呈条带状发育。在广元—剑阁、北川—江油、绵竹西北及宝兴—雅安—峨眉地区均有分布，一般在 10~60m 范围内。在川西地区内存在两个高值点：（1）广元—剑阁地区，白云岩平均厚 20~30m，高值点位于矿 2 井西北部，厚度在 60m 以上，向西南至水根头逐渐减薄。（2）宝兴—雅安—峨眉地区，白云岩平均厚 30~40m，高值点位于周公山—汉王场一带，高值区厚度在 50m 以上，向北至邛崃西北部，向南至峨眉南部均有发育，向盆地内侧逐渐减薄。在蜀南地区及川中高石梯—磨溪地区如宫深 1 井、邓探 1 井、高石 18 井、磨溪 42 井等栖霞组白云岩也有零星分布，但与川西厚层白云岩存在差异，表现出单层厚度薄、多层叠置的特点，大部分厚度在 10m 以下，川东地区白云岩不发育。

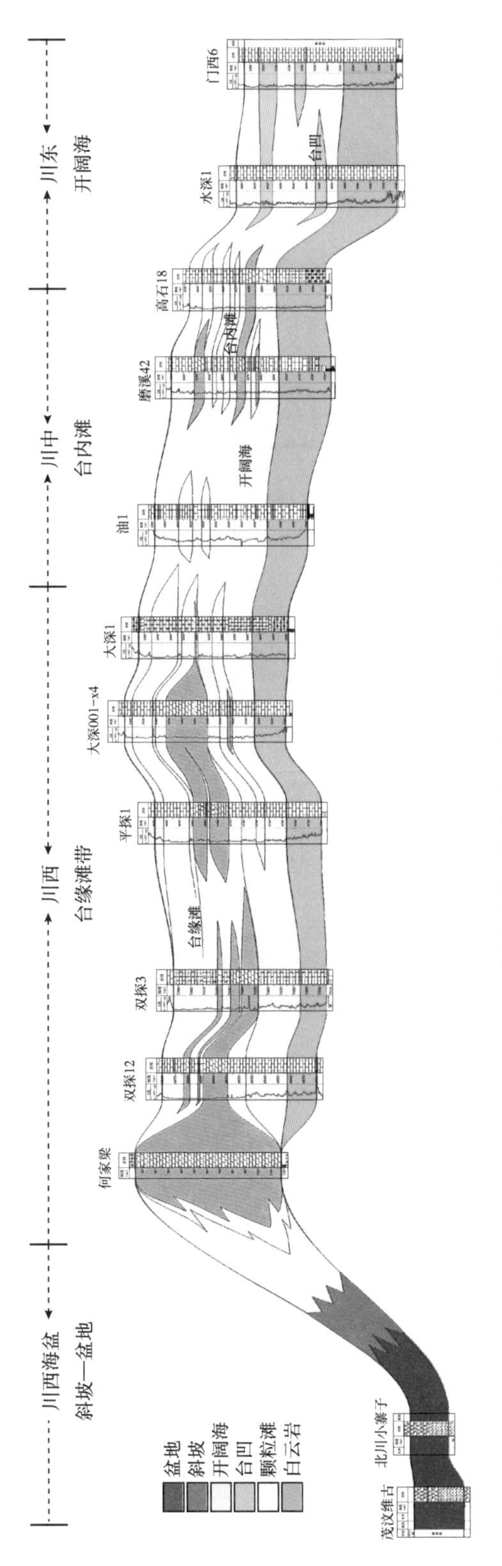

图 3-20　四川盆地栖霞组沉积和白云岩储层剖面图

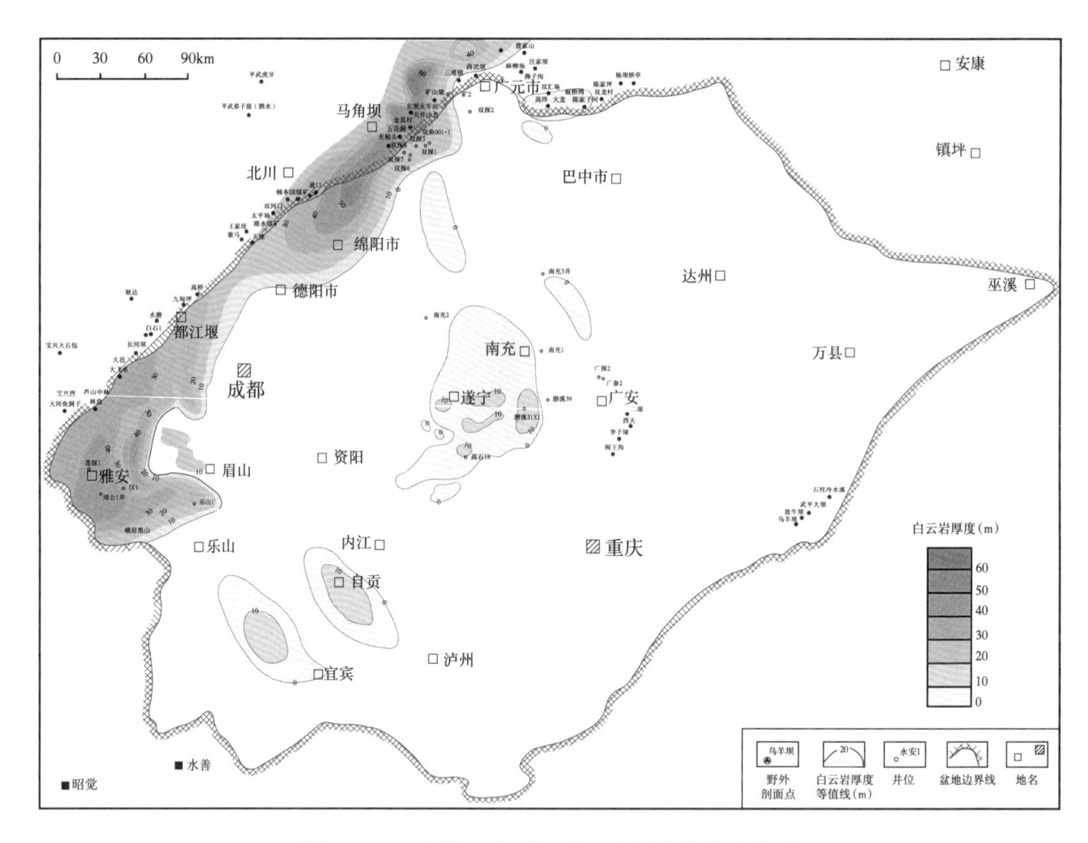

图 3-21　四川盆地栖霞组白云岩厚度分布示意图

第4章　油气源对比及烃源岩

天然气的成因类型及天然气气源分析是油气成藏研究过程中的重要内容，不同成因类型的天然气、不同的天然气来源指示着完全不同的成藏过程及成藏模式（李海平，2020）。不同成因及来源的天然气化学组成各不相同，其中，天然气组分及天然气同位素是判别天然气成因类型及气源的有效指标（李剑等，2001；戴金星，2011）。

前人对四川盆地二叠系栖霞组的储层沥青及天然气来源也做了较为深入的探讨。董才源等（2017）通过气源综合对比及地质研究认为川中地区不同区块中二叠统气源各异，存在下寒武统、下志留统及中二叠统泥灰岩的贡献。董才源等（2018）通过剖析最新气样天然气组分、烷烃同位素等地球化学参数，认为川中和川西地区中二叠统天然气主要来源于筇竹寺组泥岩，川东和蜀南地区中二叠统天然气最有可能来源于纵向上相距更近的龙马溪组泥岩。孙奕婷等（2019）利用天然气组分、碳氢同位素组成以及烃源岩和储层沥青生物标志化合物分析，认为川西北双鱼石栖霞组气藏中天然气主要来源于下寒武统筇竹寺组，部分来源于中二叠统梁山组。究其原因，四川盆地存在多套烃源岩层系，导致不同的研究对主力烃源岩层的认识不够明确，且存在一定争议。

在烃源岩的相关研究中，对烃源岩的评价是不可缺少的内容，其评价的结果对于油气勘探也有着十分重要的意义。烃源岩中有机质的类型不同，其生烃潜力、生烃产物类型及性质也不同，有机质生烃潜力与有机质的来源、组成有很大的关系，它不仅反映了有机质的产烃能力，还决定了有机质的产物是以油为主还是以气为主（黄文彪，2010；逯瑞敬，2011；许波，2015）。烃源岩的评价包括对岩石中有机质丰度、类型及热演化程度的研究。

四川盆地共发育多套烃源岩层系，从下到上分别为下寒武系筇竹寺组黑色泥岩、下寒武统龙马溪组黑色页岩及深灰色泥岩、中二叠统茅口组和栖霞组泥灰岩、中二叠统梁山组泥岩及上二叠统龙潭组（吴家坪组）深灰色泥晶灰岩夹煤层（李琪琪，2019）。为进一步分析四川盆地二叠系栖霞组气藏天然气的气源及储层沥青的来源，通过对野外露头油苗、钻井沥青的生标特征和潜在源岩的生标特征进行对比，厘定古油藏的油源；梳理已有气藏的天然气地球化学特征，采用组分、同位素等手段，结合古油藏的原油的分析，确定气源的多样性与复杂性，并对不同构造的主力烃源岩层系烃源岩质量进行评价。

4.1　油气源对比

本节主要是对中二叠统天然气组成、天然气碳同位素组成及天然气轻烃组成等地球化学特征进行总结，对天然气的成因类型和不同地区天然气的来源进行分析。

4.1.1 气源对比

4.1.1.1 天然气组分特征

天然气组成包括烃类和非烃类组成，烃类气体组成以甲烷含量为主，少量乙烷及以上的重烃；非烃气体包括二氧化碳、氮气、硫化氢及氦气等。

4.1.1.1.1 烃类气体组成特征

四川盆地中二叠统天然气以烃类气体为主，甲烷含量高，一般大于 94%，乙烷含量普遍小于 1%，丙烷含量小于 0.2%，C_1/C_{1-4} 大于 0.989，呈高演化的特征，是典型干气（表 4-1、图 4-1）。烃类气体组分归一化后，甲烷含量均大于 98.5%；重烃气体（C_{2+}）含量 0.07%~1.25%，其中，川南地区的相对较高，以大于 0.8% 为主，其次是川东地区，为 0.22%~0.66%，川西北、川西南、川中地区的主要以小于 0.2% 为主。不同地区天然气 C_{2+} 含量细微差异主要与这些天然气相关烃源岩的热演化程度有关，烃源岩热演化程度高的区域，源于该烃源岩的液态烃及 C_{2+} 裂解程度高，导致 C_{2+} 含量低（董才源等，2018；谢增业等，2020）。不同地区中二叠统天然气烃类组成有所不同，与川东、蜀南地区相比，川西、川中地区乙烷、丙烷体积分数均较低，干燥系数大，表明川西、川中地区天然气的成熟度高于蜀南、川东地区（董才源等，2017）。双探 1 井茅口组天然气甲烷含量 97.24%，乙烷含量 0.14%，不含丙烷；双探 1 井栖霞组天然气甲烷含量 97.06%，乙烷含量 0.11%，不含丙烷，南充 1 井茅口组天然气甲烷含量 96.57%，乙烷含量 0.13%，不含丙烷。

表 4-1 四川盆地中二叠统天然气组成对比表

井号及层位	主要组分						
	CH_4（%）	C_2H_6（%）	CO_2（%）	N_2（%）	H_2S（%）	H_2S（g/m^3）	He（%）
寺 12 井茅二段	97.67	0.85	0.72	0.47	未测	未测	0.03
自 2 井茅二段—栖一段	97.04	0.50	1.59	0.76	未测	未测	0.02
牟 8 井茅四段	97.42	0.87	0.93	0.60	未测	未测	0.03
牟 9 井茅四段	97.08	0.94	1.29	0.49	未测	未测	0.03
牟 11 井茅三段	97.21	0.90	1.18	0.52	未测	未测	0.03
付 5 井茅二段	97.58	0.76	0.89	0.65	未测	未测	0.04
付 31 井茅二段	97.61	0.77	0.90	0.60	未测	未测	0.04
大深 1 井茅三段—茅四段	97.15	0.18	0.94	1.67	未测	未测	0.03
大深 001-X1 井栖霞组、茅口组	97.67	0.17	1.02	1.09	未测	未测	0.03
卧 83 井茅口组	97.47	0.29	1.99	0.21	未测	未测	0.01
卧 92 井茅口组	97.41	0.44	1.53	0.55	未测	未测	0.03
卧 67 井茅口组	96.25	0.29	3.13	0.25	未测	未测	0.01
卧 127 井栖霞组	95.11	0.20	3.93	0.36	未测	未测	0.01

续表

井号及层位	主要组分						
	CH_4（%）	C_2H_6（%）	CO_2（%）	N_2（%）	H_2S（%）	H_2S（g/m^3）	He（%）
池 4 井茅口组	97.77	0.21	1.70	0.28	未测	未测	0.02
双 11 井茅口组	98.59	0.31	0.79	0.24	未测	未测	0.01
高石 19 井栖霞组	96.65	0.2	0.44	0.2	2.45	35.11	0.02
磨溪 39 井茅口组	97.08	0.17	0.28	1.38	1.06	15.2	0.02
磨溪 31-X1 井栖霞组	95.6	0.08	1.95	0.58	1.77	25.36	0.02
南充 1 井茅口组	95.41	0.13	2.5	0.12	1.81	25.94	0.02
磨溪 42 井栖霞组	93.69	0.1	3.84	0.54	1.82	26.11	0.02
磨溪 103 井栖霞组	90.43	0.15	6.11	0.49	2.76	39.52	0.02
高石 18 井栖霞组	93.71	0.06	3.76	0.07	2.26	32.47	0.02
双探 1 井茅口组	97.24	0.14	2.35	0.26	0.226	—	0.01
双探 1 井栖霞组	97.06	0.11	1.82	0.87	4.85	—	0.02
双探 3 井栖霞组	96.81	0.10	1.87	0.80	0.39	5.56	0.02
双探 7 井栖霞组	97.53	0.11	1.45	0.47	0.41	5.9	0.02
双探 8 井栖霞组	97.18	0.10	1.77	0.52	0.41	5.85	0.02
双探 12 井栖霞组	96.56	0.11	1.71	0.85	0.74	10.67	0.03
双探 10 井栖霞组	90.83	0.06	8.03	0.63	0.4	—	0.02
河 2 井茅口组	97.04	0.65	0.36	1.7	—	—	0.04

川中地区上三叠统来源于须家河组自生自储的煤系成因天然气，以干酪根降解气为主，R_o 介于 0.80%~1.5%，与须家河组腐殖型烃源岩现今镜质组反射率小于 1.6%、且生成的油气近距离聚集成藏的特征是很吻合的（图 4-1）。川东地区主要来源于下志留统龙马溪组腐泥型烃源岩的石炭系天然气，原油裂解气 R_o 介于 2.2%~2.6%（图 4-1），与龙马溪组烃源岩现今的热演化程度处于过成熟阶段是比较吻合的。

四川盆地震旦系—寒武系天然气基本落入原油裂解气 R_o 大于 2.5%，总体上以 $\ln(C_1/C_2)$ 介于 6.19~7.87、$\ln(C_2/C_3)$ 介于 3.00~4.76 为主，并且有随天然气储层时代变老，其 $\ln(C_1/C_2)$ 有增大的趋势，主要为以原油裂解气为主。

四川盆地中二叠统天然气基本落入原油裂解气 R_o 位于 1.8~2.5% 范围，总体上以 $\ln(C_1/C_2)$ 介于 4.4~6.5、$\ln(C_2/C_3)$ 介于 1.5~3.5 为主，若为高演化阶段的干酪根降解气，则其数据点应该分布在 C_2/C_3 大于 4 的区域。

综合上述特点，认为四川盆地中二叠统天然气具有原油或分散液态烃二次裂解气的特征。这一认识与现今气藏储层中发育丰富的古油藏原油裂解气残留的碳沥青和演化程度低的软沥青，与中二叠统天然气轻烃组成表现为原油裂解气特征的认识相吻合。

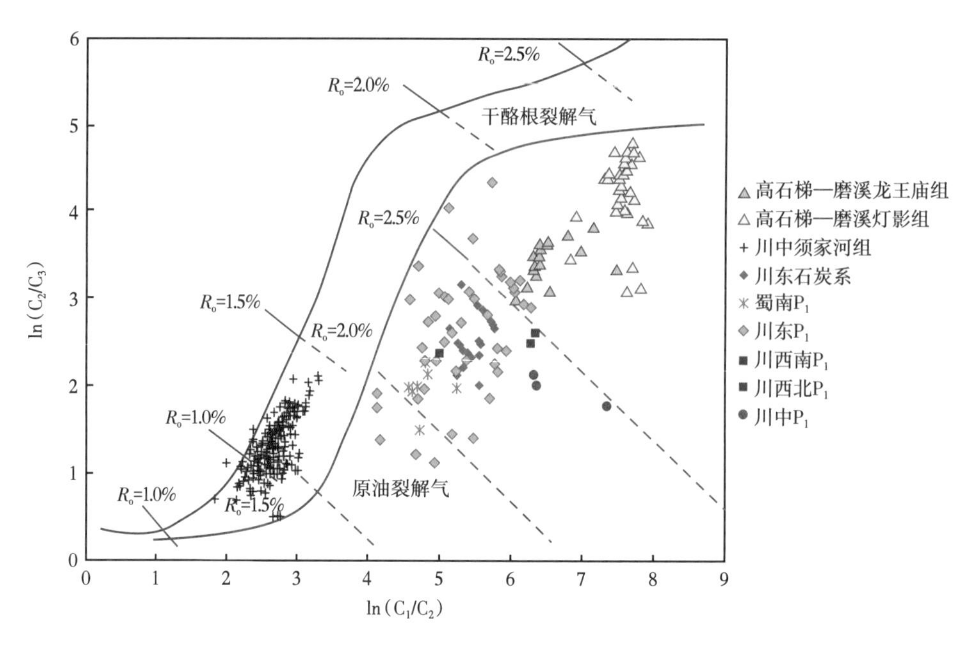

图 4-1　四川盆地主要层系天然气 ln（C_1/C_2）与 ln（C_2/C_3）交会图

4.1.1.1.2　天然气非烃类气体组成特征

四川盆地中二叠统天然气非烃类气体含量低，主要包括 N_2、CO_2 及微量 H_2S、He、H_2，以 N_2 和 CO_2 为主，微含 N_2、中—低含 CO_2，其中 N_2 含量介于 0.21%~1.67%、CO_2 含量介于 0.72%~4.79%；He 含量介于 0%~0.04%；川中地区中二叠统及其他层位天然气普遍中—高含 H_2S。

不同地区天然气中 N_2 含量有微弱差异，四川盆地不同地区中二叠统天然气中 N_2 含量低，且区别不大，其中川西地区略大于蜀南、川中及川东地区，N_2 分布与中二叠统烃源岩成熟度展布规律一致，天然气中 N_2 含量的微小差异可能与烃源岩成熟度有关。

川西地区中二叠统天然气 N_2 含量略高，主要分布在 0.26%~1.67% 之间，CO_2 含量主要集中在 0.94%~2.35% 之间；蜀南地区中二叠统天然气 N_2 含量集中在 0.47%~0.76% 之间，CO_2 含量主要集中在 0.72%~1.59% 之间；川中地区中二叠统天然气 N_2 含量分布在 0.33%~0.45% 之间，CO_2 含量主要集中在 2.08%~4.79% 之间；川东地区中二叠统天然气 N_2 含量集中在 0.21%~0.55% 之间，CO_2 含量主要集中在 0.79%~3.73% 之间。

天然气中有关 N_2 的成因前人已进行过详细的研究，主要认为 N_2 含量高与泥质烃源岩在高成熟阶段生成天然气作用有关。这是由于 NH^{4+} 与伊利石结合形成的 NH^{4+} 伊利石化合物，在高温下分解形成了 N_2（戴鸿鸣等，1999；B M Krooss 等，1993；戴金星，2000；戴金星等 2003）。因此，在中二叠统天然气主要气源是中二叠统自身烃源岩的情况下，天然气中 N_2 含量的微小差异可能与烃源岩成熟度有关。

4.1.1.2　天然气同位素特征

天然气同位素组成特征与其成气母质类型及母质的热演化程度有密切的联系，天然气同位素组成特征包括天然气碳同位素组成和天然气氢同位素组成。四川盆地中二叠统天然气乙烷碳同位素分布范围广，甲烷碳同位素相对较重，多数气样甲乙碳同位素发生倒转。

4.1.1.2.1　碳同位素

四川盆地中二叠统天然气甲烷碳同位素整体分布在 −35.7‰~−27.7‰之间（图 4-2），平均为 −32.0‰。川西地区样点比较分散，甲烷碳同位素最轻、最重的样点均属于川西地区的天然气，最轻的为河 2 井茅口组，最重的分布在九龙山地区茅口组；双探 1 井茅口组为 −29.7‰ ~−29.5‰，双探 1 井栖霞组为 −30.1‰，双探 2 井栖霞组—茅口组为 −31.8‰ ~ −31.6‰，双探 3 井栖霞组为 −30.5‰ ~−30‰。川中地区主要分布在 −33.4‰ ~−30.9‰之间，其中南充 1 井为 −30.9‰。川东地区主要分布在 −33.9‰ ~−29.5‰之间。蜀南地区主要分布在 −34.9‰ ~−29.8‰之间。可见，不同地区天然气甲烷碳同位素表现出一定的差异性，川西地区总体较重，但也有轻的，川中地区相对集中，川东、蜀南地区的较为分散。

乙烷碳同位素分布范围广，主要分布在 −36.7‰ ~−25‰之间，平均为 −32.9‰（图 4-2）。川西地区主要分布在 −35.2‰~−25‰之间，其中双探 1 井茅口组为 −29.9‰~−29.1‰，双探 1 井栖霞组为 −28.2‰；双探 2 井栖霞组—茅口组为 −26.6‰；双探 3 井栖霞组为 −28.5‰ ~−27.6‰。川中地区主要分布在 −35.9‰ ~−30.5‰之间，其中高石 19 井栖霞组为 −36.3‰ ~−35.9‰、南充 1 井茅口组为 −31.1‰。川东地区主要分布在 −36.6‰ ~−29.5‰之间。蜀南地区主要分布在 −36.7‰ ~−32‰之间。可见，天然气乙烷碳同位素分布范围最大的仍然在川西地区，两组特征明显，其他地区也有一定的变化，说明母质来源有所不同。

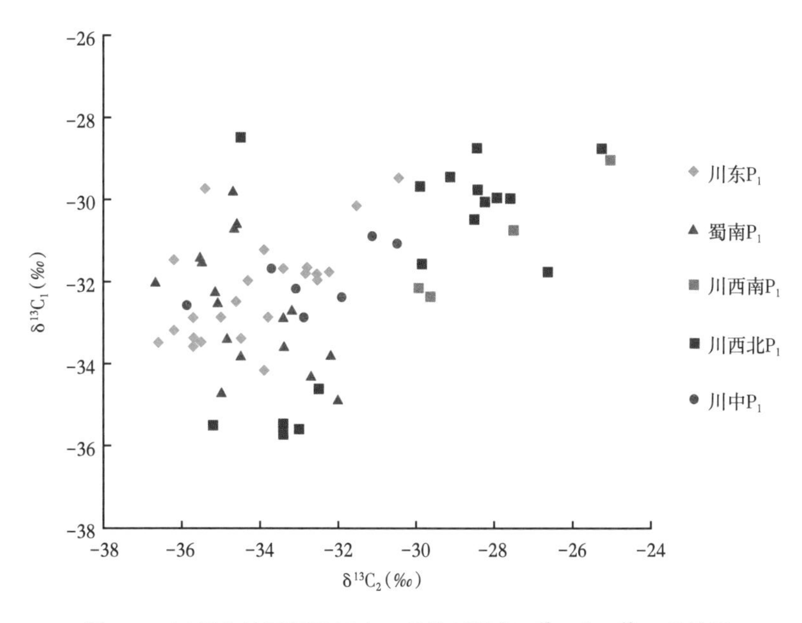

图 4-2　四川盆地不同地区中二叠统天然气 $\delta^{13}C_1$ 与 $\delta^{13}C_2$ 相关图

川西地区中二叠统天然气甲烷碳同位素主要分布在 −35.6‰ ~−27.7‰之间，乙烷碳同位素主要分布在 −35.2‰ ~−25.2‰之间（图 4-3），高石梯—磨溪龙王庙组天然气乙烷碳同位素主要分布在 −37.4‰ ~−32.3‰之间，高石梯—磨溪灯影组天然气乙烷碳同位素主要分布在 −29.1‰ ~−26.8‰之间，川东地区石炭系天然气乙烷碳同位素主要分布在 −39‰ ~ −33.3‰之间。川西地区中二叠统天然气除河湾场构造、吴家坝构造外，其他天然气的乙烷碳同位素均重于高石梯—磨溪地区龙王庙组和川东地区石炭系天然气，说明它们的来源不完全相同，而与高石梯—磨溪地区灯影组天然气的乙烷碳同位素（-29.1‰～-26.8‰）较为相似。这表明川西地区中二叠统天然气 $\delta^{13}C_2$ 重，与高石梯—磨溪灯影组气源可对比，存在下寒武统烃源岩的贡献。

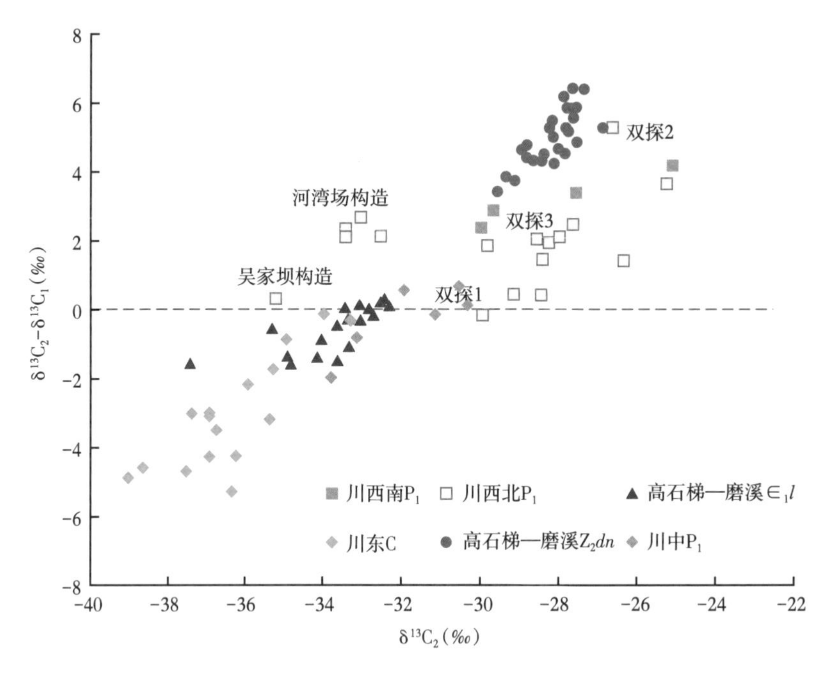

图 4-3　川西地区中二叠统天然气与高石梯—磨溪、川东天然气 $\delta^{13}C_2$ 与 $\delta^{13}C_2—\delta^{13}C_1$ 关系图
（部分数据据谢增业等，2020）

4.1.1.2.2　氢同位素

天然气氢同位素组成受源岩沉积环境的水介质盐度和成熟度等因素制约，其中成熟度起着重要的作用，这就致使天然气的 δ^2H 值有随源岩成熟度增大而变重的趋势（戴金星，1992）。这主要是因为有机母质上的带有—CH_2D 官能团的 C—C 键的亲和力要比带有—CH_3 官能团的 C—C 键的亲和力强，所以只有在热力增强的条件下才可使 C—CH_2D 键断开，这使得甲烷在成熟度增加时，氘的浓度会相对富集（即 δ^2H 增加）（Martin Schoell 等，1981；戴金星，1992，王大锐，2000），甲烷同系物的 δ^2H 也具有与甲烷同样的变化规律。

从四川盆地不同地区中二叠统天然气氢同位素的分析结果（图 4-4）看，中二叠统天然气甲烷氢同位素值主要分布在 -141‰～-125‰之间。不同地区天然气的甲烷氢同位素存在较大的差异。

川东、川中地区天然气甲烷氢同位素值普遍较重，以大于 -134‰为主；蜀南地区的甲烷氢同位素值相对较轻，小于 -136‰；川西南部样品点少，δ^2H_1 为 -135‰；而川西北部的 δ^2H_1 主要介于 -139‰～-135‰，但双探 2 井栖霞组—茅口组天然气的 δ^2H_1 为 -132‰～-128‰，表现出相对较重的特征，预示它们的母源不完全一致。如图 4-4 所示，除川西北地区的样点外，其他地区的天然气的甲烷氢同位素与甲烷碳同位素表现出较好的正相关性，说明天然气的甲烷氢同位素受热演化程度的影响比较明显。

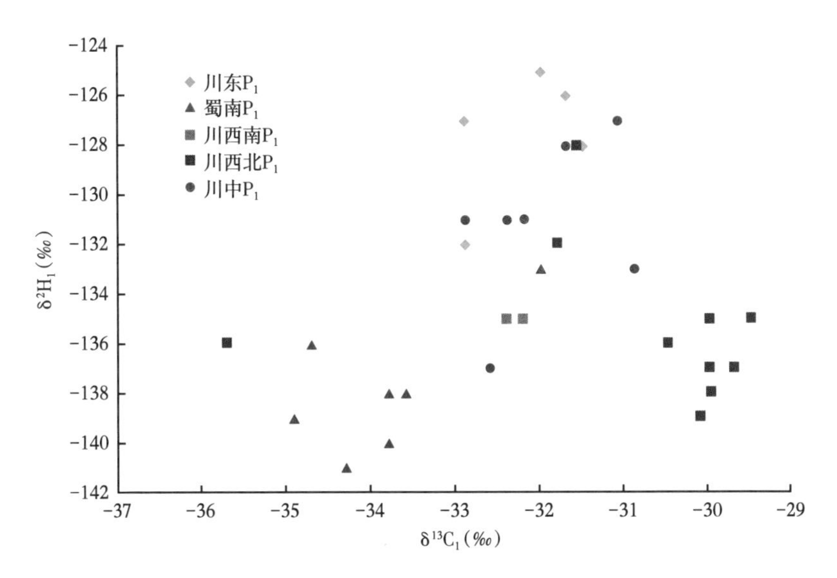

图 4-4　四川盆地不同地区中二叠统天然气 δ^2H_1 与 $\delta^{13}C_1$ 相关图

4.1.1.3　天然气轻烃组成

利用天然气组分 C_1/C_2 与 C_2/C_3 的相对关系可以大致判断该天然气是干酪根初次裂解气还是原油或分散液态烃的二次裂解气，但无法区分是聚集型有机质（原油）还是分散型有机质的二次裂解气。为此，尝试用天然气轻烃指标组成判断天然气的主要来源。

天然气轻烃泛指分子碳数为 C_5—C_7 的化合物，是天然气与原油之间的中间产物，在这一碳数范围内，烃类异构体十分丰富，轻烃的信息量远大于气态烃。在对样品进行轻烃检测过程时，有些样品还能检测到 C_8 以上的化合物。因此，通过对天然气中轻烃及 C_8 以上化合物的研究可以判识天然气是属于干酪根初次裂解气还是有机质的二次裂解气，甚至可以进一步明确是聚集型还是分散型有机质的二次裂解气。

为了寻找判识指标，胡国艺等（2005）首先利用开放体系实验方法开展了塔里木盆地塔中 45 井奥陶系原油和塔中 201 井中—上奥陶统泥灰岩（TOC 为 1.38%、R_o 为 1.1%）、乡 3 井中—上奥陶统石灰岩（TOC 为 0.60%、R_o 为 1.5%）轻烃模拟实验。因为开放体系下进行的烃源岩裂解气基本上反映了烃源岩中干酪根初次裂解气，原油热模拟实验条件与烃源岩的基本相似，但生成的天然气主要为有机质的二次裂解产物，为原油裂解气。

轻烃组成中甲基环己烷与正庚烷比值变化一般与有机质类型有很大的关系，来源于腐殖型母质的天然气中甲基环己烷的含量比较高。但通过对热模拟产物——轻烃组成的对比分析，发现原油裂解气和干酪根裂解气在（2- 甲基己烷 +3- 甲基己烷）/ 正己烷和甲基环己烷 / 正庚烷等 2 项指标上存在明显的差异，即烃源岩干酪根裂解气中甲基环己烷 / 正庚烷较低，而原油裂解气该项比值一般较高。因此，根据以上 2 项指标有可能进行原油和干酪根裂解气的判识。

将四川盆地蜀南地区、川东地区、川中地区和川西南地区的中二叠统天然气及高石 1 井震旦系、威远震旦系—奥陶系、川东北长兴组—飞仙关组礁滩天然气的上述轻烃参数比值投到图 4-5 中，可见多数四川盆地中二叠统天然气甲基环己烷 / 正庚烷和（2- 甲基己烷 +3- 甲基己烷）/ 正己烷两项比值均较大，落入有机质二次裂解气的范围内，主要为原油裂解气。

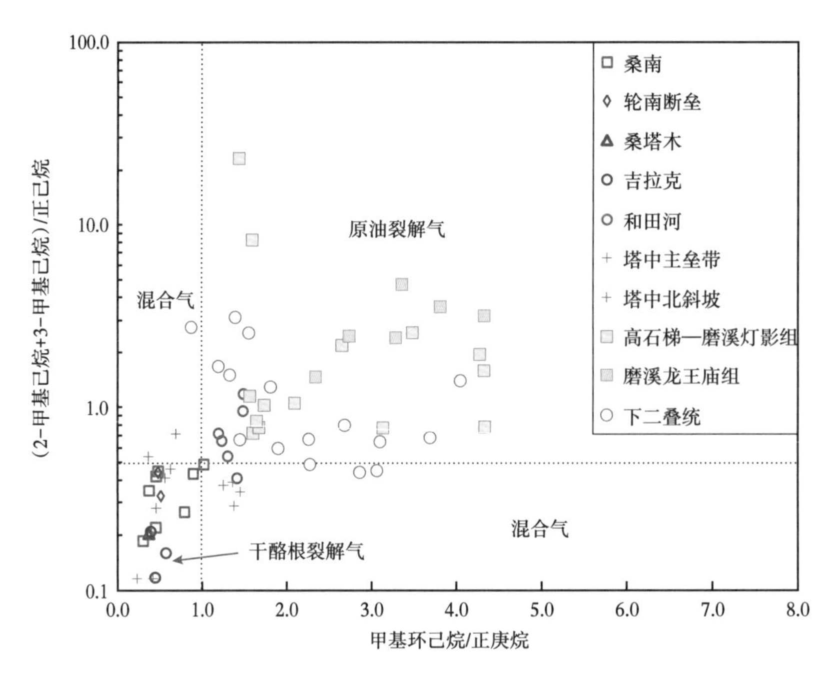

图 4-5　天然气甲基环己烷 / 正庚烷与（2- 甲基己烷 +3- 甲基己烷）/ 正己烷的相关图

另外，中国石油勘探开发研究院廊坊分院利用模拟实验和勘探实践相结合的方法，建立了聚集型裂解气和分散型裂解气的鉴别图版，如图 4-6 所示，中二叠统天然气主要是以聚集型的原油裂解气为主。

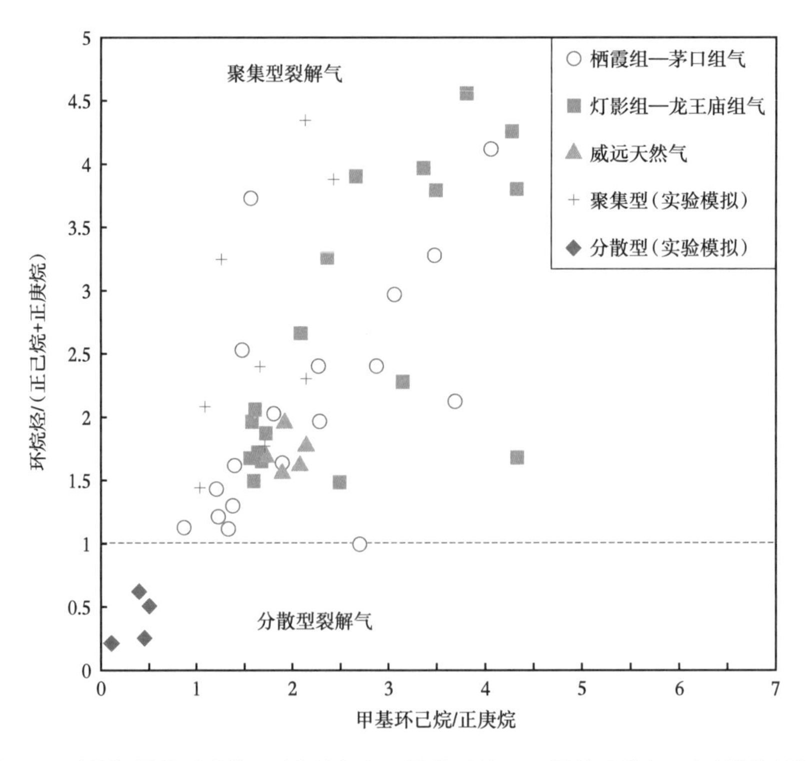

图 4-6　天然气甲基环己烷 / 正庚烷与（2- 甲基己烷 +3- 甲基己烷）/ 正己烷的相关图

4.1.2　油源对比

前述研究认为，川西北地区上古生界天然气主要是原油裂解气，而储层沥青是原油裂解成气后的残留物。因此，可以将储层沥青作为桥梁，通过储层沥青与烃源岩的饱和烃、芳烃等生物标志物的对比，分析古油藏的烃源岩，从而间接地进行气—源的对比（郝彬等，2016）。

生物标志化合物（biomarker）指沉积有机质、原油、油页岩、煤中来源于活的生物体，在有机质演化过程中具有一定稳定性，没有或较少发生变化，基本保存了原始生化组分的碳骨架，记载了原始生物母质的特殊分子结构信息的有机化合物（黄东等，2011）。因此，它们具有特殊的"标志作用"。类异戊二烯型烷烃中，姥鲛烷（Pr）和植烷（Ph）为最常用的生物标志化合物，甾烷、萜烷化合物也是常用的生物标志化合物。生物标志化合物的意义主要体现在下述几个方面：指示有机质的生物来源特征，指示有机质的沉积环境意义，反映有机质的成熟演化特征，研究油藏原油的次生作用程度。储层沥青是原油裂解成气后的残渣，因此，可以将储层沥青作为桥梁，通过储层沥青与烃源岩的饱和烃、芳烃等生物标志物的对比，分析古油藏的烃源岩，从而间接地进行天然气—烃源岩的对比。

4.1.2.1　正构烷烃特征

正构烷烃也称正烷烃，是沉积可溶有机质和石油的重要组成之一，也是结构最为简单的生物标志化合物。研究发现，正构烷烃广泛分布于细菌、藻类及高等植物的生物体内，不同生源的分布特征是有差异的，低等水生生物富含类脂化合物，正构烷烃中低碳数成分占优势，而高等植物则富含蜡，高碳数成分占优势；高等植物来源的正构烷烃常以 C_{27}、C_{29}、C_{31} 为主峰，且具有明显的奇偶优势，细菌来源的正构烷烃则含有较丰富的低碳数正构烷烃，分布范围 C_{14}—C_{31} 以上。正构烷烃的特征可以应用于生源分析和成熟度研究，在遭受生物降解时，常常在色谱上形成 UCM 峰，另外，油气运移和分馏效应也影响正构烷烃的分布（K E Peters 等，1993）。

川西北上古生界不同层位沥青的正构烷烃分布有差异。双鱼石构造双探 3 井泥盆系观雾山组沥青抽提物的正构烷烃呈双峰分布（图 4-7），主峰为 nC_{17} 和 nC_{25}，Pr/Ph 为 0.56，Pr/nC_{17} 和 Ph/nC_{18} 分别为 0.62 和 1.25。正构烷烃呈双峰的分布表明其具有两种不同的生源。中二叠统栖霞组、茅口组沥青正构烷烃分布特征相同，主要呈单峰分布，以低碳数正构烷烃为主，Pr/Ph ＜ 1，与中二叠统泥灰岩正构烷烃分布特征较为相似（图 4-8、图 4-9），但因栖霞组泥灰岩为露头样品，受降解作用的影响，导致姥鲛烷、植烷丰度分别高于 nC_{17} 和 nC_{18}。北川通口剖面石炭系岩关组油苗、何家梁剖面泥盆系观雾山组油苗、竹园坝剖面泥盆系平驿铺组油砂等因长期暴露地表遭受强烈生物降解作用，其正构烷烃已基本消失，在饱和烃气相色谱图上形成 UCM 峰（图 4-10）。

4.1.2.2　萜烷特征

双鱼石构造中二叠统栖霞组沥青三环萜烷分布中均以 C_{23} 为主峰，存在 C_{28}、C_{29} 长链三环萜，在五环三萜烷分布中，以 C_{30} 藿烷为主峰，Ts/Tm 小于 1，且在 C_{31}—C_{35} 升藿烷系列分布中，随碳数增加含量逐渐降低，这一特征与在野外所取得的下寒武统筇竹寺组

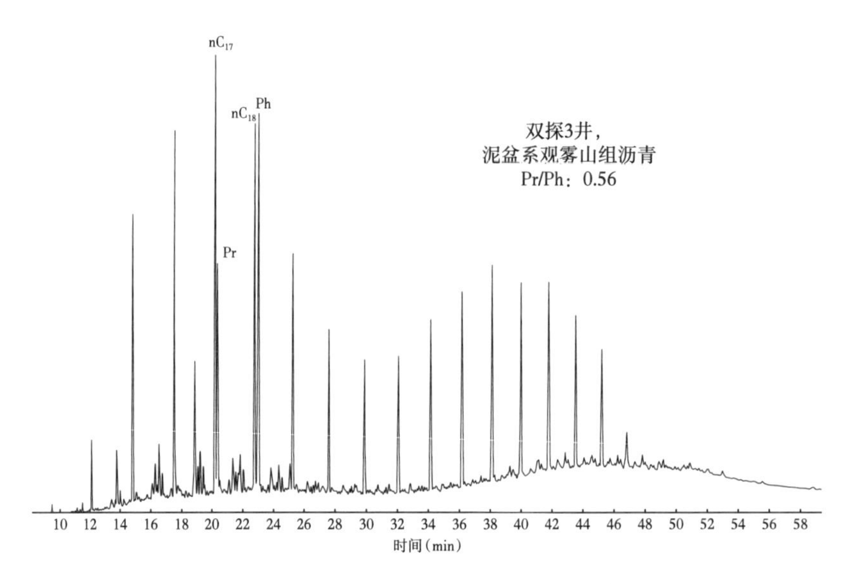

图 4-7　川西北双鱼石构造双探 3 井泥盆系沥青饱和烃气相色谱图

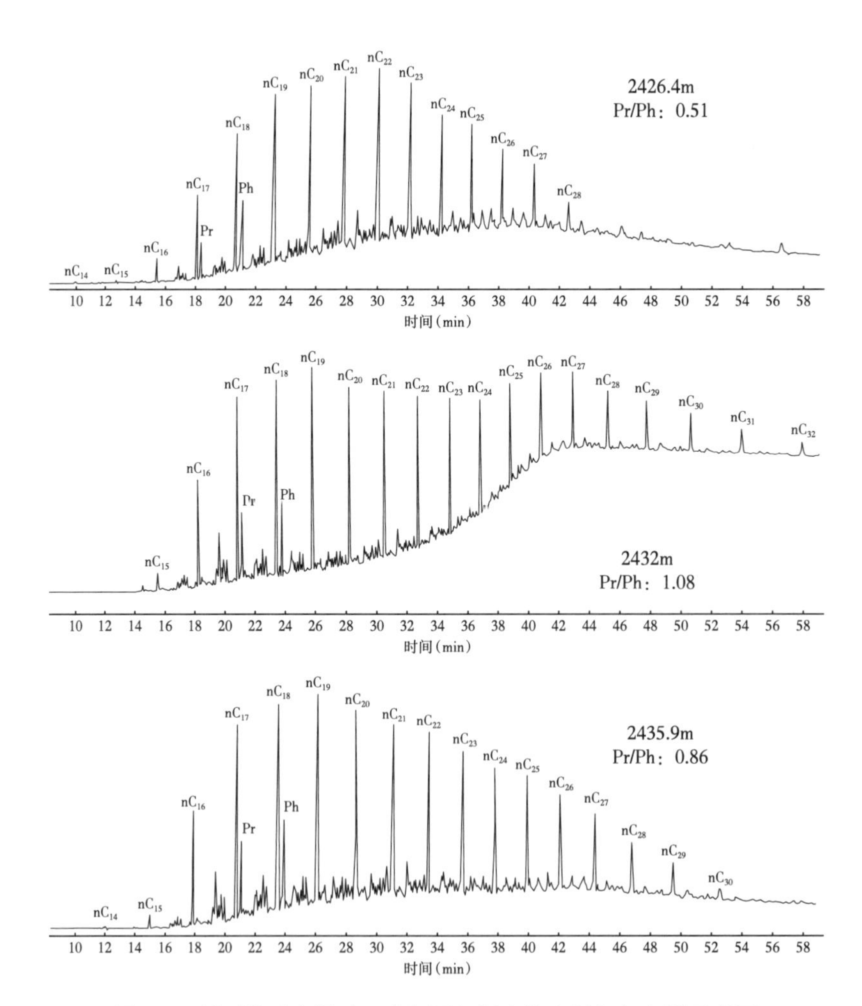

图 4-8　川西北矿山梁矿 2 井栖霞组沥青饱和烃气相色谱示意图

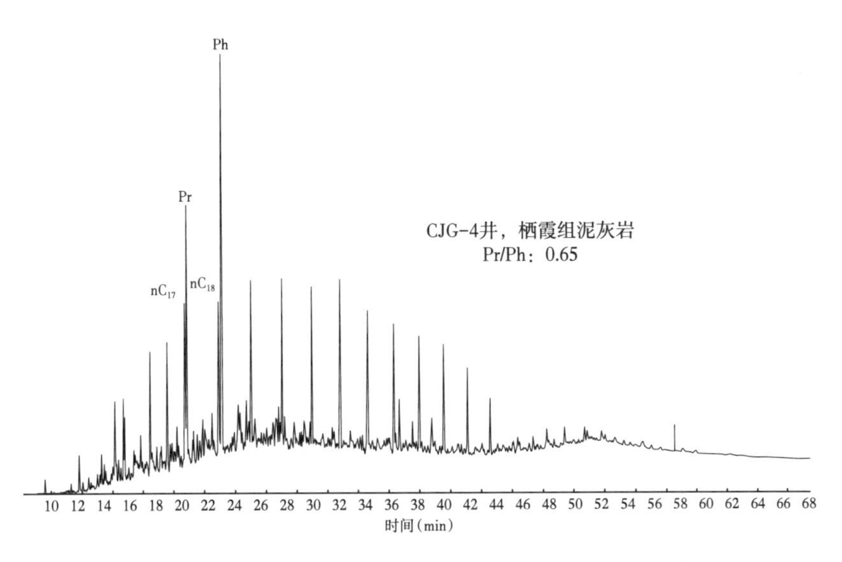

图 4-9　川西北长江沟剖面栖霞组沥青饱和烃气相色谱图

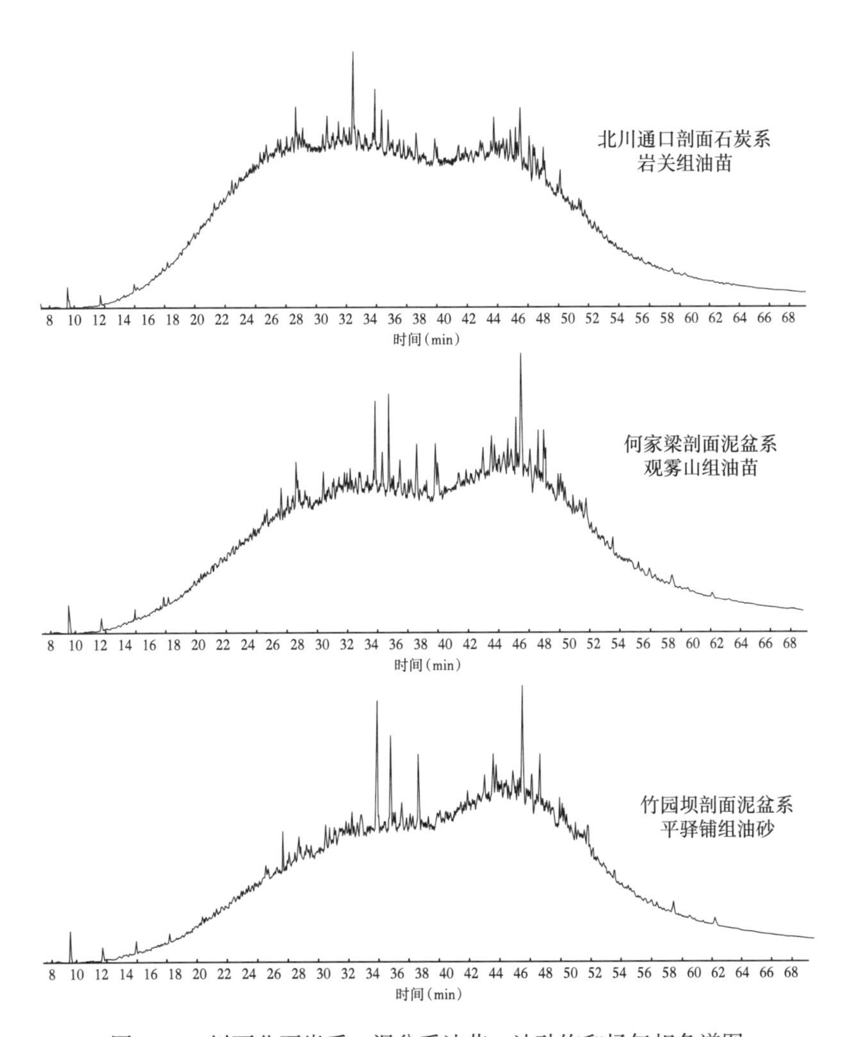

图 4-10　川西北石炭系、泥盆系油苗、油砂饱和烃气相色谱图

烃源岩相似，而与中二叠统栖霞组泥灰岩存在明显差异（图4-11、图4-12）。在中二叠统栖霞组泥灰岩样品中，Ts含量明显高于Tm含量，且存在明显高含量的C_{29}重排藿烷，在C_{31}—C_{35}升藿烷系列分布中，C_{31}—C_{34}升藿烷随碳数增加含量而降低，而C_{35}升藿烷含量明显增加。

对于二叠系的储层沥青，井下和野外露头的样品也表现出不同的特征。川中地区中二叠统栖霞组、茅口组的井下样品，三环萜烷整体含量低，C_{30}—C_{35}藿烷含量相对较高，其中以C_{30}藿烷为主，伽马蜡烷含量相对较高。广元车家坝地区中二叠统栖霞组白云岩溶蚀孔隙中充填的原油，与马家沟寒武系沥青相似，同样是遭受氧化降解，三环萜烷整体含量高，其中以C_{23}三环萜烷为主，C_{30}—C_{35}藿烷有些样品可以检测到，但含量较低（图4-13），这一特征也不能作为油气源对比的依据。

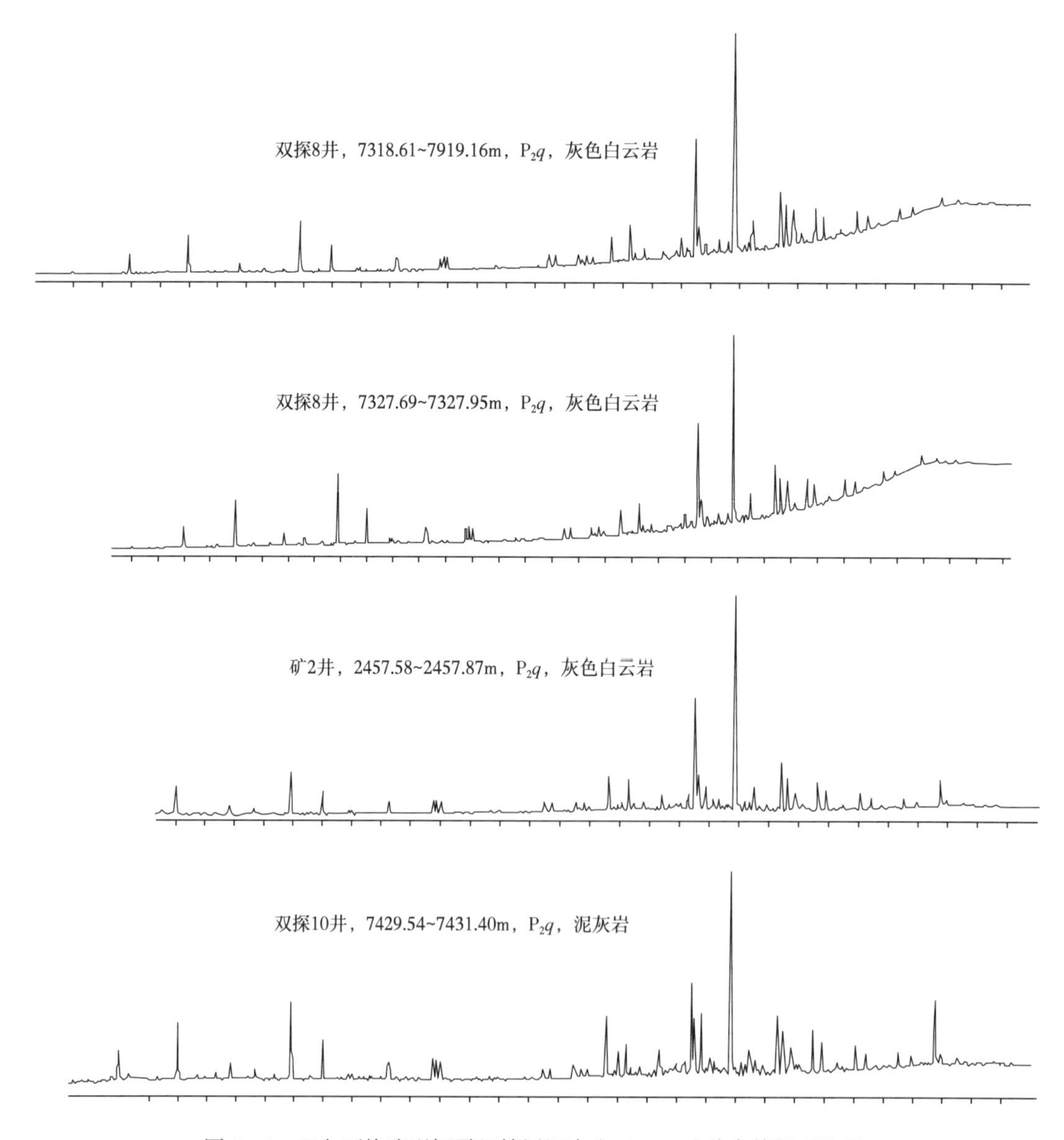

图4-11 双鱼石构造观栖霞组储层沥青（m/z=191）分布特征对比图

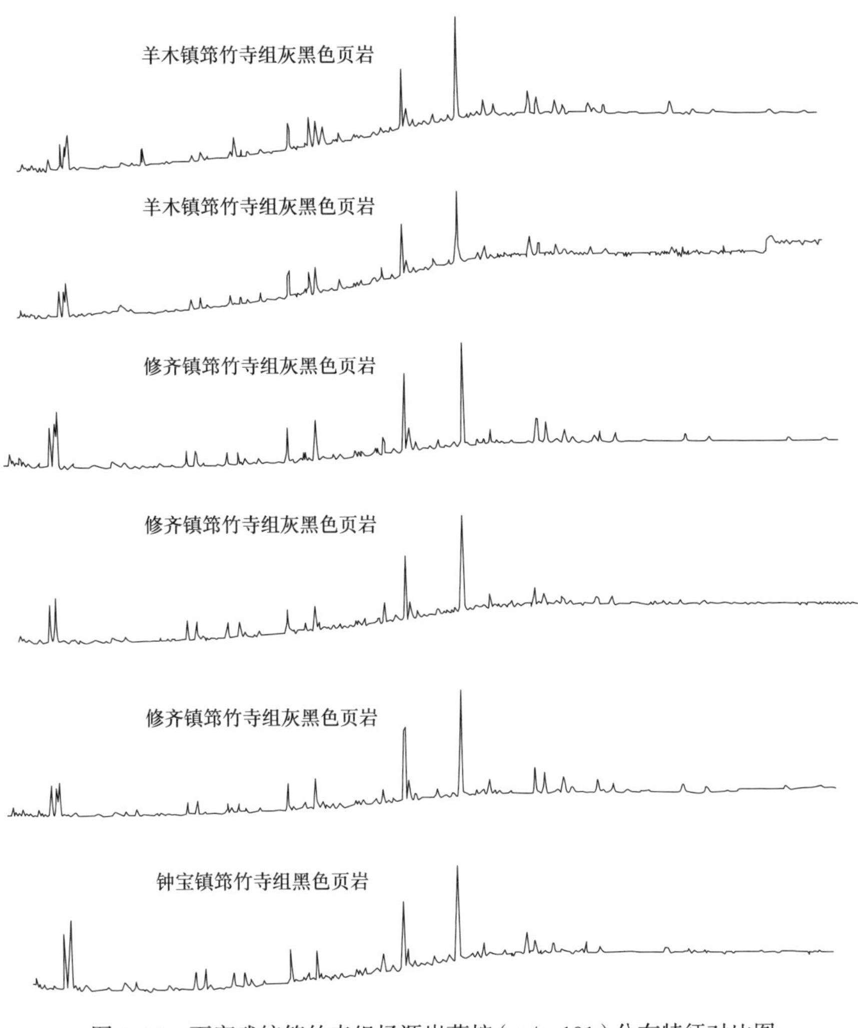

图 4-12　下寒武统筇竹寺组烃源岩萜烷（m/z=191）分布特征对比图

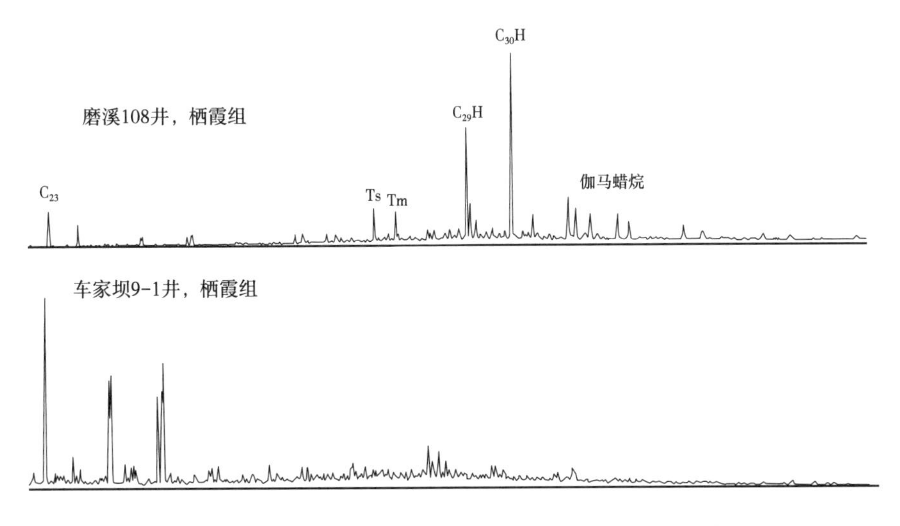

图 4-13　川中中二叠统栖霞组沥青萜烷（m/z=191）分布图

大兴场构造中二叠统茅口组储层沥青生物标志化合物分布中，三环萜烷分布均以 C_{23} 为主峰，存在 C_{28}、C_{29} 长链三环萜，在五环三萜烷分布中，以 C_{30} 藿烷为主峰，Ts/Tm 小于 1，在 C_{31}—C_{35} 升藿烷系列分布中，随碳数增加含量逐渐降低，但 C_{29} 降藿烷与 C_{30} 藿烷呈均势分布，且 Y- 蜡烷含量较高，这一特征与在野外所取得的下寒武统筇竹寺组烃源岩存在明显差异；中二叠统栖霞组灰色白云岩储层沥青三环萜烷分布均以 C_{23} 为主峰，存在 C_{28}、C_{29} 长链三环萜，在五环三萜烷分布中，以 C_{30} 藿烷为主峰，Ts/Tm 小于 1，与双探 10 井栖霞组泥灰岩样品相似，Y- 蜡烷含量较低，C_{29} 降藿烷含量明显低于 C_{30} 藿烷，在 C_{31}—C_{35} 升藿烷系列分布中，C_{31}—C_{34} 升藿烷随碳数增加含量而降低，而 C_{35} 升藿烷含量明显增加（图 4-14）。

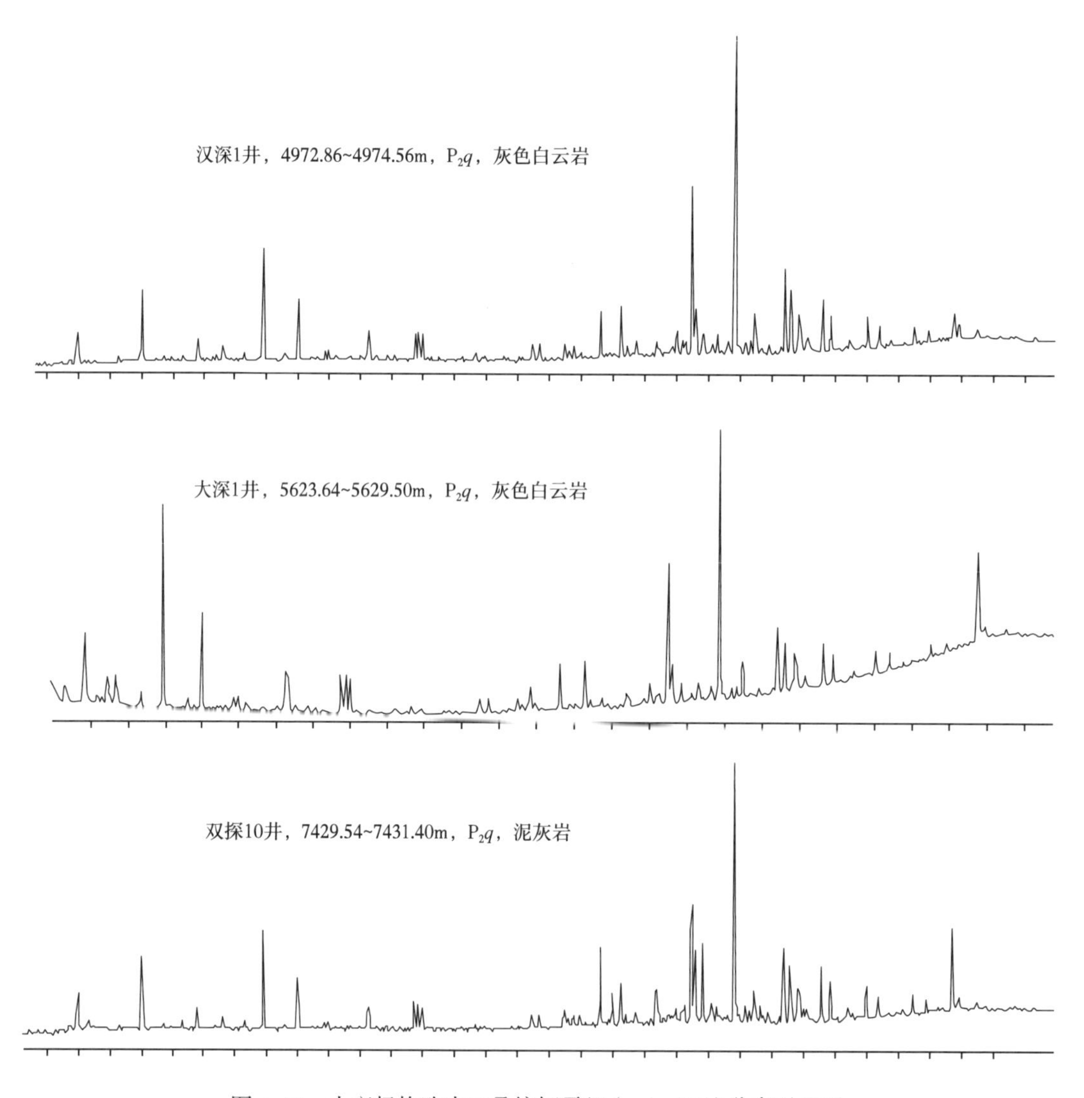

图 4-14　大兴场构造中二叠统栖霞组（m/z=191）分布对比图

4.1.2.3　甾烷特征

地质体中的甾类化合物源于生物圈中的甾醇类，除某些例外，原核生物一般不能合成甾醇，而主要由真核生物衍生而来（Demel R A 等 1976），如藻类、浮游动植物或高等植物。由于有机质中甾烷碳数的内分布直接受生源输入的影响，因而烃源岩和原油中的 C_{27}、C_{28} 和 C_{29} 甾烷（尤其是具有生物构型的 ααα20R 型）的相对含量常常被作为生源参数。在早期研究中 C_{29} 甾烷（醇）常被作为陆生高等植物输入的重要证据（Huang Wen-Yen 等，1979），然而，例外的情况也屡见报道，如在前寒武纪的蓝细菌（cynobacteria）和富藻叠石中仍然存在着 C_{29} 甾醇 / 烷优势（吴庆余等，1986）；在近代沉积物中也发现含丰富 C_{29} 甾醇的蓝细菌和藻；张水昌（1990）也报道了中国南方海相地层中，即使震旦纪、寒武纪最古老的岩石有机质，甾烷的分布也仍然以 C_{29} 甾烷占优势，可占总甾烷量的 46% 左右，而 C_{27}、C_{28} 甾烷含量相对较小，分别占总甾烷量的 27% 左右，并且甾烷碳数内分布在不同层系中变化不大。在泥盆纪以后高等植物真正出现，中生代、新生代才达到繁盛，古生代生物群实际上以低等动植物、微生物为主。由此可见，除高等植物外，海洋低等生物可能也是更重要的 C_{29} 甾烷生源。

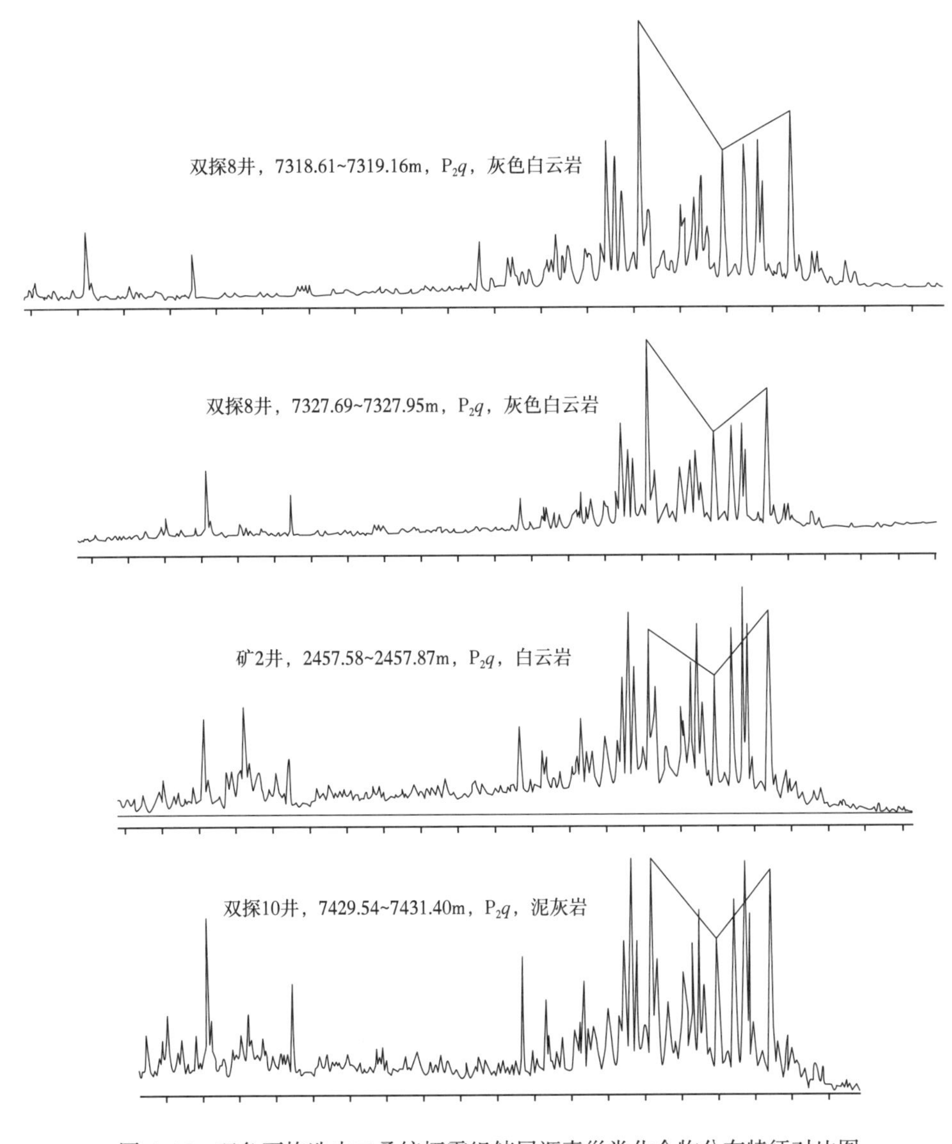

图 4-15　双鱼石构造中二叠统栖霞组储层沥青甾类化合物分布特征对比图

从烃源岩抽提物的甾烷分布特征可见：寒武系泥岩的孕甾烷、升孕甾烷丰度均较高，重排甾烷丰度均低，甚至缺失部分重排甾烷，C_{27}、C_{28} 和 C_{29} 规则甾烷中基本上以 C_{27} 甾烷为主，呈“L”形分布。志留系龙马溪组泥岩的 C_{27}、C_{28} 和 C_{29} 规则甾烷分布也是以 C_{27} 甾烷为主。上二叠统泥岩、中二叠统泥岩和泥灰岩的甾烷分布特征不完全一致，泥岩样品以 C_{27} 甾烷为主，而泥灰岩样品则以 C_{29} 规则甾烷为主，栖霞组、茅口组及泥盆系沥青样品的甾烷分布特征则在泥岩与泥灰岩样品之间。表明其可能既有泥质烃源岩的贡献，也有泥灰岩烃源岩的贡献。

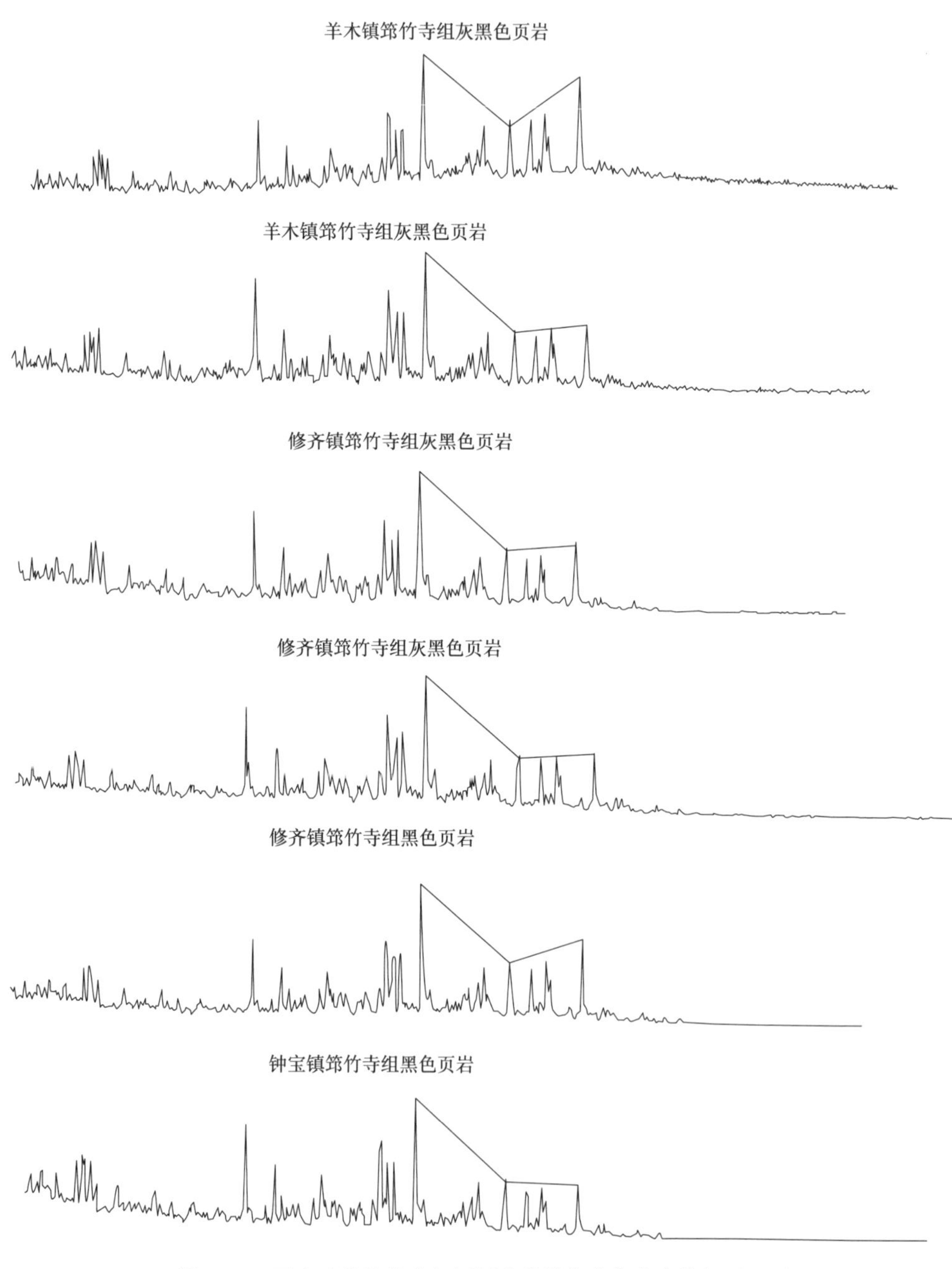

图 4-16　下寒武统筇竹寺组烃源岩甾类化合物分布特征对比图

双鱼石构造中二叠统栖霞组沥青的规则甾烷与下寒武统筇竹寺组烃源岩具有相似的分布特征，即 C_{27} 甾烷含量高于 C_{29} 甾烷含量，表现为“L”形分布特征，而中二叠统栖霞组泥灰岩样品中，C_{27} 甾烷含量与 C_{29} 甾烷含量具有均势或 C_{29} 甾烷含量略具优势特征，表现为较典型的“V”形分布特征。

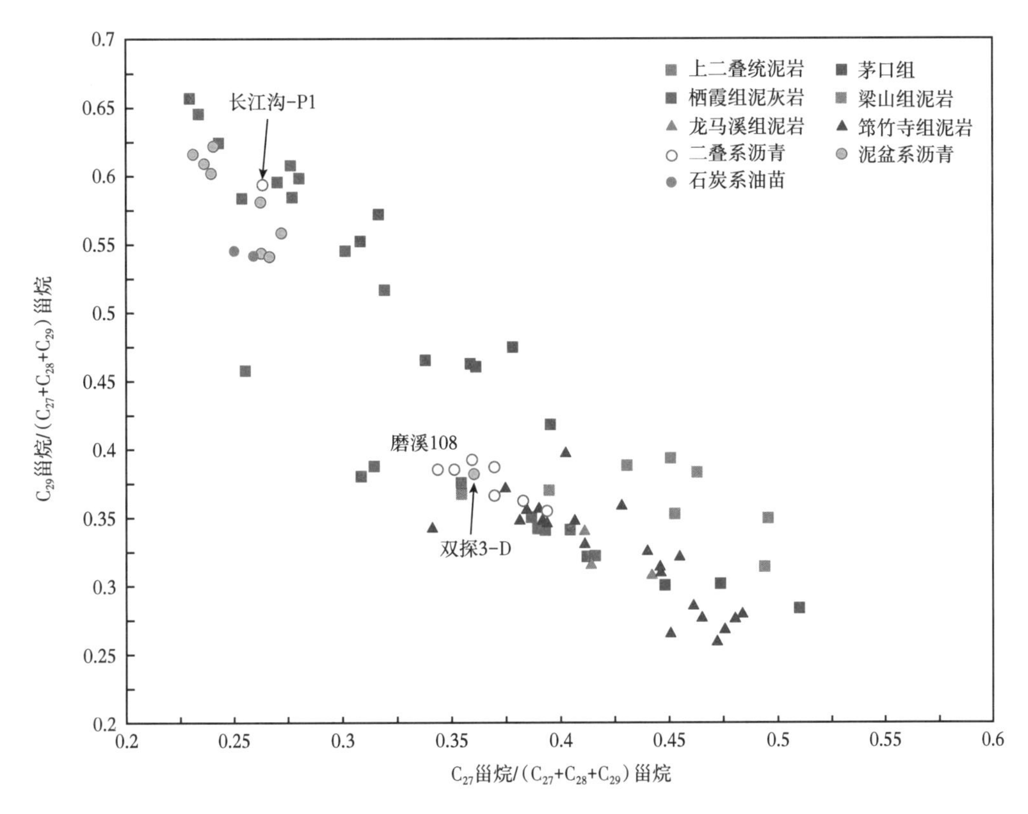

图 4-17　川西北地区上古生界沥青与相关烃源岩甾烷参数对比图

在规则甾烷分布中，川西南大兴场构造中二叠统栖霞组储层沥青与双探 10 井栖霞组泥灰岩样品具有相似的分布特征，即 C_{27} 甾烷含量与 C_{29} 甾烷含量具有均势或 C_{29} 甾烷含量略具优势特征，表现为较典型的“V”形分布特征（图 4-18）。

综合分析认为川西南地区栖霞组以及川西北井下泥盆系、栖霞组和茅口组沥青为下寒武统筇竹寺组泥质岩类烃源岩和中二叠统泥灰岩烃源岩的混合来源。

川中地区中二叠统栖霞组、茅口组的沥青样品，甾烷分布特征主要体现为，孕甾烷、升孕甾烷丰度低，重排甾烷少，C_{27}、C_{28} 和 C_{29} 规则甾烷均很丰富，C_{27} 甾烷相对丰度最高，其次是 C_{29} 甾烷，C_{28} 甾烷丰度最低，三者之间呈“V”形分布（图 4-19）。

从烃源岩抽提物的甾烷分布特征可见：寒武系泥岩的孕甾烷、升孕甾烷丰度均较高，重排甾烷丰度均低，甚至缺失部分重排甾烷，C_{27}、C_{28} 和 C_{29} 规则甾烷中基本上以 C_{27} 甾烷为主，呈“L”形分布。志留系龙马溪组泥岩的 C_{27}、C_{28} 和 C_{29} 规则甾烷分布也是以 C_{27} 甾烷为主。上二叠统泥岩、中二叠统泥岩和泥灰岩的甾烷分布特征不完全一致，泥岩样品以 C_{27} 甾烷为主，而泥灰岩样品则以 C_{29} 规则甾烷为主，川中地区栖霞组、茅口组沥青样品的甾烷分布特征则在泥岩与泥灰岩样品之间（图 4-20）。表明其可能既有泥质烃源岩的贡献，也有泥灰岩烃源岩的贡献。

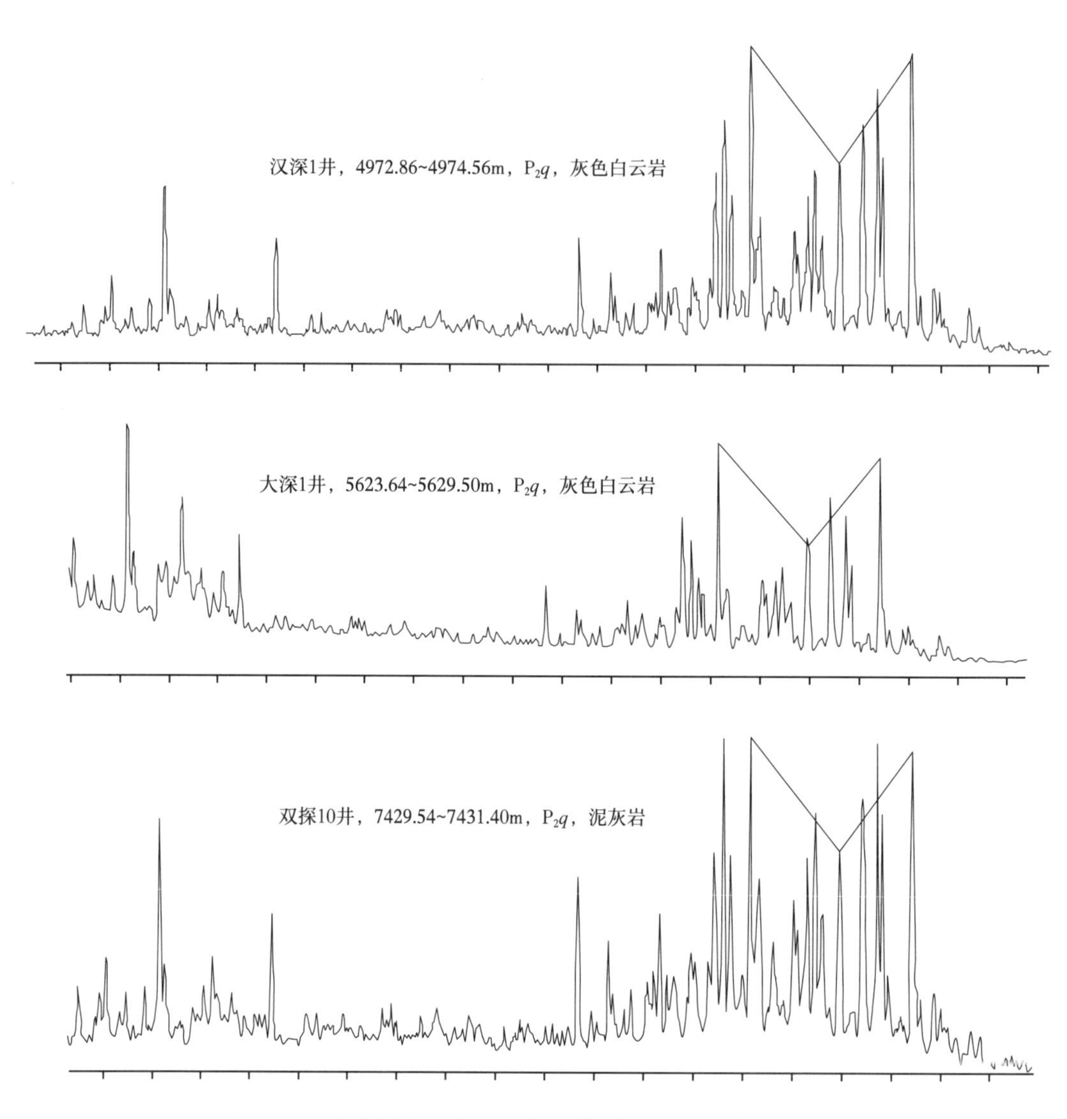

图 4-18 大兴场构造中二叠统栖霞组甾类化合物分布对比图

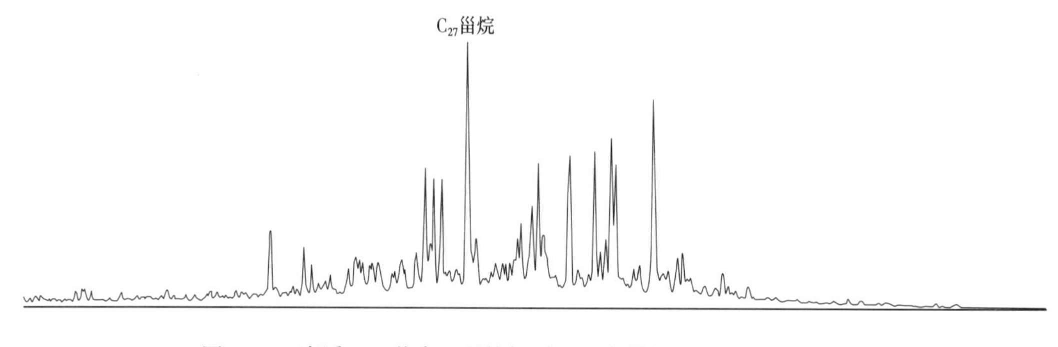

图 4-19 磨溪 108 井中二叠统栖霞组沥青甾烷（m/z =217）分布图

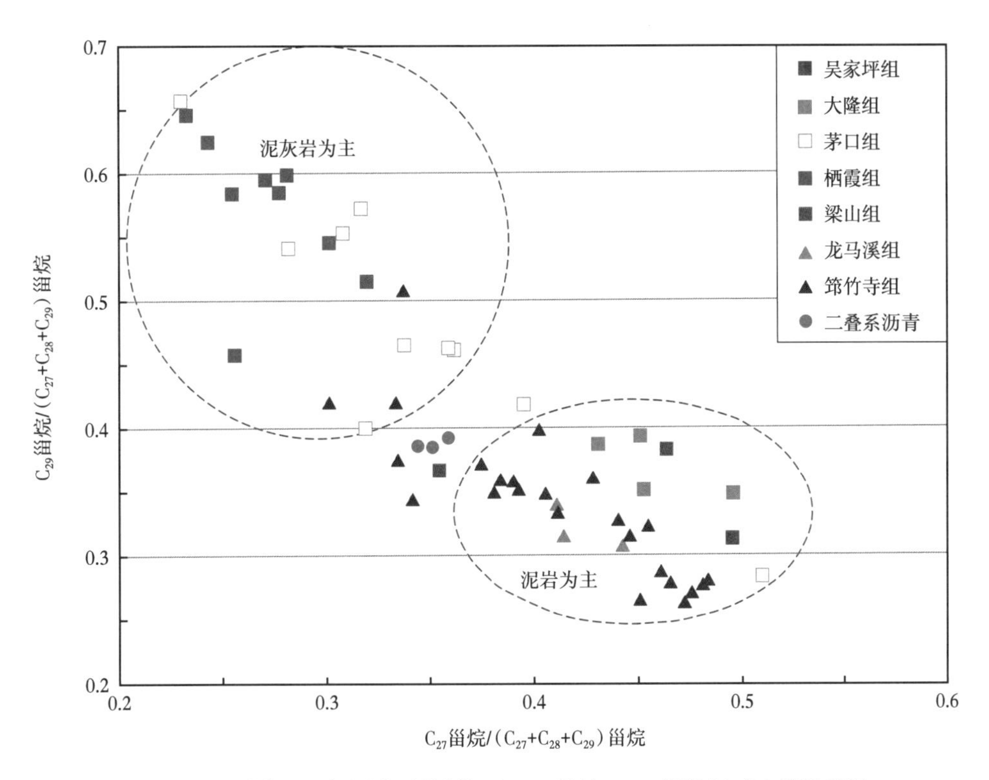

图 4-20　川中地区烃源岩及储层沥青 C_{27} 甾烷、C_{29} 甾烷相对比值关系图

4.1.2.4　芳烃特征

随着对有机含硫芳香化合物（ASC）的结构、组成和成因等研究的逐渐深入，对此方面的认识也日趋加深。尤其是对噻吩类、苯并噻吩类和二苯并噻吩类化合物进行了广泛研究后，发现它们的相对组成和分布与有机质和原油成熟度呈现出稳定的相关关系（张敏等，1999），可以作为有机质和原油热演化的成熟度参数。

苯并噻吩（BT）和二苯并噻吩（DBT）在不同类型石油和烃源岩中普遍存在，并且对热力作用很敏感。在低熟石油和烃源岩中，苯并噻吩的丰度高于二苯并噻吩，由此二者的相对分布可用作成熟度参数。但是，此参数受烃源岩岩性、有机质类型和生物降解作用等影响较大，加之苯并噻吩只存在于未熟至低熟油中，从而限制了其应用。因此，学者们更加着眼于二苯并噻吩及其同系物的研究。结果表明，烷基二苯并噻吩与二苯并噻吩的相对分布和甲基、二甲基、三甲基取代物异构体的比值可作为有效的成熟度参数。烷基二苯并噻吩分布在热力作用下发生剧烈变化，稳定性较高与稳定性较差的异构体的相对丰度相比（如 4-MDBT 与 1-MDBT 比值、4，6-DMDBT/1 与 4-DMDBT 比值等）随热演化程度的增加有增加的趋势。

芳烃色质的分析表明，川西北地区泥盆系、中二叠统沥青（油砂）及相关烃源岩抽提物样品中不同程度地检测到菲、萘、二苯并噻吩、芴、三芳甾烷等系列化合物丰度（图 4-21 至图 4-23）。菲系列、萘系列、烷基二苯并噻吩系列等化合物相对丰度是常用的成熟度评价参数，如甲基菲中 α 位的 9- 和 1- 取代基热稳定性不如 β 位的 3- 和 2- 取代基，随成熟度增加，发生甲基重排作用，这使得 9- 和 1- 甲基丰度减少，3- 和 2- 甲基丰度增加；

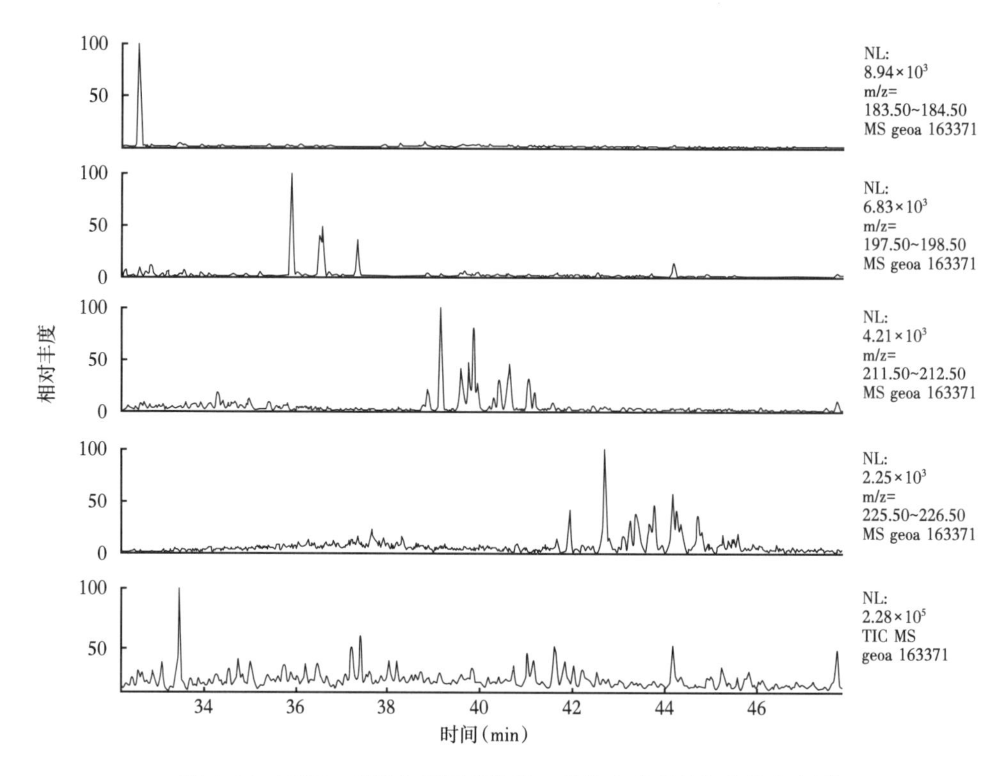

图 4-21　双探 3 井泥盆系沥青烷基二苯并噻吩系列化合物分布图

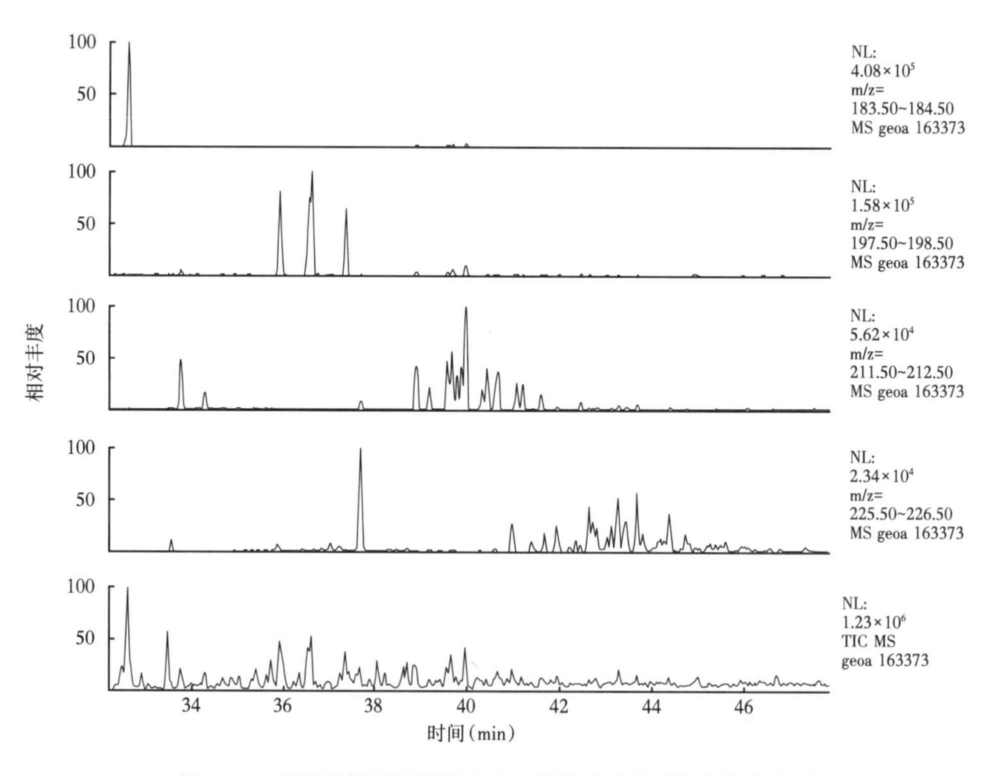

图 4-22　川西北栖霞组沥青烷基二苯并噻吩系列化合物分布图

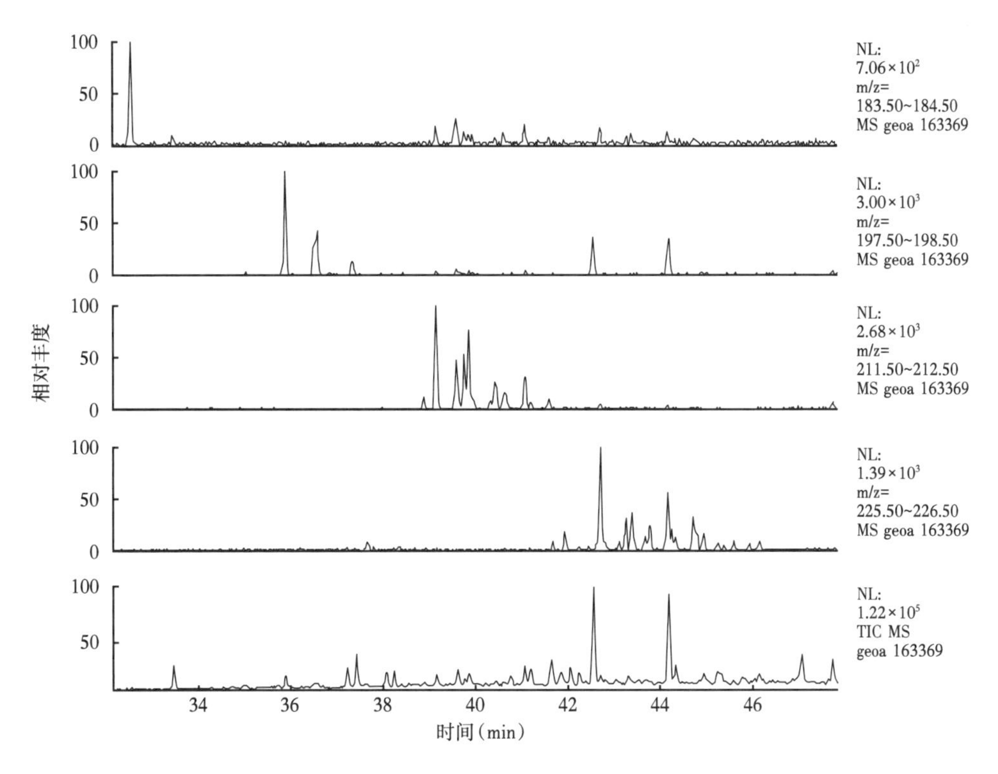

图 4-23　高石 1 井茅口组沥青烷基二苯并噻吩系列化合物分布图

甲基萘中甲基重排作用使具有相对稳定的β位甲基的2-甲基萘（2-MN）的含量明显高于α位甲基的1-甲基萘（1-MN），2-/1-MN比值随成熟度增高而增大；烷基二苯并噻吩中4-甲基二苯并噻吩（4-MDBT）的稳定性相对较好，而1-甲基二苯并噻吩（1-MDBT）的稳定性相对较差，从而导致4- /1-mDBT比值随成熟度增加而增大。

含硫芳香烃化合物则可以指示烃源岩的沉积环境，如高丰度的含硫芳香烃一般可作为膏盐及海相碳酸盐沉积环境的特征产物。三芴系列化合物（芴、氧芴、硫芴）可能来源于相同的先质，在弱氧化和弱还原的环境中氧芴含量可能较高；在正常还原环境中，三芴系列较为丰富；在强还原环境中则以硫芴占优势。

如图 4-24 所示，虽然川西北地区泥盆系、中二叠统沥青（油砂）及相关烃源岩的 4-/1- 甲基二苯并噻吩比值与 4，6-/1，4- 二甲基二苯并噻吩比值具有一定的正相关性，但由于该比值还受到其他因素的影响，因此，在进行油源对比时需谨慎使用，需结合其他参数进行综合判断。

烃源岩古盐度的分析结果表明，四川盆地随烃源岩时代由老变新，其沉积时的古盐度有逐渐变大的趋势，如清平小木岭陡山沱组为 5.8‰，南江杨坝灯三段为 10.8‰，南江杨坝和广元羊木镇筇竹寺组为 11.7‰，旺苍保卫村龙马溪组为 16.5‰，长江沟栖霞组—茅口组为 25.5‰。因此，川西北地区二叠系烃源岩的二苯并噻吩系列化合物丰度明显高于寒武系、志留系烃源岩。

另外，随烃源岩成熟度增加，其菲系列化合物丰度将增大。如图 4-25 所示，川西北地区泥盆系、二叠系沥青、油砂部分样品的二苯并噻吩系列化合物含量低，与寒武系、志

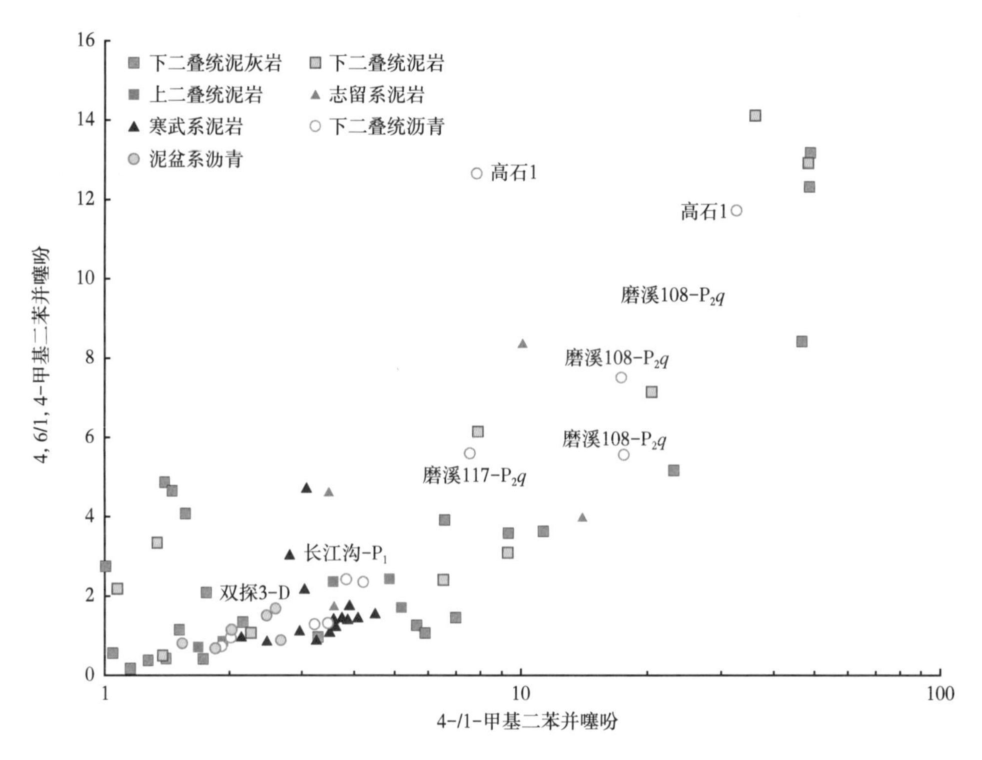

图 4-24　川西北地区上古生界沥青与相关烃源岩芳烃参数对比图

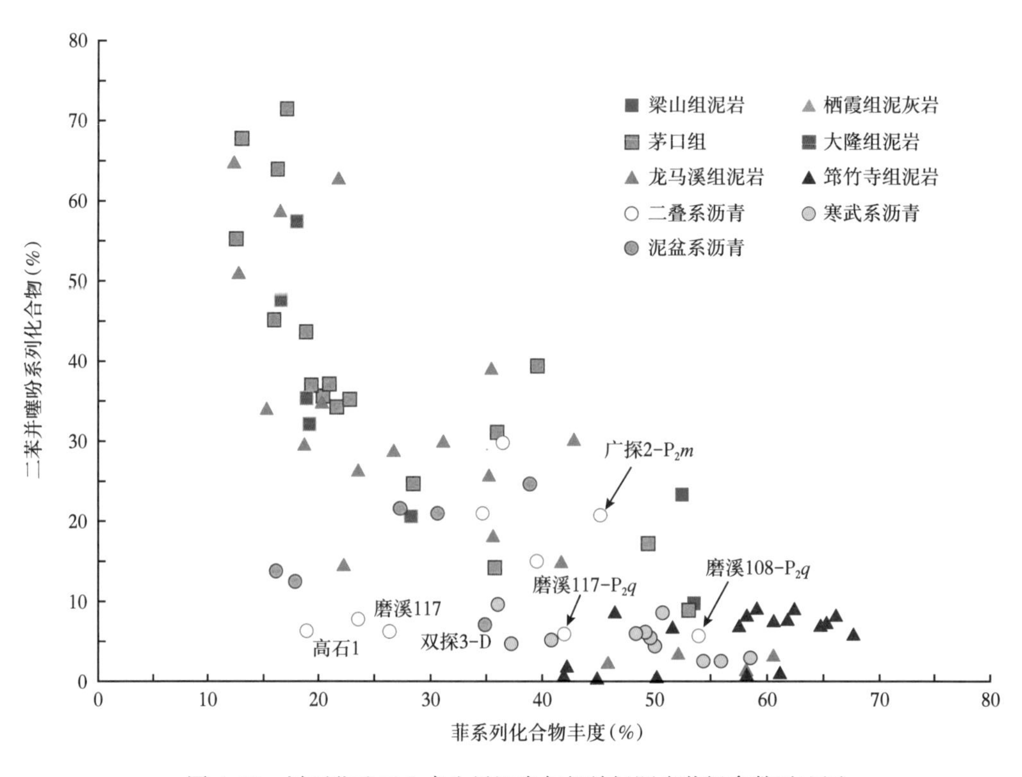

图 4-25　川西北地区上古生界沥青与相关烃源岩芳烃参数对比图

留系泥质岩类相似，另有部分样品落入寒武系、二叠统烃源岩分布的中间区域；菲系列化合物丰度具有同样的分布特征，预示川西北泥盆系、二叠系沥青、油砂为混源成因，与其他参数的对比结果是相吻合的。

4.1.2.5　原油碳同位素特征

对栖霞组含沥青的白云岩样品及烃源岩样品粉碎至 100 目，用氯仿（三氯甲烷）作溶剂进行索氏抽提，抽提出来的可溶抽提物用柱层析分离出各族组分，包括饱和烃、芳香烃、胶质和沥青质，对各族组分分别进行了碳同位素分析。对抽提后的残渣样进行了酸解脱矿物处理，分别制备了干酪根和纯沥青，然后对干酪根和纯沥青进行了碳同位素分析。

储层固体沥青是古油藏原油或运移烃的热演化产物，其来源令人关注。对于高热演化的沥青来说，通过碳同位素与烃源岩干酪根的对比是一种有效的烃源分析方法。由热蚀变作用而来的固体沥青主要由非烃、沥青质组分的缩聚作用形成，储层沥青 $\delta^{13}C$ 通常要高于原始原油 2‰~3‰（Hans G Machel 等，1995），而原油的 $\delta^{13}C$ 一般要低于烃源岩干酪根 $\delta^{13}C$ 1‰~2‰。这样储层固体沥青的碳同位素稍重于烃源岩（1‰左右）。而经 TSR 作用形成的固体沥青 $\delta^{13}C$ 要比其他成因类型的固体沥青低 −7‰ ~ −5‰（Hans G Machel 等，1995）。

据前人研究，并结合本书实验数据，总结出四川盆地各层位的烃源岩碳同位素和沥青碳同位素（图 4-26）。四川盆地寒武系筇竹寺组烃源岩碳同位素为 −36.6‰~−29.9‰，均值为 −33.1‰；志留系龙马溪组烃源岩碳同位素为 −32.04‰~−25.5‰，均值为 −29.9‰；二叠系栖霞组烃源岩碳同位素为 −29.5‰~−26.5‰，均值为 −28.2‰；二叠系茅口组烃源岩碳同位素为 −33.1‰~−25.1‰，均值为 −28.7‰；二叠系龙潭组烃源岩碳同位素为 −29.22‰~−22.3‰，均值为 −26.2‰；震旦系灯影组沥青碳同位素为 −36.8‰~−34.5‰，均值为 −35.6‰；

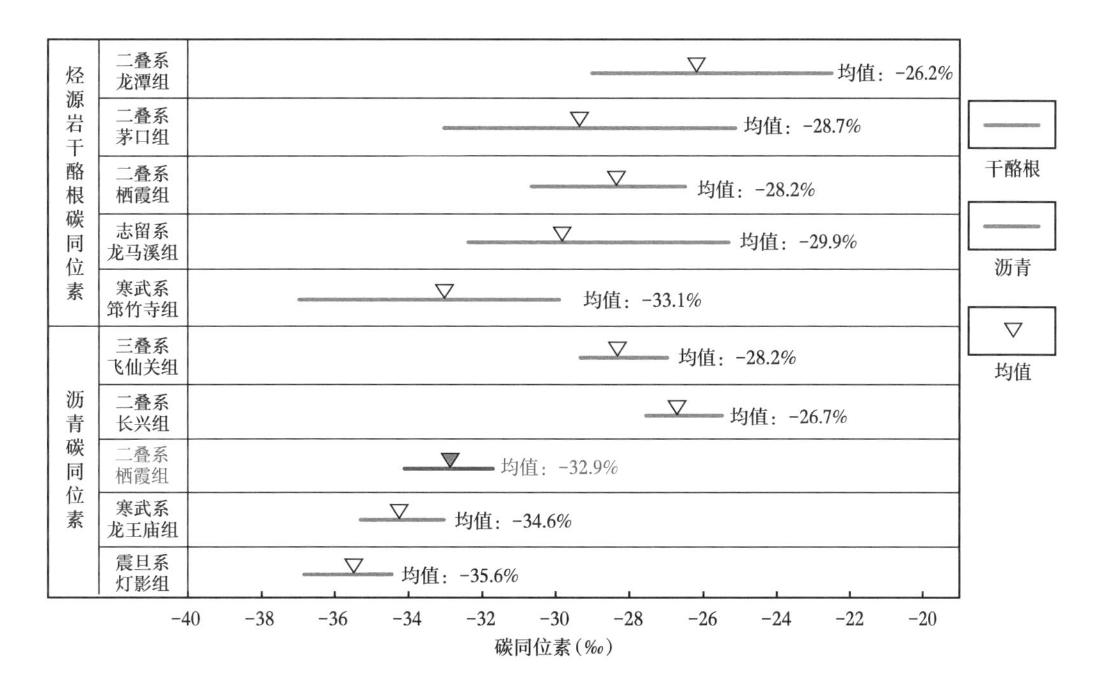

图 4-26　烃源岩干酪根碳同位素与沥青碳同位素对比

寒武系龙王庙组沥青碳同位素为 -35.7‰~-33.1‰，均值为 -34.6‰；二叠系长兴组沥青碳同位素为 -27.78‰~-25.6‰，均值为 -26.7‰；三叠系飞仙关组沥青碳同位素为 -29.28‰~-7.04‰，均值为 -28.2‰。本书对磨溪 108 井及磨溪 42 井栖霞组储层固体沥青进行了碳同位素分析，其值分布在 -33.7‰~-32.3‰之间，均值为 -32.9‰，可以看出，栖霞组沥青的碳同位素明显较栖霞组泥灰岩干酪根碳同位素轻，显然栖霞组储层沥青的来源并非是栖霞组泥灰岩。

栖霞组储层沥青的碳同位素与筇竹寺组烃源岩干酪根碳同位素相近，并且与灯影组和龙王庙组储层沥青的碳同位素相近，表明磨溪 108 井和磨溪 42 井栖霞组沥青与灯影组和龙王庙组沥青具有相同的来源，为筇竹寺组烃源，这与气源分析的结果一致。

4.2 烃源岩评价及分布

伴随着构造及沉积环境的演变，四川盆地震旦系—古生界自下而上发育了震旦系陡山陀组，下寒武统筇竹寺组，下志留统龙马溪组，中二叠统栖霞组、茅口组，上二叠统吴家坪组和大隆组等七套烃源岩层系。这些烃源岩除栖霞组、茅口组以泥灰岩为主外，其他为泥岩、页岩，有机质丰度高；震旦系—志留系烃源岩以腐泥型为主，处于过成熟阶段，二叠系烃源岩以混合型为主，处于高成熟—过成熟阶段，生气潜力大。

4.2.1 寒武系烃源岩

4.2.1.1 有机质丰度及烃源岩分布

4.2.1.1.1 *有机质丰度*

寒武系在四川盆地及邻区分布广泛，其中烃源岩主要发育下寒武统（马力等，2004），层位稳定，在四川盆地称筇竹寺组，贵州地区为牛蹄塘组或九门冲组，鄂西地区称水井沱组，川西南地区称九老洞组。总体上为一套黑色泥岩、页岩和灰色粉砂质泥岩沉积，为便于表述，对该套暗色泥页岩地层在本书统称筇竹寺组。

筇竹寺组烃源岩主要为黑色、灰黑色泥页岩、碳质泥岩，局部夹粉质泥质和粉砂岩。富含三叶虫化石和小壳动物化石。烃源岩有机质丰度高，409 个样品 TOC 介于 0.50%~8.49%，平均 1.95%，其中 TOC 大于 1.0% 的占 71.3%。局部层段发育黑色碳质泥岩，有机质丰度高，如磨溪 9 井钻遇近 10m 的黑色碳质泥岩，TOC 介于 2.49%~6.19%，平均高达 4.4%。德阳—安岳裂陷槽内有多口井钻遇筇竹寺组烃源岩，有机质丰度较高，如高石 17 井筇竹寺组 35 个样品的 TOC 介于 0.37~6.00%，平均 2.17%；资 4 井筇竹寺组 16 个样品的 TOC 介于 0.98%~6.61%，平均 2.18%。筇竹寺组烃源岩在不同地区 TOC 分布特征差异明显，优质烃源岩占比差异大。总体来看，德阳—安岳裂陷区及川东北城口地区有机质丰度最高。德阳—安岳裂陷区高石 17、资 4 等井筇竹寺组烃源岩 TOC 平均 1.98%，以 TOC 大于 2.0% 的优质烃源岩为主，约占 41%。

川北地区天星 1 井筇竹寺组烃源岩 TOC 以 0.5%~1.0% 为主，平均约为 1.2%，其优质烃源岩不发育，占比较小，约为 16%；川西南地区汉深 1 井、窝深 1 井烃源岩 TOC 以 0.5%~1.0% 为主，平均 0.89%，优质烃源岩占比约为 8%；川东北城口地区多个露头剖面样品 TOC 统计表明，其有机碳含量高，TOC 大于 2.0% 的样品为主，平均约为 3.55%，优质烃源岩占比较大，约为 60%；蜀南地区宝 1、YS106、YS102、宫深 1、阳 1 等井的 287 个烃源岩样品 TOC 变化较大，平均约为 1.73%，优质烃源岩约占 27%；川中台缘—台内区高石 1、广探 2、五探 1、高科 1 等井 TOC 分布以 1.0%~1.5% 为主，平均约为 1.68%，优质烃源岩占比约为 22%；川中古隆起北斜坡川深 1 井 TOC 分布在 0.48%~4.58% 之间，平均 1.85%。

筇竹寺组烃源岩 TOC 平面分布上存在 4 个高值区，分别为德阳—安岳裂陷区、城口—镇坪地区、五峰—秀山地区和遵义—瓮安地区；在盆地内部及川东地区，由于受川中古隆起及丁山水下高地的影响，沉积水体相对较浅，优质烃源岩不发育，烃源岩 TOC 相对较低。总体来看，裂陷区烃源岩 TOC 平均值高于台内区，优质烃源岩占比大，优质烃源岩比较发育（图 4-27）。

4.2.1.1.2　连井剖面对比

通过四川盆地及周缘不同地区典型探井及剖面筇竹寺组烃源岩纵向发育层段及厚度标定可知，不同地区有效烃源岩及优质烃源岩发育厚度差别大，发育的具体层段也有区别，从全盆地连井剖面对比来看，筇竹寺组有效烃源岩和优质烃源岩主要在筇一段及筇二段下部发育，筇三段有机质丰度较低，优质烃源岩欠发育，发育低丰度有效烃源岩[1]。

四川盆地筇一段烃源岩主要发育于德阳—安岳裂陷区及川中古隆起北斜坡区。在裂陷区内，筇一段 TOC 整体较高、平均 TOC 在 1.5% 以上，有效烃源岩厚度可达 300m，其中优质烃源岩厚度分布在 100~260m 之间，裂陷区中部优质烃源岩厚度较大。在台缘—台内广大地区，由于处于古地貌高地，筇一段缺失，发育烃源岩，仅局部洼地发育筇一段烃源岩。

德阳—安岳裂陷经筇一段沉积期一定程度的填平补齐后，筇二段沉积早期发生大规模海侵，海平面上升，筇二段及筇三段在盆地内广覆式沉积，发育一套区域性的烃源岩，其中高 TOC 的优质烃源岩主要发育在筇二段底部。筇三段沉积期发生海平面下降，主要为浅水陆棚相沉积的灰色泥或粉砂质泥岩，有机质丰度低，优质烃源岩欠发育。

4.2.1.1.3　平面分布特征

筇竹寺组烃源岩的显微组分以腐泥组为主（占 95% 以上），有机质为无定形，表明原始有机物主要为低等水生生物。干酪根碳同位素值普遍较轻，同位素值分布在 −36.0‰ ~ −31.0‰之间，平均 −33.3‰；有机质类型属典型的腐泥型烃源岩，成熟度高，目前多处于过成熟阶段。

根据对筇竹寺组烃源岩纵向展布特征及厚度统计，对筇竹寺组有效烃源岩进行平面刻画，筇竹寺组有效烃源岩在全盆及邻区均有发育，但不同区域受沉积环境及构造等因素的影响，厚度发育有所差异（图 4-28）。筇竹寺组有效烃源岩区域厚度 50~450m，存在多个厚度中心，分别为德阳—安岳裂陷区、城口—镇坪地区、五峰—秀山地区。有效烃源岩主要在德阳—安岳裂陷槽内发育，厚度最大，为 200~450m；在德阳—安岳裂陷槽南段蜀南地区，厚度略减小，为 100~400m；川中古隆起北斜坡—川西北地区，有效烃源岩发育，厚度大，主要在 250~400m 之间，其中川中古隆起北斜坡烃源条件优越，厚度 150~300m；川中台内区，有效烃源岩条件较好，厚度 50~150m；在川东北城口—开县裂陷区内有效烃源岩发育厚度 200~250m；由于受川中古隆起及川东地区水下高地的影响，有效烃源岩厚度较小。

---

[1] 付小东，陈娅娜，李文正，等，2021，四川盆地奥陶系—志留系烃源岩生烃潜力精细研究，内部资料。

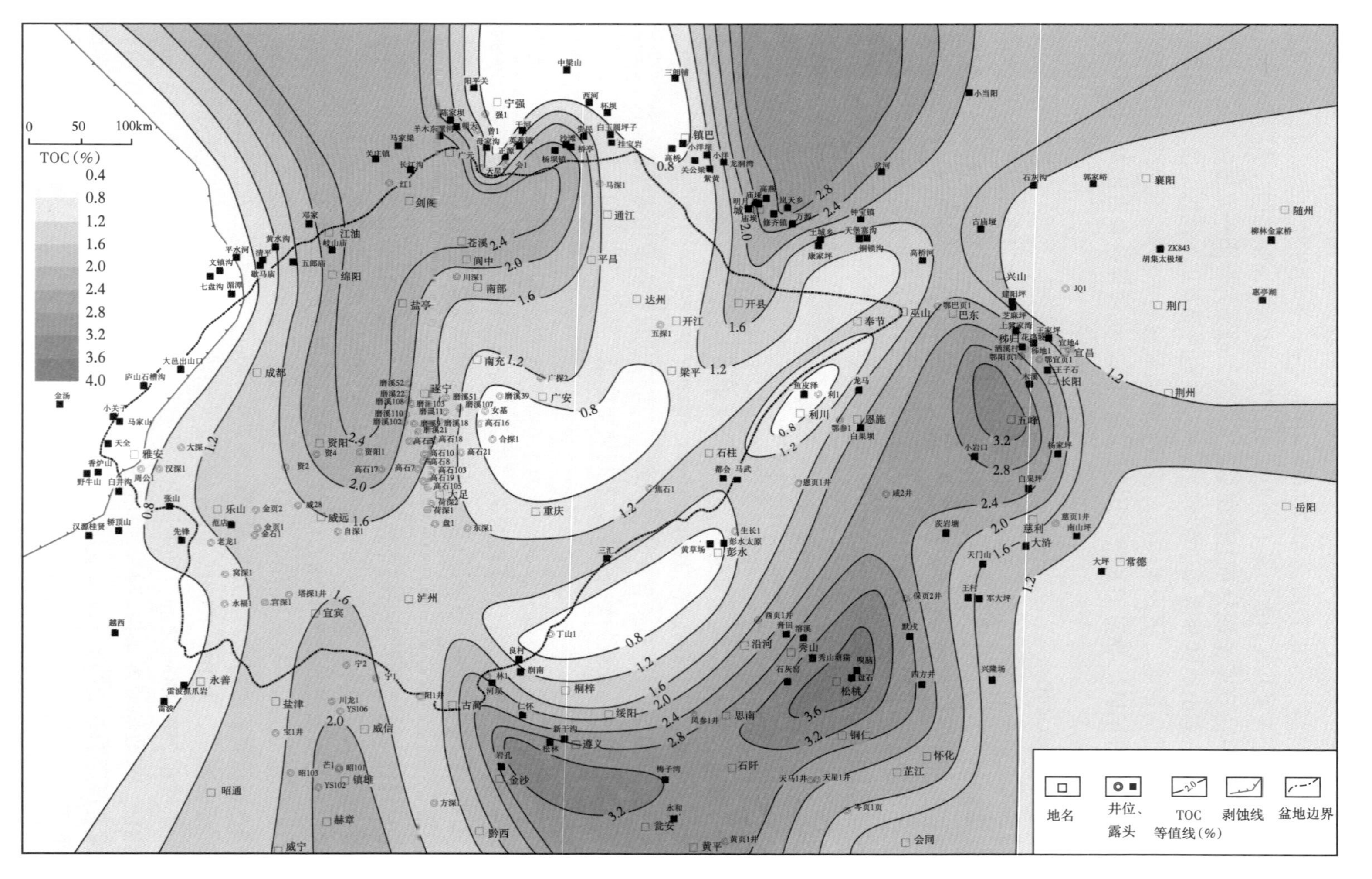

图 4-27 四川盆地及邻区下寒武统筇竹寺组烃源岩 TOC 等值线图

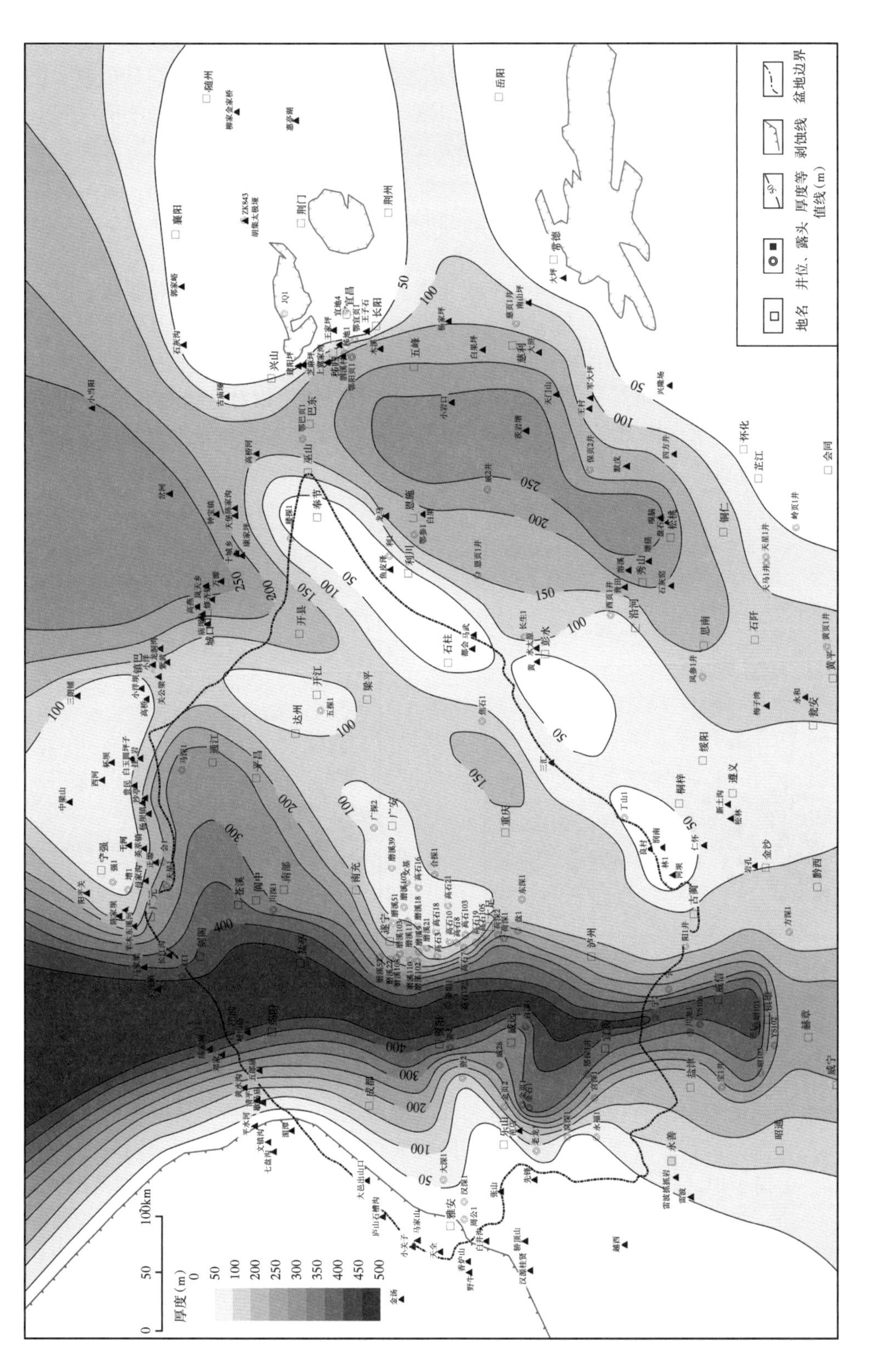

图 4-28　四川盆地及邻区下寒武统筇竹寺组有效烃源岩厚度分布图

4.2.1.2 有机质类型

4.2.1.2.1 有机质元素组成

上扬子四川盆地及周缘地区震旦系—志留系烃源岩干酪根元素组成中，H/C 原子比已经基本上在 0.7 以下，绝大多数样品点处于高成熟—过成熟演化阶段，已经不能反映其原始有机质的类型（图 4-29）。部分样品点仍然处于镜质组反射率在 0.5%~1.0% 之间，处于Ⅲ型有机质分布区域，这实际上是由于干酪根样品中氧含量偏高导致的结果。导致干酪根中氧含量偏高的原因可能是干酪根在沉积时受到氧化或者出露地表后遭受了氧化，或者是干酪根处理过程中含氧无机矿物没有去除干净。

从京西北处于低成熟演化阶段的中—新元古界高有机质丰度的海相烃源岩来看，其 H/C 原子比一般在 1.0~1.2 之间，与国外海相烃源岩干酪根的 H/C 原子比基本上相当，属于Ⅱ型有机质。应该说，在早古生代时期尚没有陆地高等植物，有机质主要是水生有机质，虽然也可以出现一些相对贫氢的宏观藻类，但多数仍然是相对富氢的有机质。因此，推测上扬子地区震旦系、寒武系和志留系海相烃源岩的有机质类型也基本上是以Ⅱ型为主的，部分为Ⅰ型有机质，少数为Ⅲ型有机质。

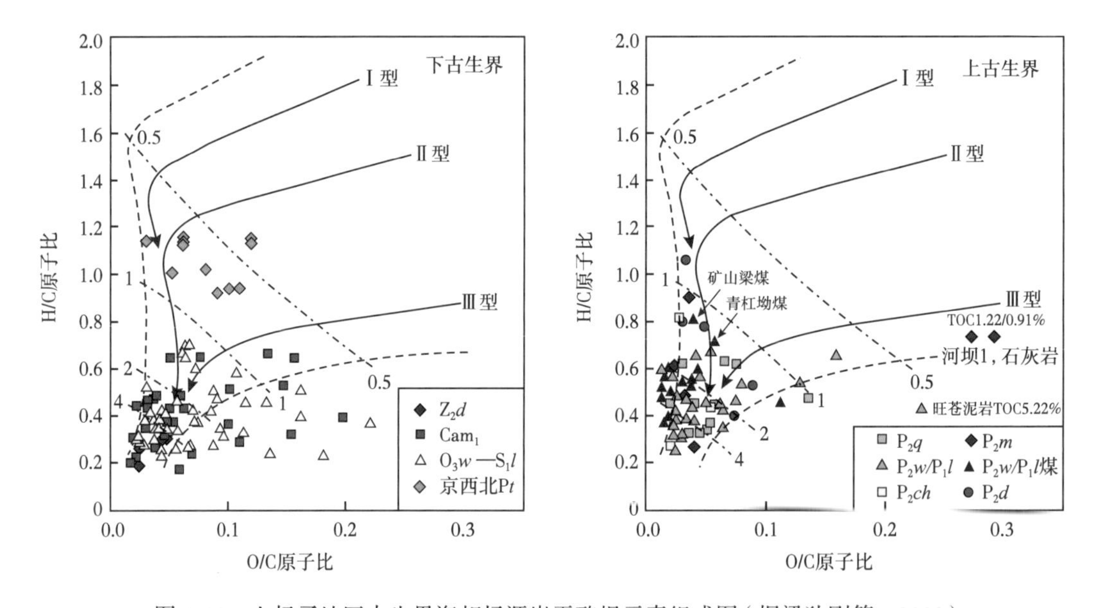

图 4-29 上扬子地区古生界海相烃源岩干酪根元素组成图（据梁狄刚等，2008）

4.2.1.2.2 烃源岩干酪根碳同位素组成特征

干酪根碳同位素也是有机质类型判识和油气源对比的重要指标。从中—上元古界到上古生界二叠系龙潭组，烃源岩干酪根的碳同位素由轻变重，非常有规律。京西北中—新元古界、上扬子地区震旦系和下寒武统烃源岩干酪根碳同位素分布在相同的范围，$\delta^{13}C$ 在 -34‰ ~-30‰之间，碳同位素组成非常轻（图 4-30）。上扬子地区上奥陶统—下志留统烃源岩干酪根碳同位素明显比下寒武统偏重一些，主要分布在 -31‰ ~-28‰之间（图 4-31）。

通常认为碳同位素 $\delta^{13}C$ 小于 -29‰属于Ⅰ型有机质，-29‰ ~-25‰之间属于Ⅱ型有机质，大于 -25‰属于Ⅲ型有机质，但是这些划分界线主要是由晚古生代与中生代、新生代烃源岩干酪根的碳同位素组成统计获得的，对于早古生代及其以前的烃源岩不一定适用。

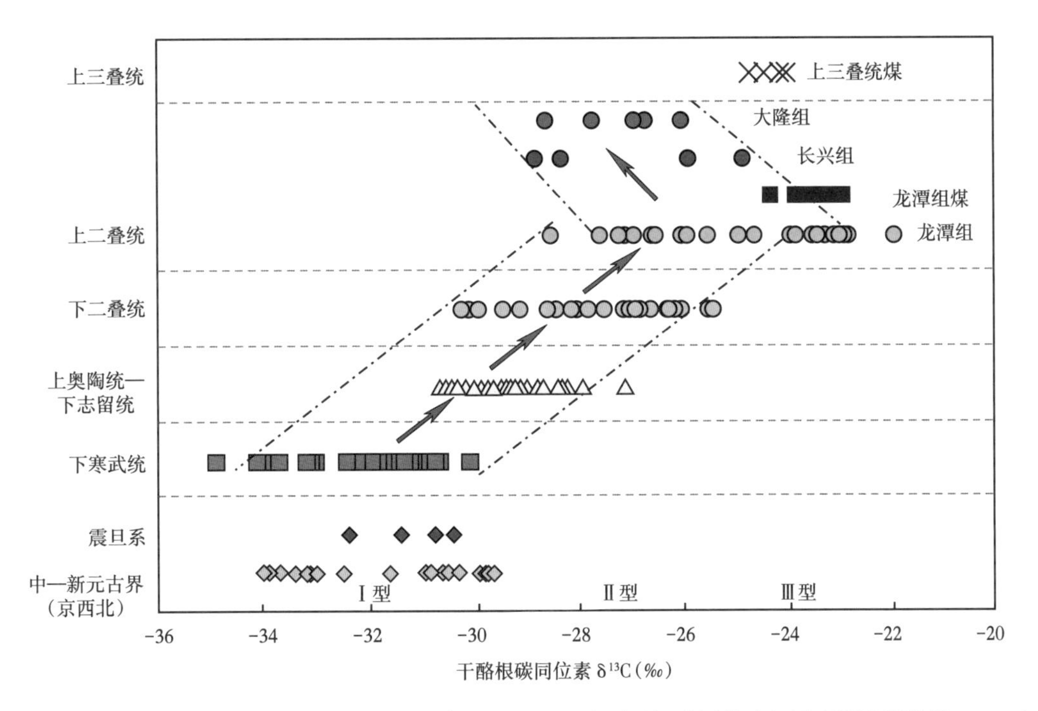

图 4-30　上扬子地区古生界和京西北新元古界海相烃源岩干酪根碳同位素组图（据梁狄刚等，2008）

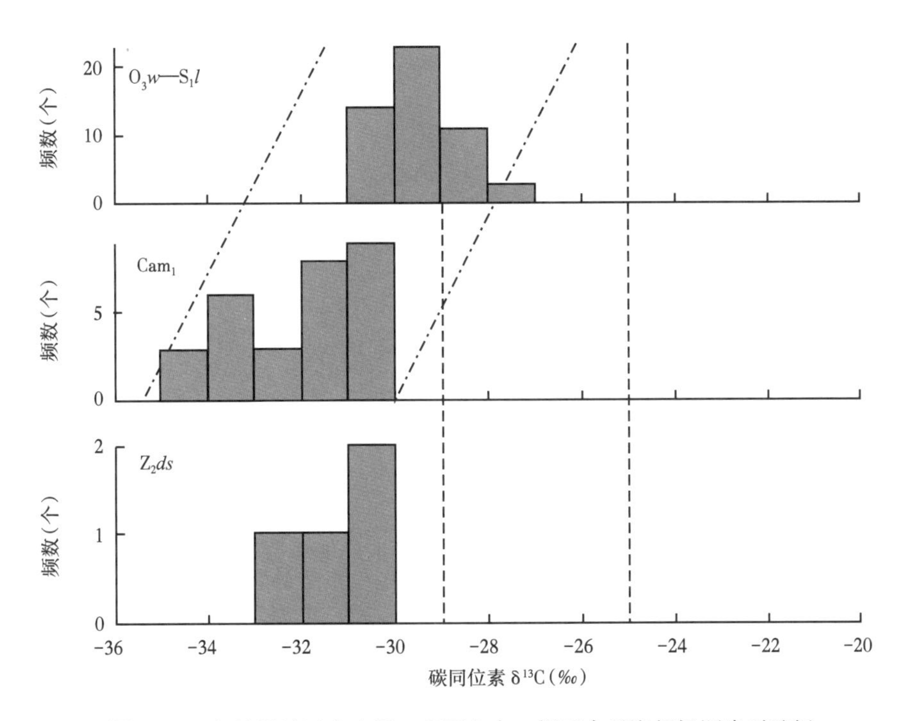

图 4-31　上扬子地区古生界—京西北中—新元古界海相烃源岩干酪根碳同位素组成分布图（据梁狄刚等，2008）

梁狄刚等（2008）认为干酪根碳同位素与烃源岩的时代有关，前寒武纪的碳同位素组成一般很轻，随着时代变新而变重。上扬子地区各时代烃源岩干酪根碳同位素组成也符合这一规律。由京西北中—新元古界（前寒武系）低成熟油页岩的元素组成可以看出，这些有机质属于Ⅱ型有机质，与通常的碳同位素组成判识是不一致的，推测寒武系和奥陶系烃源岩干酪根的碳同位素组成也可能与碳同位素组成的判识不一致。

4.2.1.2.3 烃源岩显微组分组成特征

显微组分的组成直接表达了烃源岩有机质的生源构成，在某种程度上说，它直接反映了有机质的类型。在显微组分组成中，镜质组、惰性组、腐泥组和壳质组往往是最主要的，因此，这四个组分的相对组成也就基本上反应了烃源岩有机质类型（图 4-32）。

中国南方上、中、下扬子地区震旦系、下寒武统、上奥陶统五峰组—下志留统龙马溪组（高家边组）烃源岩由于受热演化程度较高等因素的影响，总体而言，烃源岩有机质的光学性质的趋同现象比较明显，因而显微组分组成略显简单。

由于下古生界腐泥组分本身的产状和成熟度偏高的原因，薄片中所见的显微组分已呈黑色或者棕黑色，难以辨别其原始性质，其光性特征呈现与镜质组相同的性质，可鉴定的腐泥组分含量很低，其中一些样品呈现相对较高的腐泥组含量是由于将其中的一些组分确定为矿物沥青基质，并将矿物沥青基质归为腐泥组而导致的，而且矿物沥青基质也是由于无机矿物的荧光导致的假象。实际上，这些镜质组有机质应该是藻类体、菌类体，或者是藻类体、菌类体经过氧化后形成的惰质体。

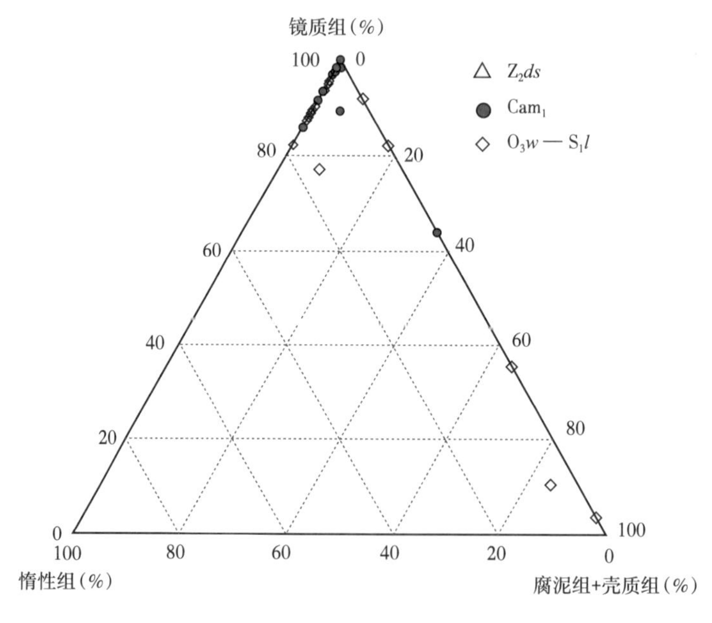

图 4-32　南方地区震旦系、下古生界海相烃源岩全岩显微组分组成图（据梁狄刚等，2008）

震旦纪、寒武纪、奥陶纪—志留纪在地球上没有高等植物，因此有机质的构成中不可能出现镜质组。中国南方地区寒武系—志留系石煤很发育，石煤储量尤以早寒武世最多，其次是晚奥陶世晚期—早志留世，形成中国地质史上第一个聚煤期。石煤即为黑色的、高含有机质、能够燃烧的岩石。这些石煤即是上扬子地区下寒武统筇竹寺组、五峰组—

龙马溪组下部的高有机质丰度的烃源岩层。在显微镜下，这些高有机质丰度烃源岩的有机显微组分中以隐结构藻类体、结构藻类体和沥青质体为主，未见任何木质结构组分，也即镜质体类。在电子显微镜下，清晰可见多种超微体和菌藻植物化石，有微粒状、椭球状、丝状等多种形态的单体及网状、枝状等群体，有时可以见到结构凝胶体和无结构凝胶体，而且还可以见到藻类等形态分子向基质过渡的中间类型，表明其有机质主要来源于菌藻类低等生物。

寒武系干酪根的扫描电镜分析显示，有机质以絮状、片状结构成分构成（图 4-33），为腐泥成分；同时见有少量块状的镜状组和惰质组成分。干酪根显微组分鉴定显示（图 4-34），这些下古生界烃源岩中有机质主要由水生生物的降解形成的腐殖无定形构成，含量大于 95%以上，镜状组和惰质组的含量很低，类型指数在 40~50 之间，属于Ⅱ型有机质。

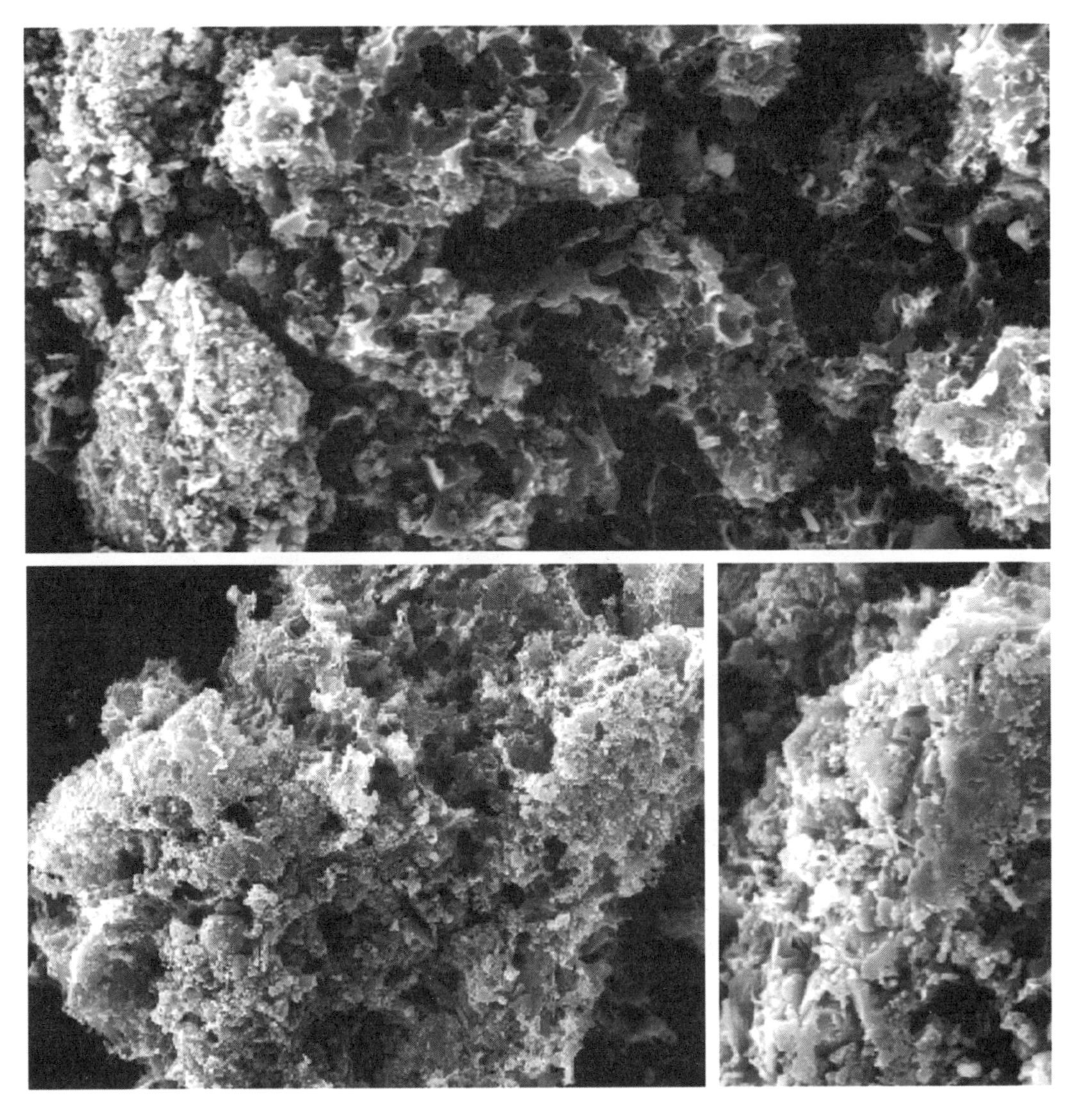

图 4-33　南方地区寒武系烃源岩扫描电镜照片（×3000 倍）

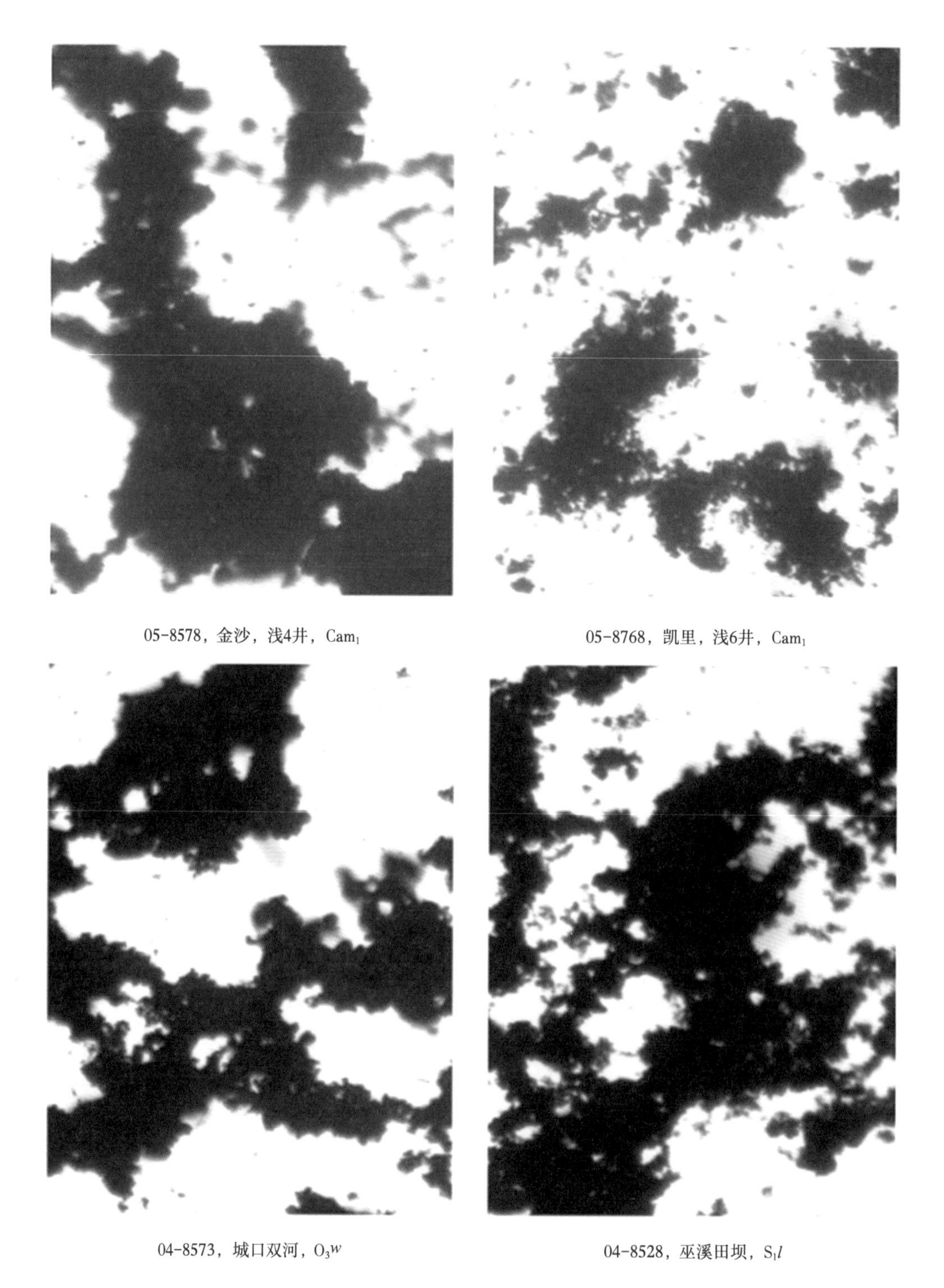

图 4-34　南方地区古生界海相烃源岩干酪根显微组分照片（据梁狄刚等，2008）

因此，综合烃源岩干酪根元素、碳同位素及显微组分特征来看，四川盆地及邻区筇竹寺组烃源岩有机质类型应该为Ⅰ—$Ⅱ_1$型。

4.2.1.3　有机质成熟度

晚志留世（420Ma），四川盆地及周缘地区筇竹寺顶部成熟度演化格局基本上围绕着加里东古隆起呈弧形展布，在川西地区，烃源岩还未进入生烃门限，生油门限平均值 R_{equ} 小于 0.5%。但在川东北、川南及湘鄂西地区，烃源岩已经普遍进入成熟生油高峰，R_{equ} 大于 0.7%，成熟度格局基本上沿着北东—南西方向展布，这与寒武系—志留系等厚图的展布是一致的。川西南地区成熟度变化较大，峨眉山地区刚刚进入生烃门限，依此往南，成熟度逐渐增大，靠近川南地区，寒武系烃源岩已经进入湿气阶段，R_{equ} 大于 1.3%。在川东和川南地区，已经普遍进入了湿气阶段，并且各存在一个成熟度中心，在成熟度中心，寒武系烃源岩顶部已经进入高成熟阶段，R_{equ} 大于 1.6%（图 4-35）。

晚二叠世末（252Ma），四川盆地寒武系筇竹寺组烃源岩成熟度演化程度进一步升高。这一时期，正是峨眉山地幔柱活动时期，由于受到强烈的烘烤加热作用，地处峨眉山地幔柱中带的川西和川西南地区，寒武系烃源岩迅速演化生烃，在 252Ma 左右 R_{equ} 即达到 1.6% 以上，局部地区甚至超过 2.6%。在其他地区，由于距离峨眉山地幔柱活动中心较远，烘烤加热作用不如川西地区、川西南地区强烈，但这一时期的高热流对寒武系烃源岩的成熟度演化的影响仍然不可忽视。在盆地持续沉降，烃源岩埋深增热的共同影响下，寒武系烃源岩的演化速度大大提高。在晚二叠世末，除了川西北绵竹局部地区和川中威远—南充一带，筇竹寺组烃源岩顶部未进入高成熟阶段外，在盆地的其他地区，寒武系烃源岩已经普遍进入了原油裂解生气阶段，在川东盆地边缘及湘鄂西地区，筇竹寺组的 R_{equ} 超过 2.6%，达到了干气阶段（图 4-36）。

晚三叠世末（201Ma），四川盆地下寒武统烃源岩成熟度演化格局发生变化，仅川中和川西北局部地区处于成熟晚期阶段，四川盆地绝大部分地区已经进入了过成熟演化阶段，川北地区筇竹寺组顶部的 R_{equ} 在 1.2%~1.8% 之间，川东地区 R_{equ} 在 1.6%~3.8% 之间，川南地区热演化程度更高，R_{equ} 普遍达到 3.0%~4.0%（图 4-37）。

晚侏罗世末（164Ma），四川盆地筇竹寺组烃源岩顶部已经全部达到过成熟演化阶段，除了川西北绵阳一带局部地区 R_{equ} 在 2.5%~3.0% 之外，其他地区 R_{equ} 全部在 3.0% 以上。此时，四川盆地及周缘湘鄂西地区筇竹寺组烃源岩存在三个成熟度中心，分布在川西坳陷、川西南—川南地区和川东地区，成熟度中心筇竹寺组顶部的 R_{equ} 在 3.6% 以上（图 4-38）。

晚侏罗世至今，川中地区筇竹寺组烃源岩进一步演化，R_{equ} 达到 4.0% 以上，将先前川西坳陷和川东地区两个成熟度中心连成一片，形成一个北西—南东向的高成熟度带。此外，川东及川南地区 R_{equ} 也进一步增大，逐渐逼近 4.5% 的生烃死限。盆地其他地区，除了威远—资阳、黔北及鄂西地区筇竹寺组顶部的 R_{equ} 小于 4.0% 以外，盆地内绝大部分地区 R_{equ} 都已经在 4.0% 以上（图 4-39）。

4.2.1.4　生烃强度分布特征

筇竹寺组烃源岩生烃强度大、受烃源岩厚度和有机质丰度的控制，不同构造区生烃潜力差异明显（图 4-40）。筇竹寺组累计生烃强度主要分布在 10×10^8~$130\times10^8m^3/km^2$ 之间，不同构造区变化大，有四个主要的生烃强度中心：德阳—安岳生烃中心、剑阁—通江生烃中心、城口—开县生烃中心和五峰—秀山生烃中心，累计生烃强度大于 $40\times10^8m^3/km^2$；川中、川西南及川东地区，生烃强度相对较小，主要在 10×10^8~$40\times10^8m^3/km^2$ 之间。

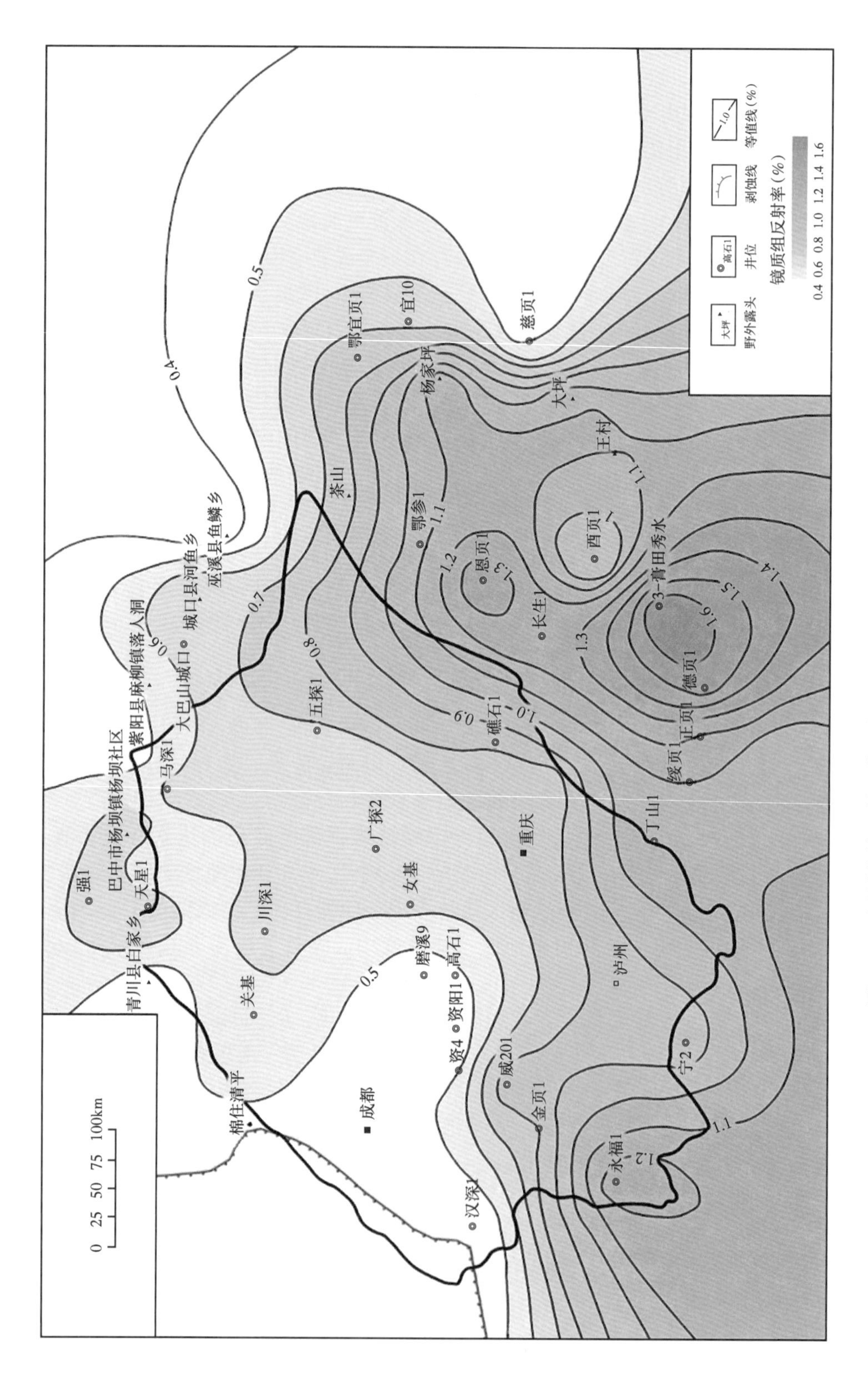

图4-35 四川盆地及其周缘下寒武统筇竹寺组志留纪末期烃源岩成熟度分布图

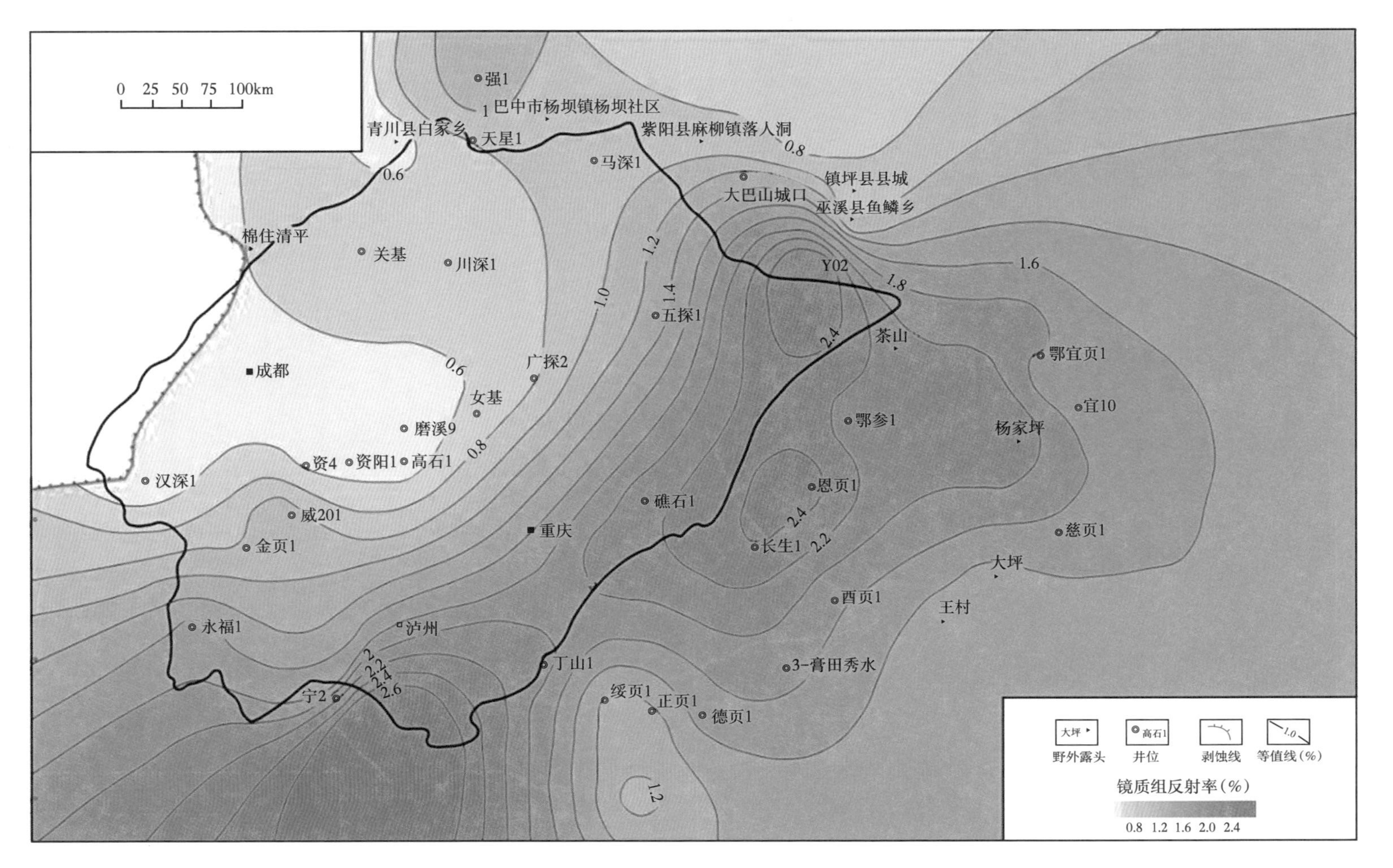

图4-36　四川盆地及其周缘下寒武统筇竹寺组二叠纪末期烃源岩成熟度分布图

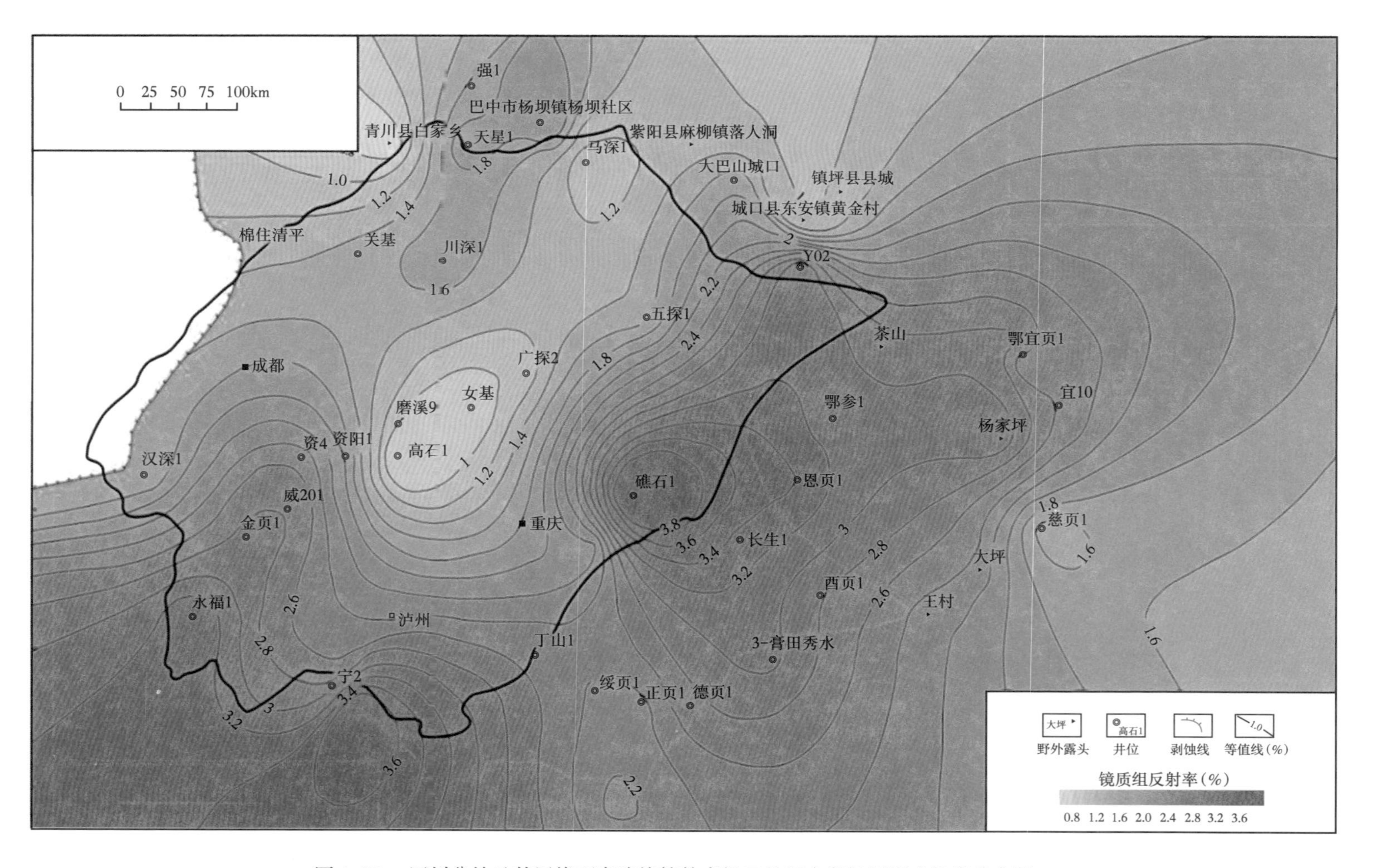

图4-37　四川盆地及其周缘下寒武统筇竹寺组三叠纪末期烃源岩成熟度分布图

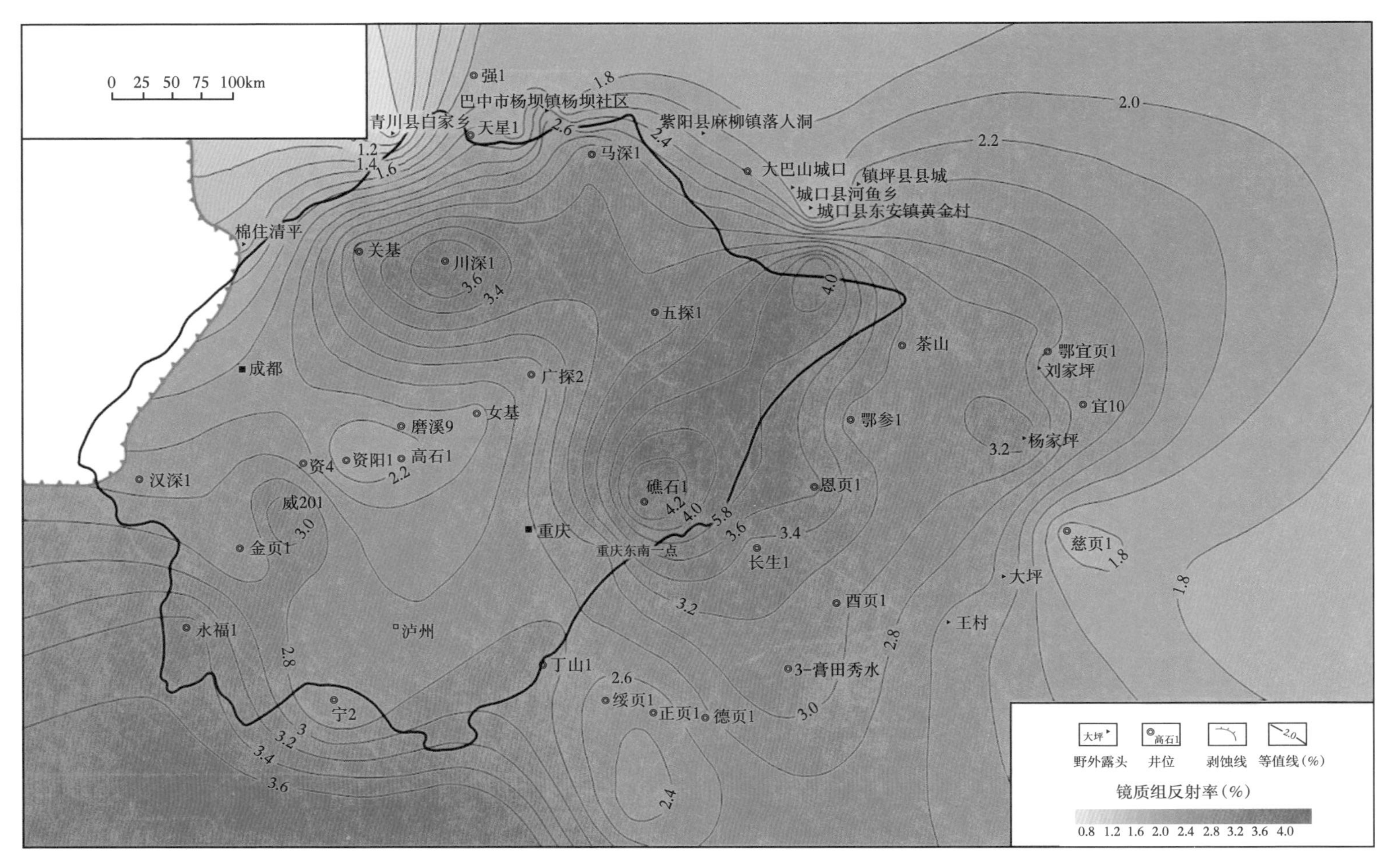

图 4-38　四川盆地及其周缘下寒武统筇竹寺组侏罗纪末期烃源岩成熟度分布图

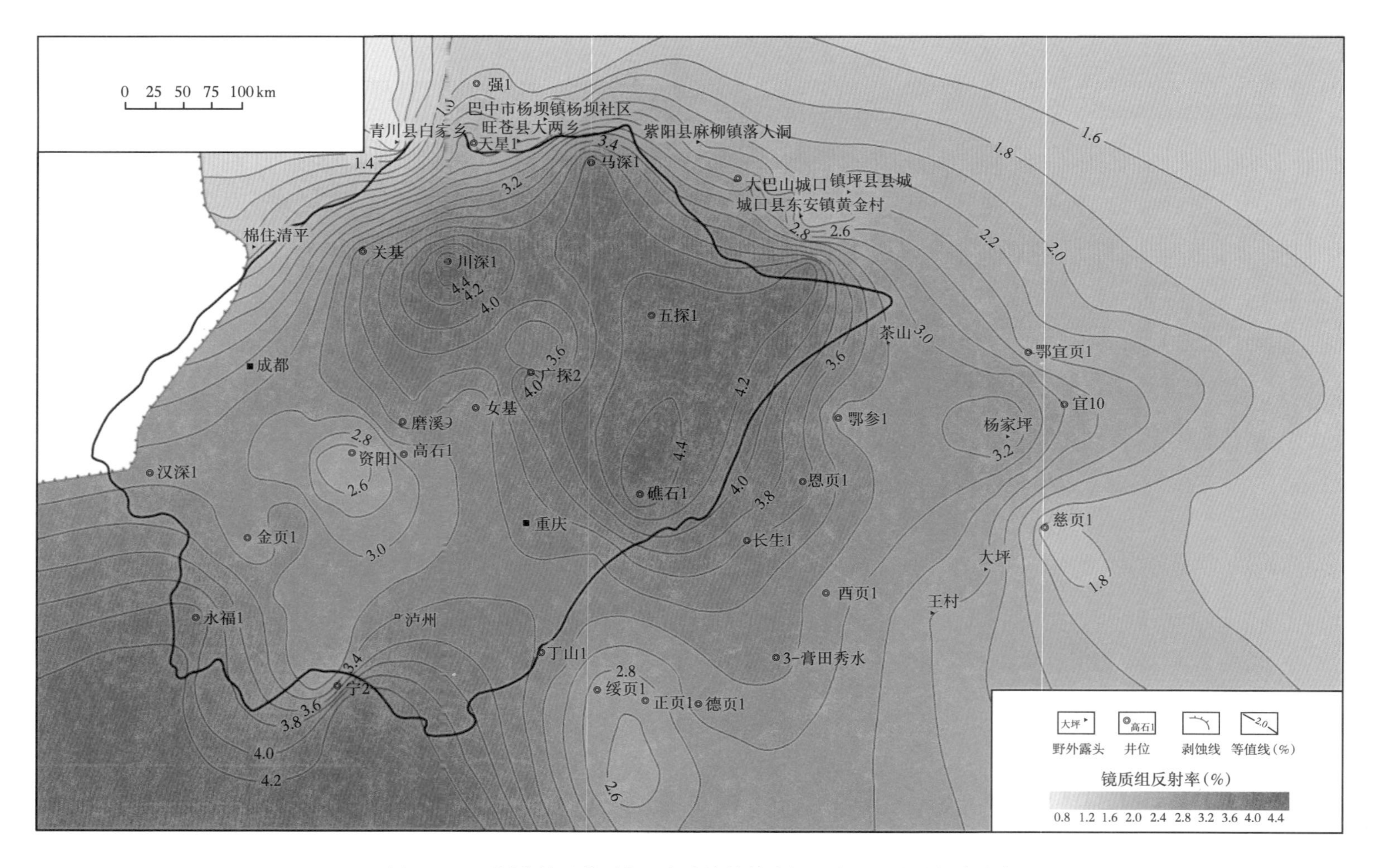

图4-29　四川盆地及其周缘下寒武统筇竹寺组现今烃源岩成熟度分布图

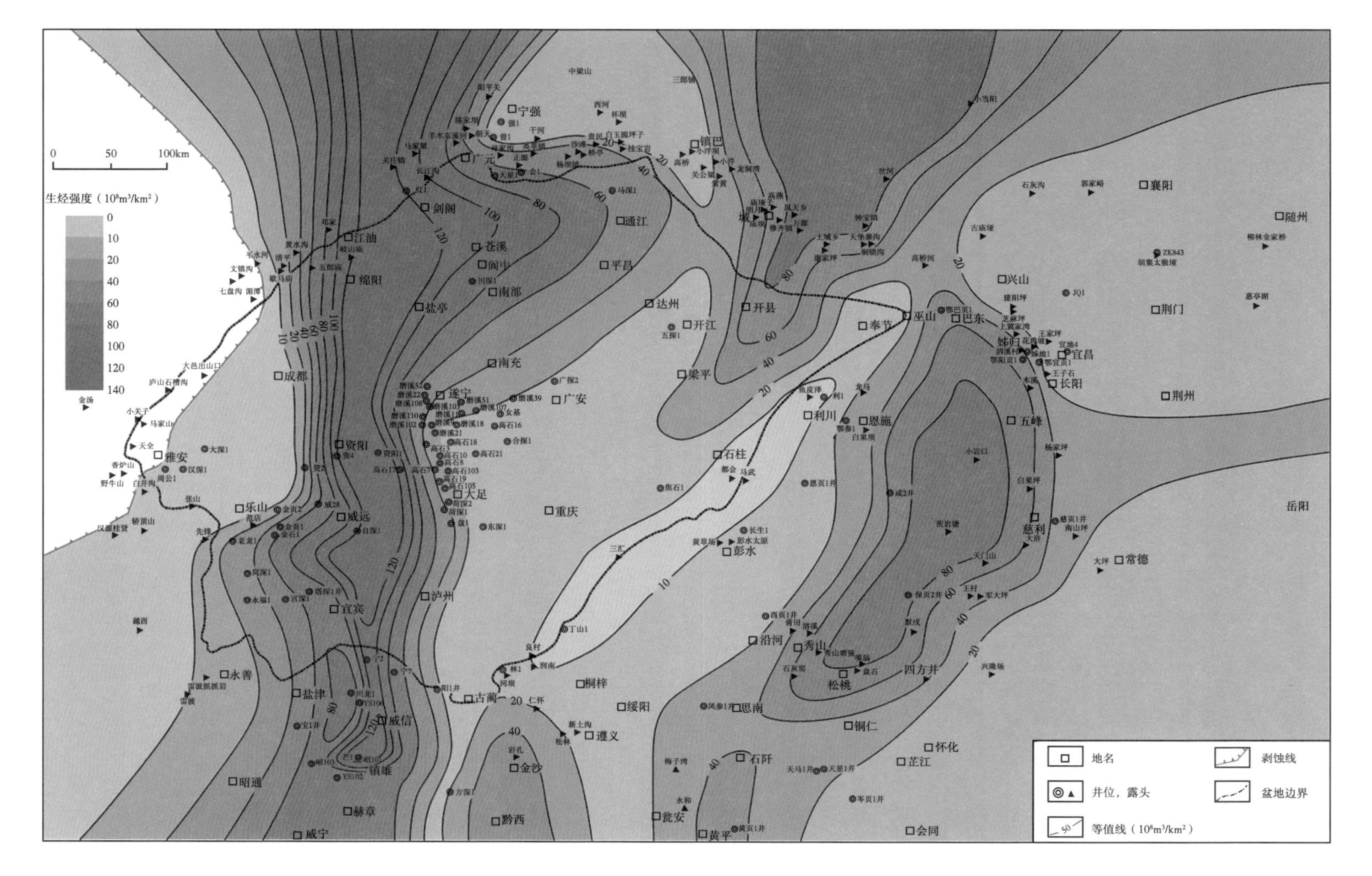

图 4-40　四川盆地及邻区下寒武统筇竹寺组生烃强度分布图

4.2.2 志留系烃源岩

4.2.2.1 有机质丰度及烃源岩分布

4.2.2.1.1 有机质丰度

基于大量的钻井和露头样品 TOC 分析，明确了四川盆地及邻区五峰组—龙马溪组烃源岩段（TOC > 0.5%）和优质烃源岩段（TOC > 2.0%）的有机质丰度分布（图 4-41）。从平面分布来看，四川盆地及邻区五峰组—龙马溪组烃源岩有机质丰度虽然在不同地区存在一定的差异，但总体上比较高，且平面上分布较有规律。高有机质丰度的烃源岩主要发育分布在川中古隆起、黔中古隆起、汉南古陆及江南雪峰古隆起等几大古隆起所围限的深水陆棚区，向古隆起方向 TOC 逐渐降低至 0.5% 以下。大致存在长宁—宜宾—泸州、石柱—彭水—来风、巫溪—开县—开江、宜昌—荆门等几个高值区；而川中东部广安—重庆，川东南南川—桐梓，鄂西利川—恩施、鹤峰—五峰—长阳等地区尽管烃源岩厚度较大，单有机质丰度相对要低，优质烃源岩厚度也较薄。总体上看，四川盆地东部及其周缘五峰组—龙马溪组烃源岩很发育，有机质丰度最高、生烃潜力大，是一套优质烃源岩。

4.2.2.1.2 连井剖面对比

盆地东缘和盆地中部北东—南西向连井剖面、盆地北部近东西向连井剖面等三条格架剖面对比显示，五峰组—龙马溪组烃源岩 TOC 纵向上总体表现为有底部向上部逐渐降低的趋势（付小东，2019）。各亚段有机质丰度差异明显，其中龙一$_1$亚段有机质丰度最高，1518 个样品 TOC 均值达 2.75%，烃源岩样品占比达 99%，TOC 平均值达 2.78%，烃源岩中优质烃源岩占 65%，是优质烃源岩最主要发育层段。龙一$_2$亚段 924 个样品 TOC 均值 1.12%，烃源岩样品占比 62%，TOC 平均值为 1.67%，烃源岩中优质烃源岩占 29%。龙二段 1018 个样品 TOC 均值 0.88%，烃源岩占比 50%，TOC 平均值为 1.67%，烃源岩中优质烃源岩占 12%，龙二段优质烃源岩欠发育（付小东，2019）。

4.2.2.1.3 平面分布特征

上奥陶统五峰组和下志留统龙马溪组在上扬子地区基本上为连续沉积，可以作为一套烃源岩层系。该套地层在上扬子地区是非常重要的一套烃源岩，以往虽然也有人量研究，但是由于过去盆地内揭示该套烃源岩的探井较少，在烃源岩段取心更少，因此研究工作大多依赖于露头剖面，对盆地内部该套烃源岩的分布认识并不清楚。近年来随着深层油气勘探和页岩气勘探的蓬勃发展，盆地内部和外围钻揭该套烃源岩的钻井大量增加，多数页岩气井针对五峰组—龙马溪组下部地层进行了连续取心。同时在盆地内川北—川东北的无井少井区也部署了多块三维地震。

资料的极大丰富为精细研究五峰组—龙马溪组不同品质烃源岩厚度分布提供了基础和可能性，因此，本书对四川盆地内部和周缘 90 余口常规探井和页岩气井，盆地外围 20 余条剖面进行系统密集的集采样分析和前人数据收集整理，厘定了不同品质烃源岩厚度。在此基础上针对不同地区建立 TOC 测井评价模型，对 100 余口井进行了 TOC 测井评价；针对川北、川西北和川东北等无井和少井区，利用三维、二维地震对 TOC 大于 2.0% 的优质烃源岩段地层厚度进行了反演预测。

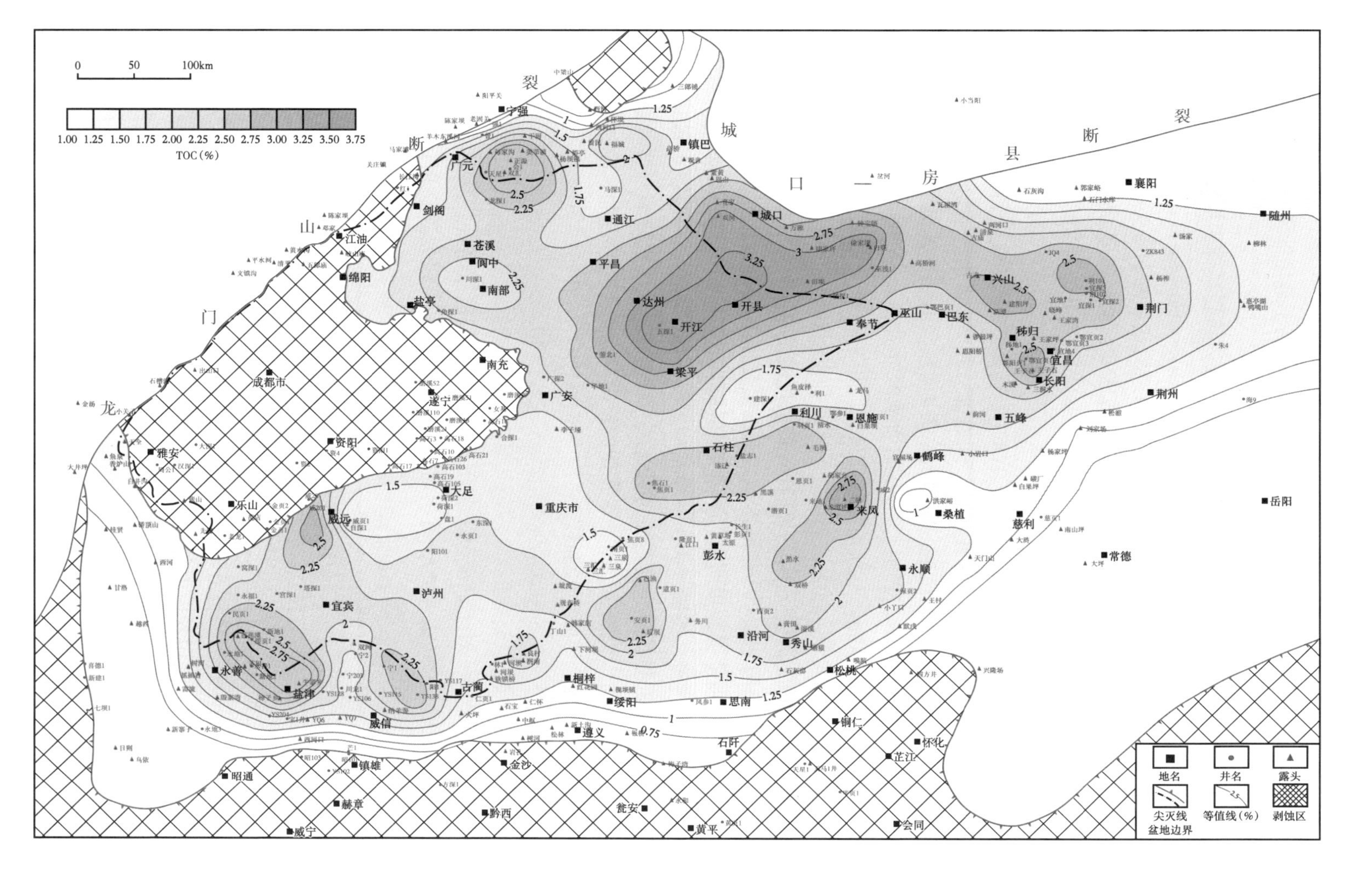

图4-41　四川盆地及邻区五峰组—龙马溪组烃源岩段TOC平面分布图

基于上述资料，按照 TOC > 0.5%（烃源岩总厚）刻画了五峰组—龙马溪组不同品质烃源岩平面分布，落实了规模源灶中心位置。

上奥陶统五峰组—下志留统龙马溪组烃源岩中—上扬子地区非常重要的一套烃源岩，以往也曾多次编制过其厚度分布图。赵宗举等（2001）认为该地区下志留统龙马溪组烃源岩的最大厚度在 600~700m 以上，梁狄刚等（2008）认为该套烃源岩厚度主要在 20~120m 之间，主要分布在蜀南宜宾—泸州，以及盆地东部巫溪—石柱—綦江一带，在川北、川中和川西南地区基本不发育烃源岩（< 20m）。本书通过大量钻井和露头实测数据标定来看，五峰组—龙马溪组这套烃源岩既非像前人部分学者研究的那样厚度 600~700m，也非像梁狄刚等（2008）研究的薄至 120m，长宁—昭通地区 YS106 井、宁 203 井，川东石柱 1 井等最大厚度可达 200m 左右。

四川盆地及邻区五峰组—龙马溪组 TOC 大于 0.5% 的有效烃源岩总厚度分布在 15~250m 之间，分布范围广泛，存在川北、川东北、川东、蜀南—滇北地区等多个厚度中心，但不同地区烃源岩总厚存在一定差异（图 4-42）。蜀南—滇北地区永善—盐津—宜宾—泸州一带厚 30~200m，其中长宁—昭通地区 YS106、宁 203 井等少数钻井厚达 250m；川东一带厚 45~200m，石柱 1 井厚度最大。川东北开江—开县—巫溪—奉节一带厚 50~100m。值得注意的是，过去认为川北地区龙马溪组烃源岩不发育，通过钻井和地震反演综合分析，预测川北阆中—平昌—通江一带仍规模发育五峰组—龙马溪组烃源岩，厚 30~120m。鄂西地区荆门—随州一带厚度也较大，主要在 30~120m 之间。

川西北广元—陕南宁强，川西南、黔北和湘鄂西地区厚度相带较薄，一般小于 45m；尤其是中—上扬子东南缘、绥阳—秀山—桑植—五峰—秭归—宜昌一线以东和以南的广大地区，受早期沉积相带和后期地层剥蚀的影响，五峰组—龙马溪组烃源岩厚度减薄至 15m 以下。而川中—川西的广大地区，受加里东期的乐山—龙女寺古隆起的影响，五峰组—龙马溪组全部被剥蚀，现今不发育烃源岩。

4.2.2.2 有机质类型

4.2.2.2.1 有机质元素组成

国外大量研究表明，对于低成熟海相沉积烃源岩中有机质而言，其干酪根的 H/C 原子比一般在 1.2~1.35 之间（表 4-2），有机质类型一般为Ⅱ型，仅极少数为Ⅰ型。中—上扬

表 4-2 典型未熟烃源岩Ⅱ型干酪根 H/C 原子比

烃源岩	H/C 原子比	文献
Bone Valley phosphate，Florida	1.2~1.25	T G Powell 等（1975）
Kingak Shale，Alaska	1.2~1.3	Leslie Magoon 等（1984），R Burwood 等（1988）
Kimmeridgian Clay，North Sea	1.22~1.35	B G Jones 等（1987）
Monterey Shale，California	1.2~1.4	Barry J Katz 等（1983），Wilson L Orr（1986），K E Peters 等（1990）
Tuwaiq Mountain，Middele East	1.2~1.4	F W Jones（1985）

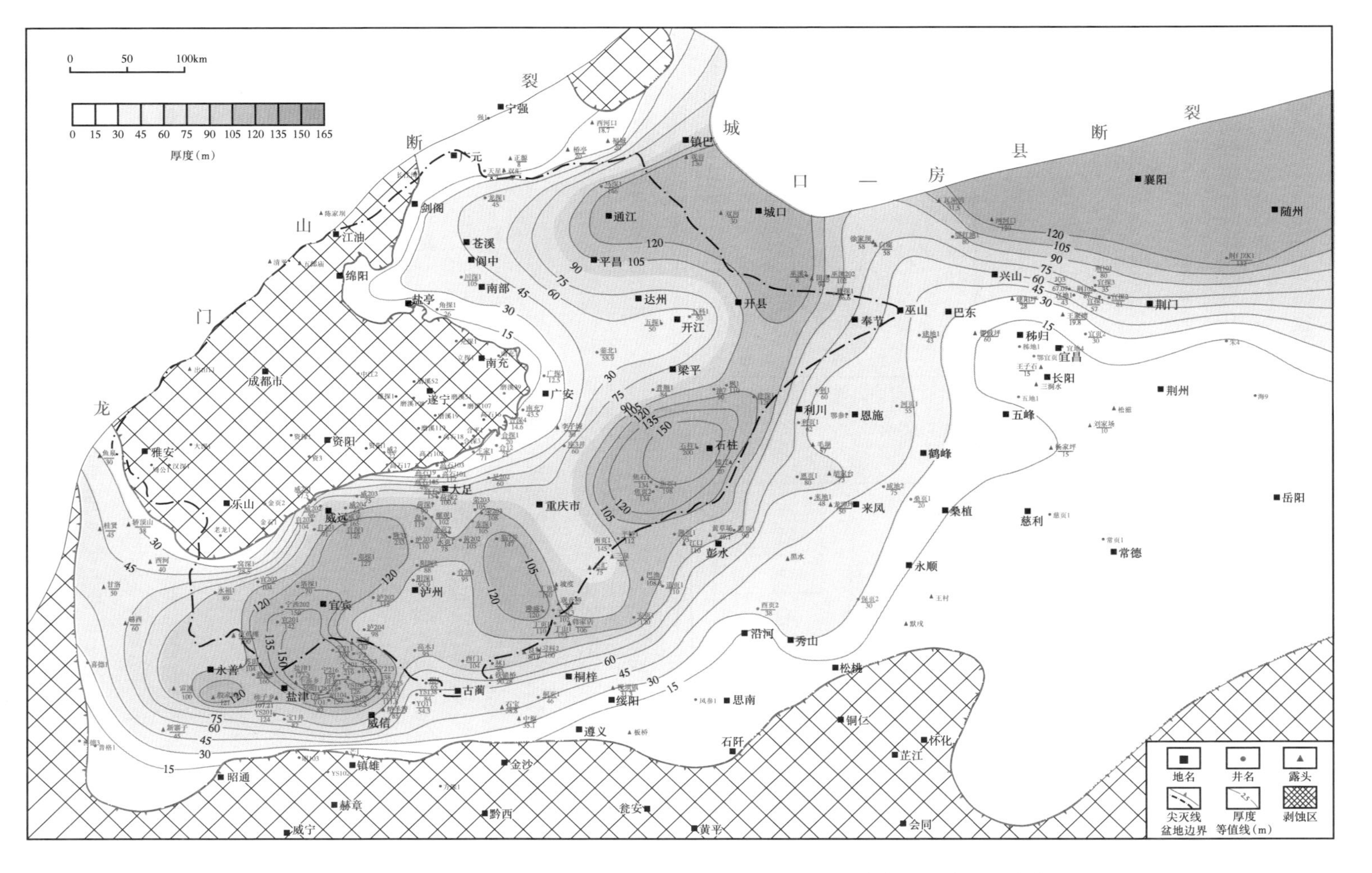

图 4-42　四川盆地及邻区五峰组—龙马溪组TOC大于0.5%有效烃源岩平面分布图

子地区奥陶系—志留系烃源岩干酪根H/C原子比也基本上在0.7以下，O/C原子比基本均在0.1以下（图4-43），难以区分其原始有机质的类型，这主要是因为奥陶系—志留系烃源岩现今成熟度过高所致。尽管五峰组—龙马溪组部分样品点仍然处于镜质组反射率在0.5%~1.0%之间，处于Ⅲ型有机质分布区域，这实际上是由于干酪根样品中氧含量偏高导致的结果。导致干酪根中氧含量偏高的原因可能是干酪根在沉积时受到氧化或者出露地表后遭受了氧化，或者是干酪根处理过程中含氧无机矿物没有去除干净。

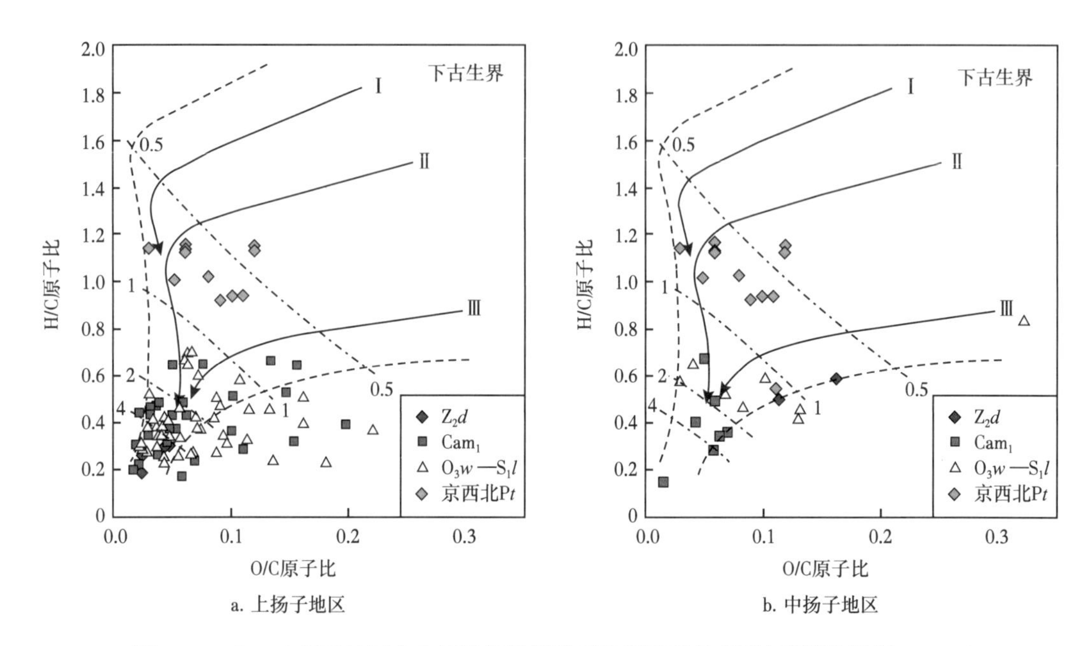

图 4-43　上—中扬子地区古生界海相烃源岩干酪根元素组成图（据梁狄刚等，2008）

4.2.2.2.2　干酪根与可溶有机质碳同位素组成特征

干酪根碳同位素是有机质类型判识和油气源对比的重要指标，通常认为碳同位素$\delta^{13}C$小于-29‰属于Ⅰ型有机质，-29‰~-25‰之间属于Ⅱ型有机质，大于-25‰属于Ⅲ型有机质。四川盆地及邻区奥陶系—志留系不同层位烃源岩干酪根碳同位素总体较轻，但各层位主要分布范围有一定差异（图4-44）。志留系韩家店组与小河坝组干酪根$\delta^{13}C$分布在-30.59‰~-25.85‰之间，平均27.87‰；龙马溪组干酪根$\delta^{13}C$分布范围较广，在-34.01‰~-25.37‰之间变化，主要在-31‰~-28‰之间，平均29.34‰。奥陶系五峰组主要分布在-30.63‰~-26.02‰之间，平均-29.64‰；奥陶系湄潭组则分布在-34.38‰~-26.6‰之间，平均-31.2‰。从湄潭组至韩家店组，同位素值具有变重的趋势，有机质类型可能逐渐变差。

单从干酪根碳同位素分布来看，奥陶系—志留系各层位烃源岩有机质类型主要为Ⅰ—Ⅱ型。碳同位素$\delta^{13}C$划分界线主要是由晚古生代与中生代、新生代烃源岩干酪根的碳同位素组成统计获得的，对于早古生代及其以前的烃源岩不一定适用。干酪根碳同位素与烃源岩的时代有关，前寒武纪的碳同位素组成一般很轻，随着时代变新而变重（O H Welte，1975），上扬子地区各时代烃源岩干酪根碳同位素组成也符合这一规律。梁狄刚等（2008）对京西北中—新元古界（前寒武系）低成熟油页岩的元素组成进行研究认为这些有机质属于Ⅱ型有机质，与通常的碳同位素组成判识是不一致的，进而推测寒武系和奥陶系烃源岩干酪根的碳同位素组成也可能与碳同位素组成的判识不一致，因而湄潭组、五峰组甚至龙马溪组烃源岩有机质类型可能主要为$Ⅱ_1$型而非Ⅰ型。

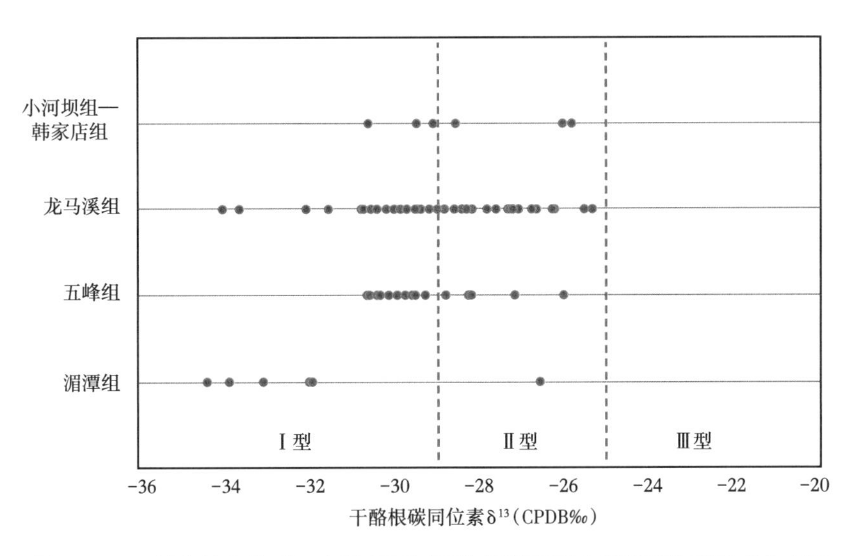

图 4-44　四川盆地奥陶系—志留系不同层位烃源岩干酪根碳同位素组成分布图

平面上，不同地区钻井 / 剖面五峰组—龙马溪组烃源岩干酪根碳同位素组成分布也存在差异（图 4-45），部分钻井如马深 1、阳 1 和 YS128 等井干酪根碳同位素相对其他钻井明显偏重。

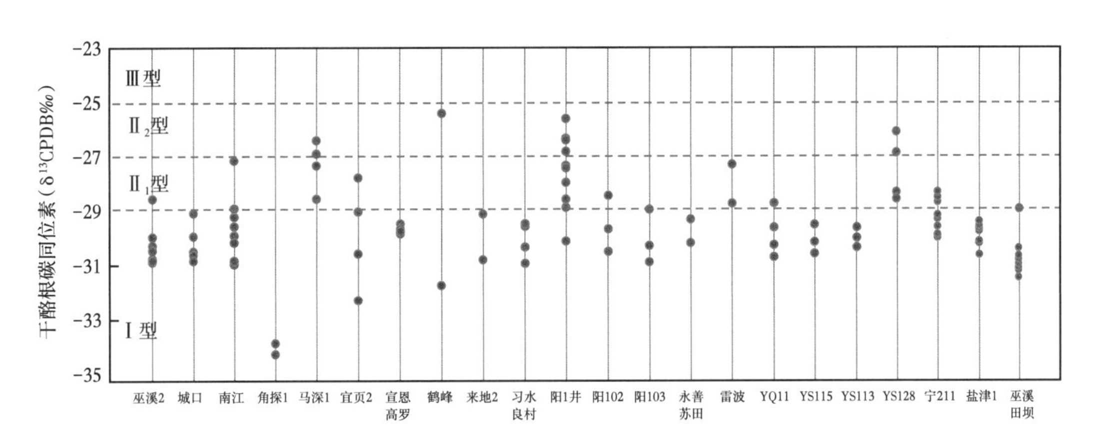

图 4-45　四川盆地及邻区五峰组—龙马溪组钻井 / 剖面干酪根碳同位素分布图

对盐津 1、阳 1、宁 201 和巫溪 2 等几口井奥陶系五峰组和志留系龙马溪组干酪根碳同位素进行了较系统的分析（图 4-46），前人对宜昌王家湾剖面五峰组也进行了系统的分析（4-51）。可以看出，五峰组—龙马溪组碳同位素纵向上呈现规律性变化。五峰组干酪根碳同位素存在两次正漂移，由五峰组—志留系底部，碳同位素明显变轻；龙马溪组由底至顶，碳同位素呈现“正漂”趋势。

前人通过对宜昌王家湾剖面的$\delta^{13}C$的研究认为，中国南方晚奥陶世阿什及尔期和赫南特亚期的海平面变化存在两次明显海退：一次发生于 P. sinensis 带，另一次发生于 D. mirus 带之底到 N. ojsuensis 带，五峰组干酪根碳同位素两次“正漂”移就与两次海退有关。第二次海退规模大，与古冈瓦纳超大陆冰川作用有关（王传尚等，2003），五峰组上部观音桥段的发育与此冰期有关（图 4-46）。

龙马溪组干酪根碳同位素由底至顶总体呈现出偏重趋势，可能也与海平面下降，导致沉积环境由早期的深水陆棚演变为浅水陆棚，导致成烃生物组成发生变化有关。

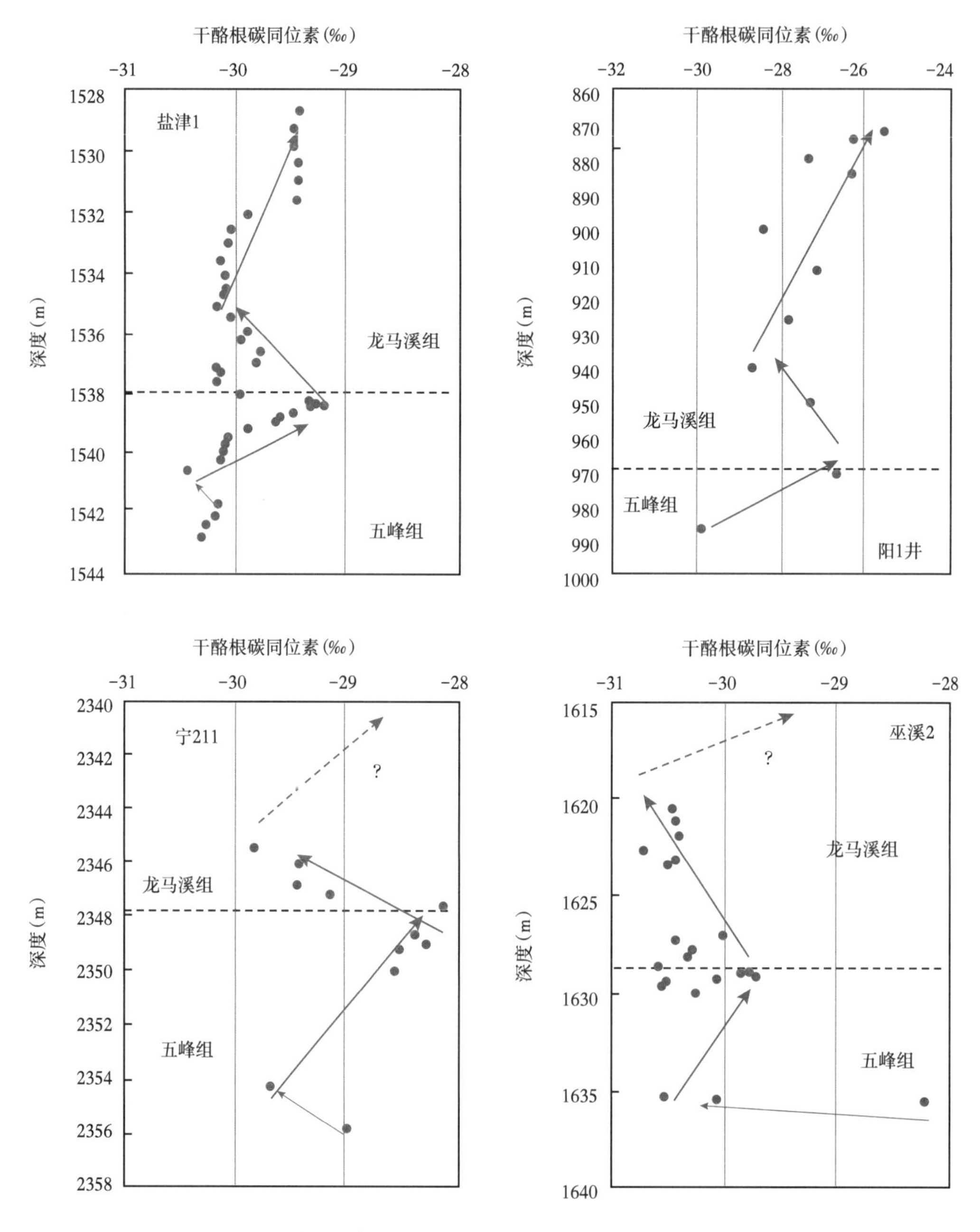

图 4-46　四川盆地及邻区龙马溪组烃源岩干酪根碳同位素纵向变化特征

不同时代烃源岩抽提物的碳同位素组成具有很好的规律性。中—新元古界烃源岩抽提物碳同位素组成最轻，$\delta^{13}C$ 在 −33.5‰ ~−30‰之间。上扬子地区震旦系、下寒武统、上奥陶统—下志留统之间的差异不大，五峰组 $\delta^{13}C$ 在 −30‰ ~−28‰之间，龙马溪组 $\delta^{13}C$ 较五峰组略重，主要在 −29‰ ~−27.5‰之间（图 4−47、图 4−48），明显重于上古生界及三叠系各层位烃源岩抽提物。

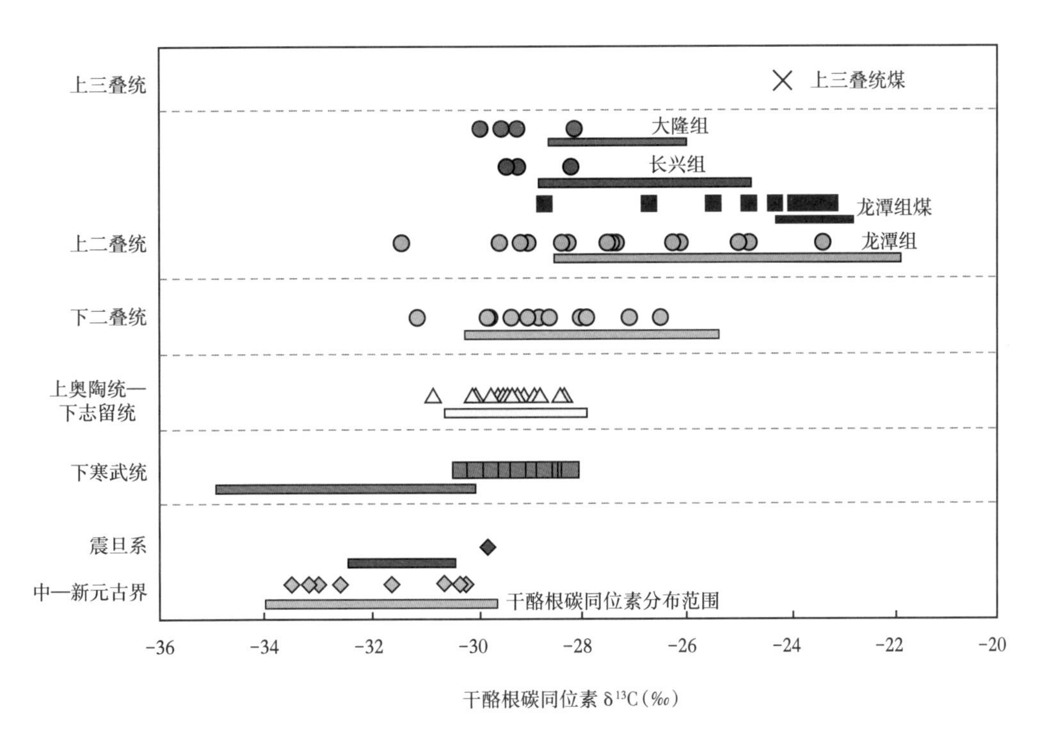

图 4−47　四川盆地及邻区震旦系、下古生界烃源岩抽提物碳同位素组成分布

五峰组—龙马溪组烃源岩抽提物中饱和烃、芳烃、非烃和沥青质等不同组分 $\delta^{13}C$ 分布也存在一定差异，总体而言芳烃 $\delta^{13}C$ 最重，主要分布在 −29‰ ~−26‰之间；饱和烃组分其次，主要在主要分布在 −29‰ ~−27‰之间；非烃和沥青质 $\delta^{13}C$ 分布则相对较宽，主要分布在 −30‰ ~−27‰之间。

4.2.2.2.3　显微组分组成

显微组分的组成直接表达了烃源岩有机质的生源构成，在某种程度上说，它直接反映了有机质的类型。在显微组分组成中，镜质组、惰性组、腐泥组和壳质组往往是最主要的，因此，这四个组分的相对含量也就基本上反应了烃源岩有机质类型。

对四川盆地及邻区奥陶系—志留系各层位烃源岩有机显微组分进行分析统计，结果显示，各层位烃源岩有机质均以腐泥组或壳质组为主（表 4−3、图 4−49），二者之和一般都在 65% 以上，表明有机质类型较好，生油能力强；镜质组含量较高，小河坝组烃源岩中平均占比达 36.9%，龙马溪组则为 16.12%，五峰组为 25.9%，奥陶系湄潭组等其他层系则为 27.8%。惰质组含量较低，一般低于 20%。各层位烃源岩有机质类型指数分布较广，从 5~95 均有分布，表明其有机质类型从 Ⅰ—$Ⅱ_2$ 型均发育。

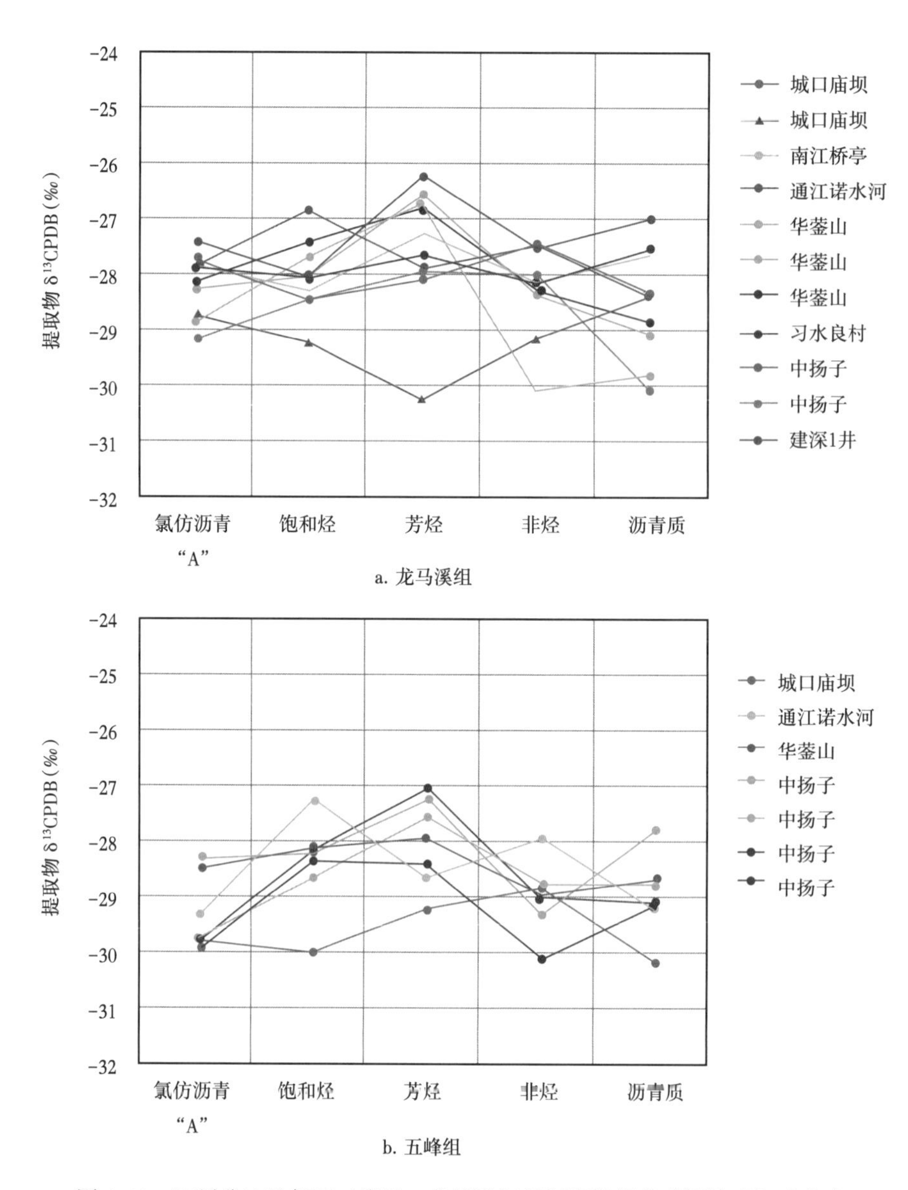

图 4-48 四川盆地及邻区五峰组—龙马溪组烃源岩抽提物碳同位素组成分布

表 4-3 四川盆地及邻区奥陶系—志留系各层位烃源岩有机显微组分统计表

地层	腐泥组(%)	壳质组(%)	镜质组(%)	惰质组(%)
小河坝组	51.3~69.7/62.1①	0.3~0.7/0.37	29.7~47.3/36.9	0.3~1.7/0.69
龙马溪组	0.63~99/68.64	0.3~86/43.1	1~58.23/16.12	0.3~49/18.4
五峰组	0.98~95/30.8	0~80.9/44.63	5~67.2/25.9	0.6~17/3.2
奥陶系其他层系	68~75.3/71.7		24.3~31.3/27.8	0.3~0.7/0.4

①表示范围 / 平均值。

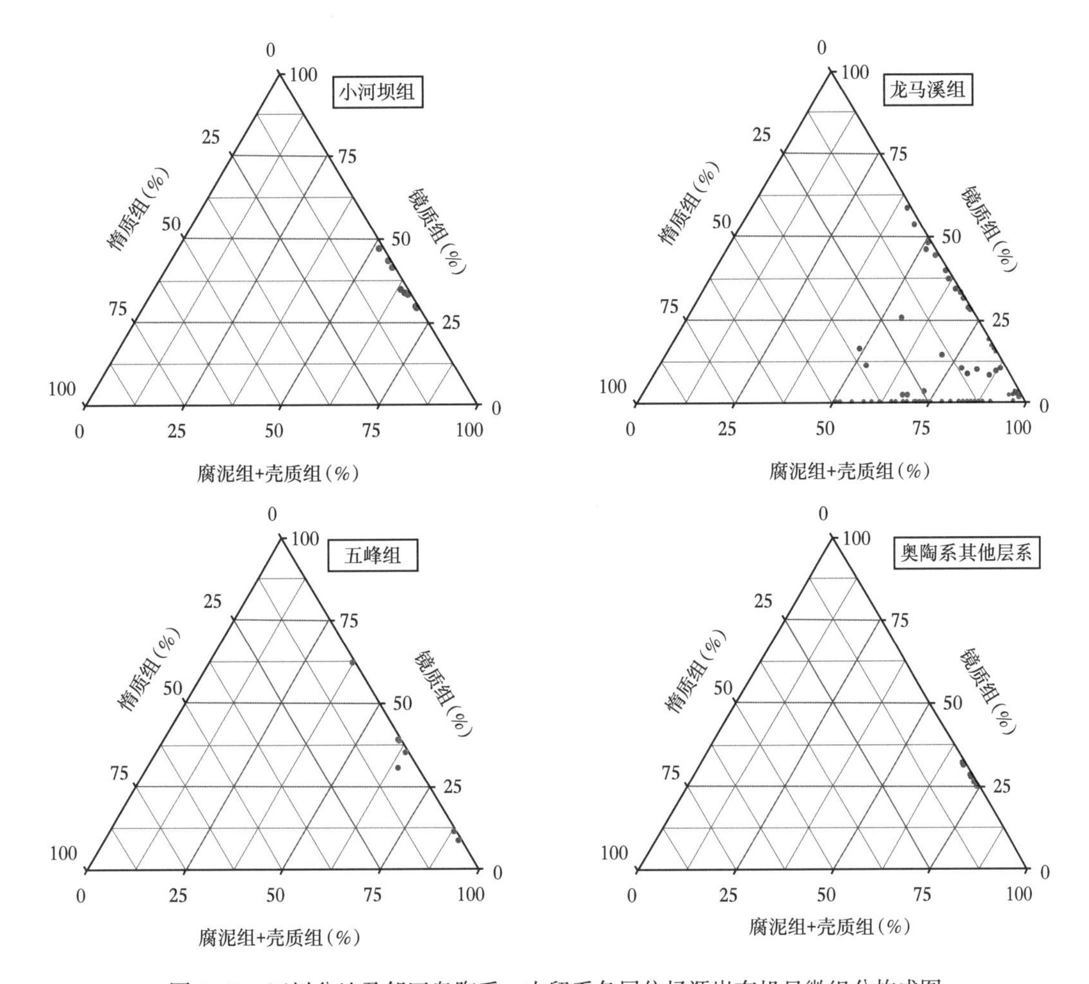

图 4-49　四川盆地及邻区奥陶系—志留系各层位烃源岩有机显微组分构成图

4.2.2.3　有机质成熟度

由于强烈的剥蚀作用，川西低陡构造区无志留系出露，川中低平构造区志留系出露面积少，因此未对川中低平构造区和川西低陡构造区的志留系龙马溪组烃源岩进行研究。

晚加里东末期，四川盆地龙马溪组烃源岩成带分布，在重庆—合江—宜宾一带以东基本处于低成熟阶段，R_o 分布在 0.5%~0.7% 之间，川东部和川南部边缘地区达到中成熟阶段，R_o 大于 0.7%，重庆—合江—宜宾一带以西处于未成熟阶段，R_o 基本低于 0.5%（图 4-50）。

早印支期，四川盆地龙马溪组烃源岩快速成熟，川东高陡构造区重庆—梁平—开县东部地区，龙马溪组烃源岩进入成熟阶段，R_o 分布在 0.9%~1.5% 之间，川东部分区域达到高成熟度，R_o 分布在 1.3%~1.5% 之间，宜宾—泸州以南地区，烃源岩处于成熟阶段，R_o 分布于 0.9%~1.4% 之间，沿大足—广安—达州一带，烃源岩成熟度为 0.7%~0.9%，达到成熟阶段，除乐山南部地区，其余地区烃源岩也都已经进入了低成熟阶段，R_o 分布在 0.5%~0.7% 之间（图 4-51）。

晚印支期，四川盆地龙马溪组烃源岩成熟度基本不变，由于晚印支期（208—195Ma），地层抬升接受剥蚀，成熟度不再增加，生烃停止（图 4-52）。

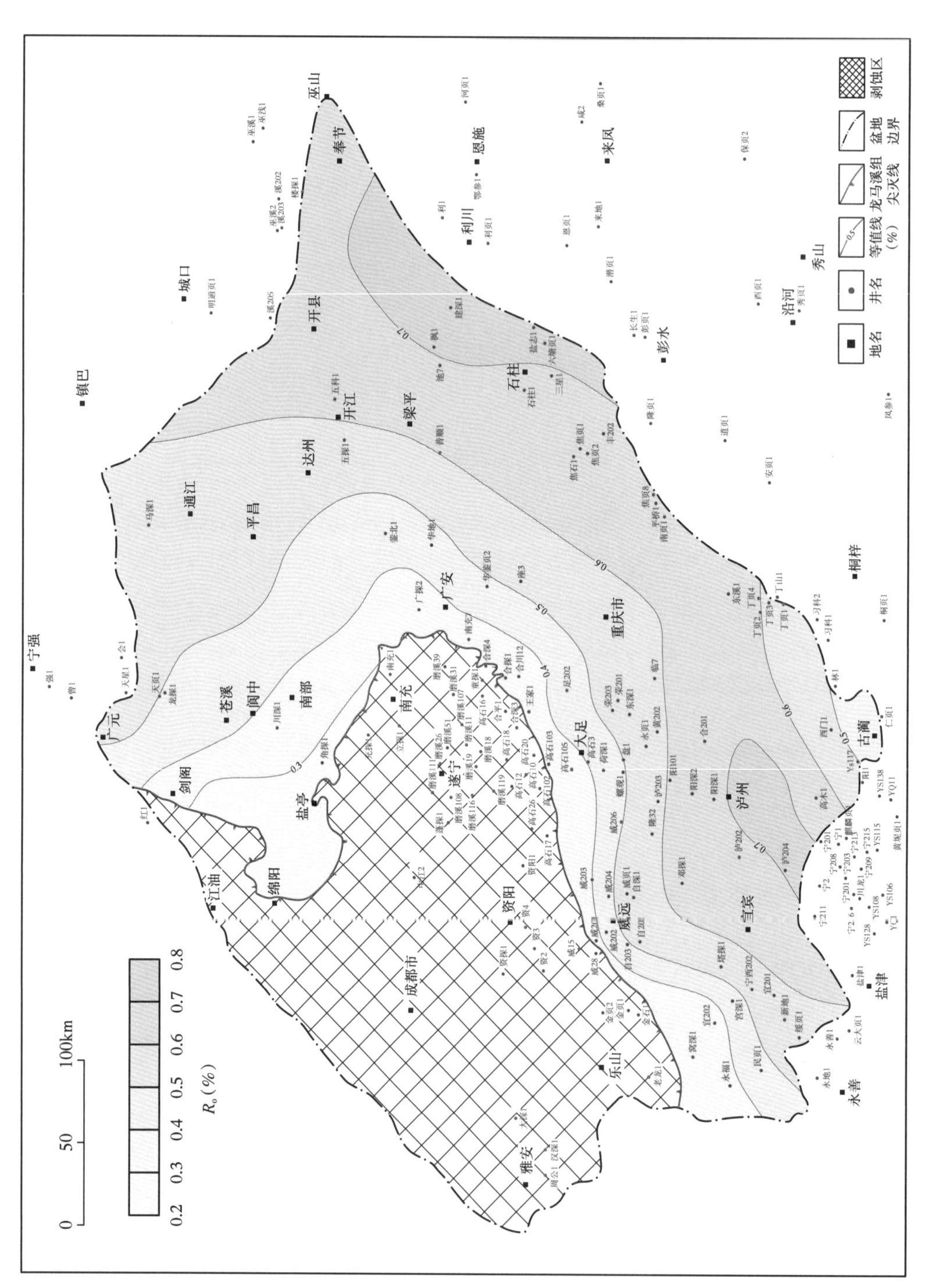

图 4-50　晚加里东期下志留统龙马溪组烃源岩顶面成熟度图

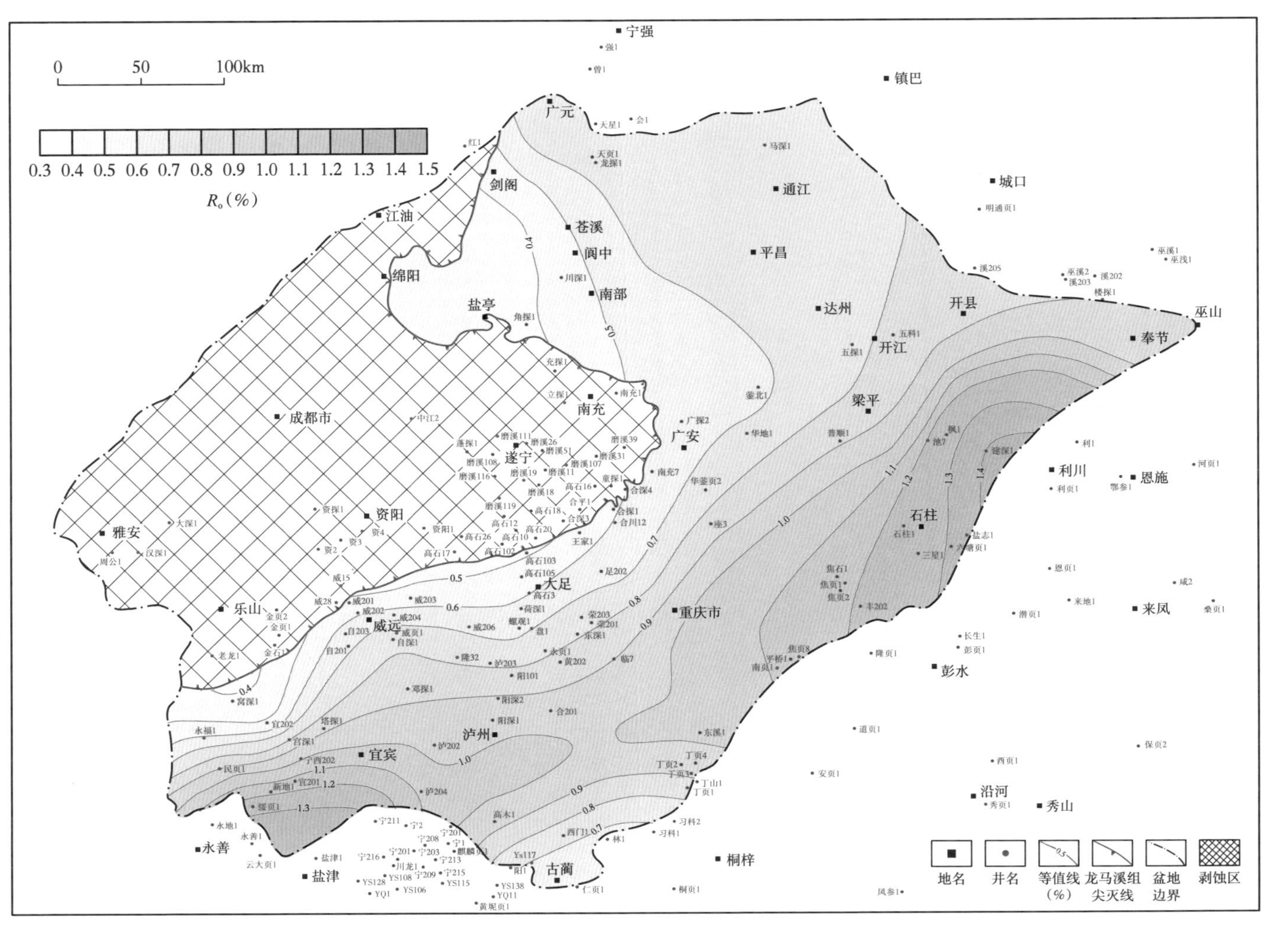

图 4-51 早印支期下志留统龙马溪组烃源岩顶面成熟度图

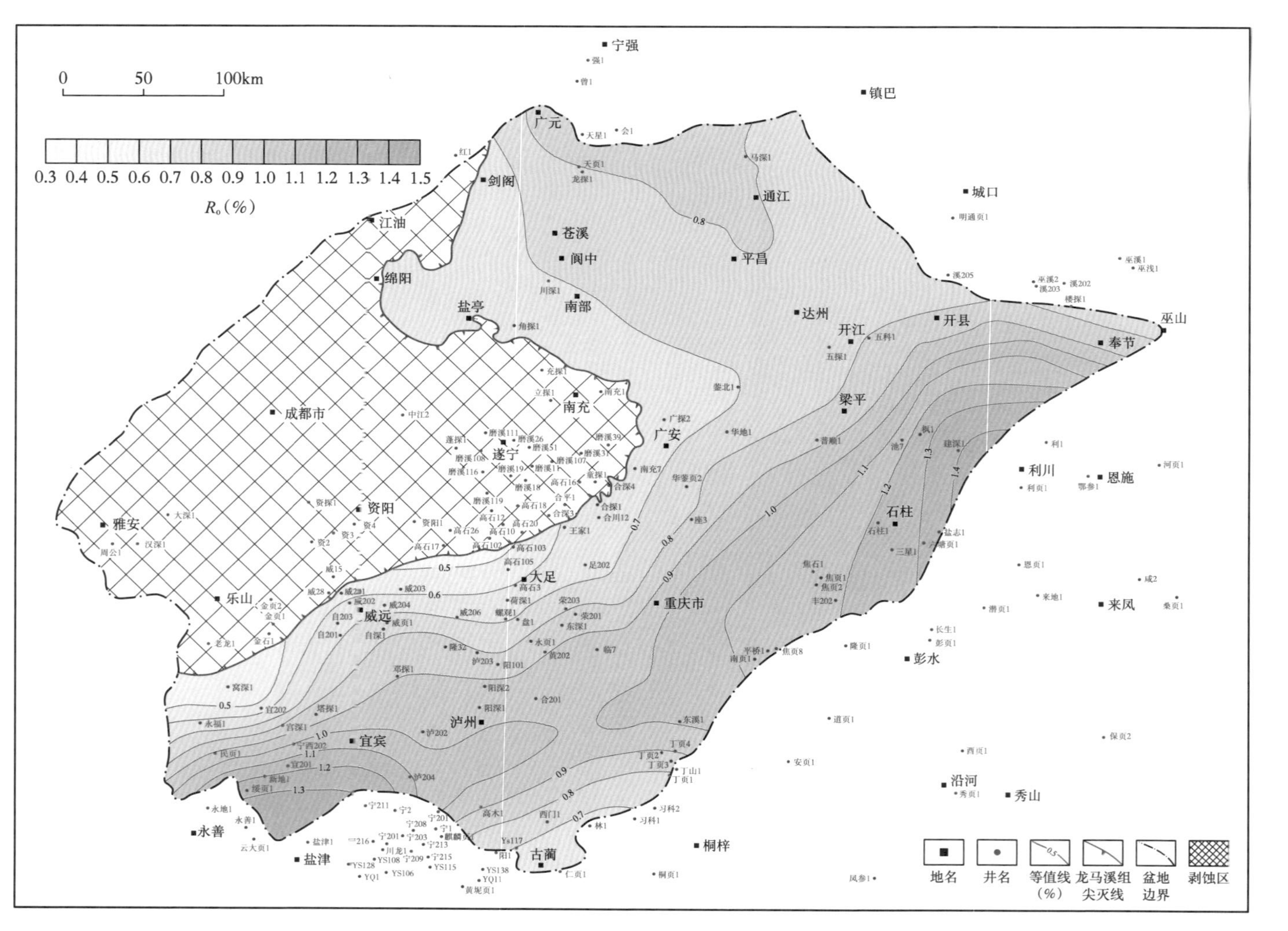

图 4-52 晚印支期下志留统龙马溪组烃源岩顶面成熟度图

早燕山末期，四川盆地龙马溪组烃源岩成熟度大幅增加，全盆龙马溪组烃源岩均达到过成熟阶段，在川北和川东南地区，成熟度最高，R_o 分布在 3.8%~4.0% 之间，处于生干气阶段，川东高陡构造区南部地区和川西南低缓构造区西部部分地区烃源岩处于过成熟阶段，R_o 分布在 2.0%~2.6% 之间（图 4-53）。

早燕山末期至今，四川盆地龙马溪组烃源岩成熟度未再增加，地层抬升剥蚀，烃源岩演化停止。

四川盆地底部及邻区烃源岩现今 R_o 分布如图 4-54 所示。川西地区烃源岩受到严重剥蚀。川北地区的烃源岩处于高成熟—过成熟阶段，烃源岩样品 R_o 主要分布在 1.5%~4.0% 之间；川东北地区的烃源岩处于过成熟阶段，烃源岩样品 R_o 主要分布在 2.0%~4.0% 之间；川东—鄂西地区的烃源岩处于高成熟—过成熟阶段，烃源岩样品 R_o 主要分布在 1.5%~4.0% 之间；川东南—黔西北地区的烃源岩处于高成熟—过成熟阶段，烃源岩样品 R_o 主要分布在 1.5%~3.5% 之间；蜀南—滇东北地区的烃源岩处于高成熟—过成熟阶段，烃源岩样品 R_o 主要分布在 1.5%~3.5% 之间；中扬子地区的烃源岩主要处于高成熟—过成熟阶段，有少量样品处于成熟阶段，烃源岩样品 R_o 主要分布在 1.0%~4.0% 之间。

4.2.2.4　生烃强度分布特征

因四川盆地及邻区五峰组烃源岩厚度较薄，且其岩性与有机质类型、成熟度、单位有机碳最大烃气产率等与龙马溪组相近，因此在计算生烃强度时将二者作为一体考虑。评价结果表明，四川盆地及邻区五峰组—龙马溪组烃源岩生烃潜力极大，累计生烃强度主要在 5×10^8~$95\times10^8m^3/km^2$ 之间（图 4-55）。在平面上，大致存在 5 个大的生烃中心，既蜀南永善—宜宾—泸州一带，生烃强度 35×10^8~$85\times10^8m^3/km^2$；川东石柱—道真—彭水一带，生烃强度 35×10^8~$90\times10^8m^3/km^2$；川东北城口—巫溪—奉节一带，生烃强度 25×10^8~$65\times10^8m^3/km^2$；川北阆中—平昌—通江一带，生烃强度 25×10^8~$45\times10^8m^3/km^2$；鄂西荆门—襄阳—随州一带，生烃强度 15×10^8~$45\times10^8m^3/km^2$。在川中东部广安—达州一带，川北广元—南江—镇巴一带、鄂西秀山—来凤—恩施—巴东一带因优质烃源岩厚度变薄，TOC 总体降低，因而生烃强度也相对较小，一般在 5×10^8~$25\times10^8m^3/km^2$ 之间，但仍具备形成工业气田的能力。

四川盆地川中—川西、中—上扬子东南缘绥阳—思南—永顺—五峰组—荆州一下以东以南的广大地区，早期受川中古隆起、黔中古隆起和江南雪峰古隆起（或古陆）的影响，五峰组—龙马溪组烃源岩发育厚度薄，后期又遭受构造抬升剥蚀，导致现今烃源岩残余厚度薄或缺失，因此上述广大地区五峰组—龙马溪组基本不具备规模供烃能力。

总体而言，五峰组—龙马溪组在川东北、川东、蜀南地区烃源条件最优，生烃强度可高达 $80\times10^8m^3/km^2$ 以上，是上述地区上古生界—三叠系众多层位气藏的主力气源岩，或对其具有重要贡献。本书评价结果也发现，五峰组—龙马溪组烃源岩在川东和蜀南一带并非向前人研究那样，生烃强度最高达 $360\times10^8m^3/km^2$ 以上（张健等，2018）。导致这种变化的主要原因在于，前人在评价时受当时资料条件限制，对烃源岩厚度缺乏系统的 TOC 测试数据标定，因此常将龙马溪组中—上部的暗色页岩也作为烃源岩对待，认为上述地区烃源岩可厚达 600~700m，因而评价的生烃强度也极大。通过对常规探井、页岩气井等岩心、岩屑进行系统的 TOC 分析标定发现，龙马溪组中—上部的暗色泥岩 TOC 很低，基本小于 0.5%，达不到烃源岩标准，利用实测 TOC 系统标定的烃源岩厚度评价的生烃强度相对前人研究变小，可能更接近地质实际。

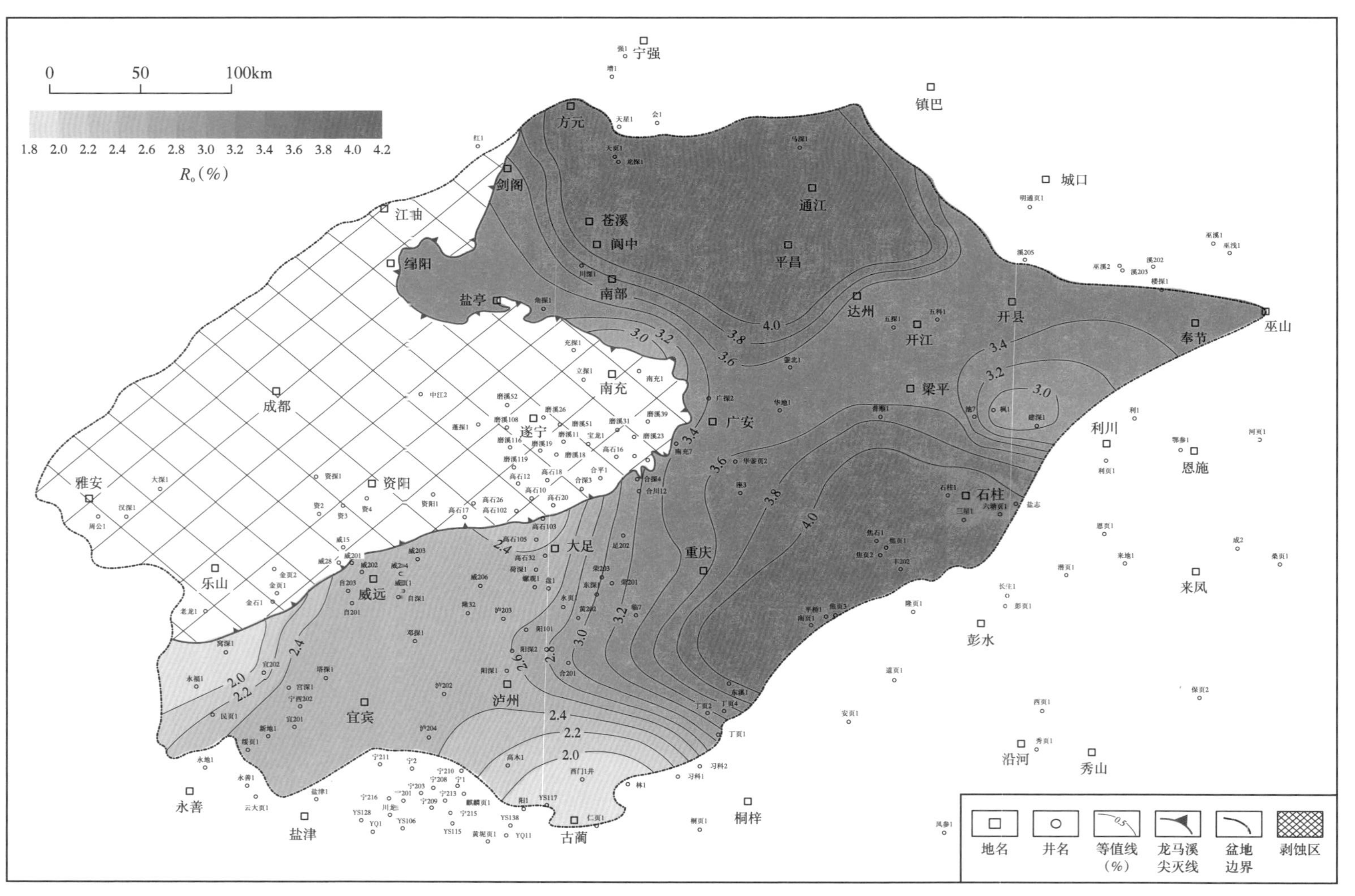

图4-53　早燕山期下志留统龙马溪组烃源岩顶面成熟度图

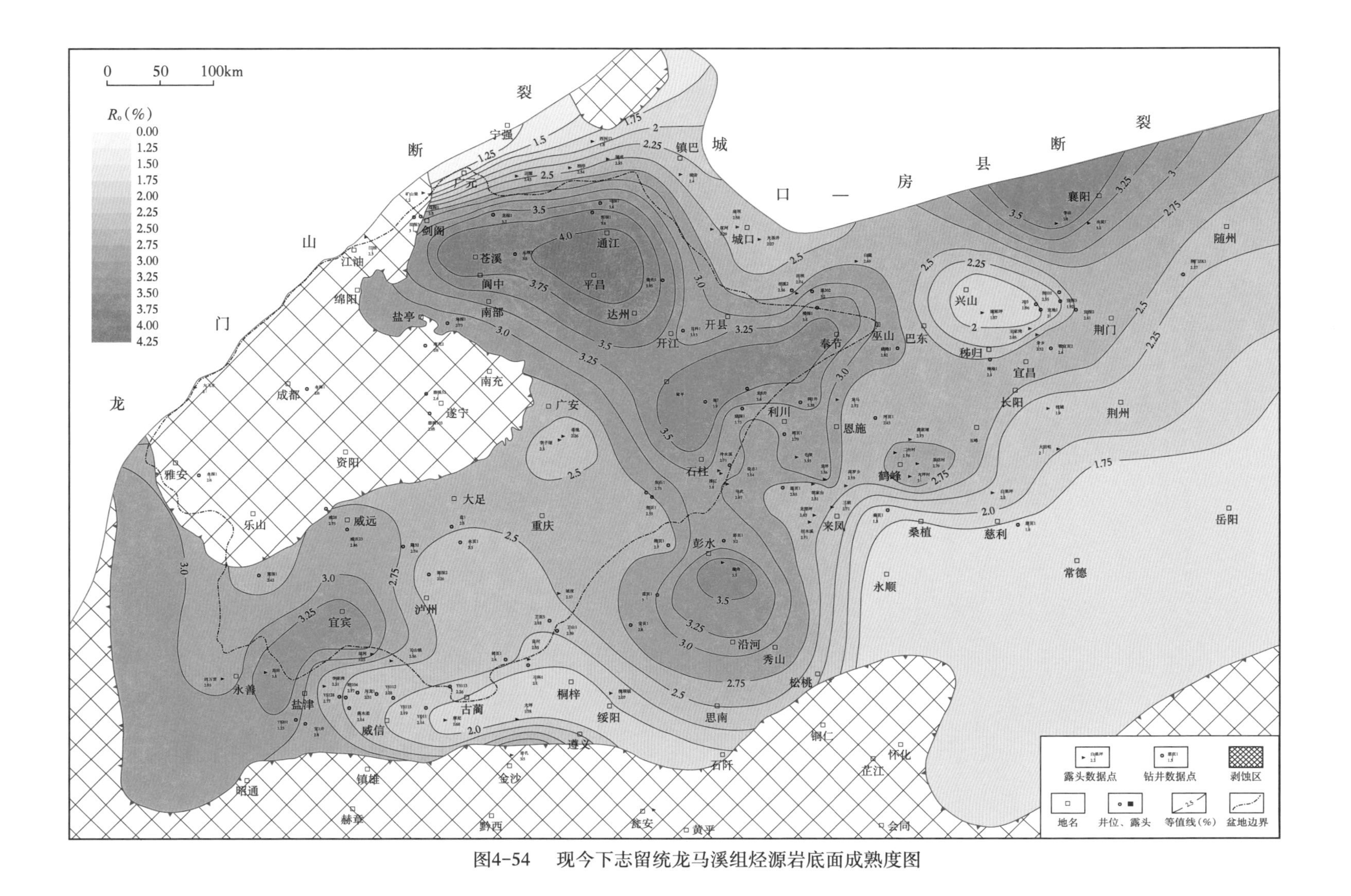

图4-54　现今下志留统龙马溪组烃源岩底面成熟度图

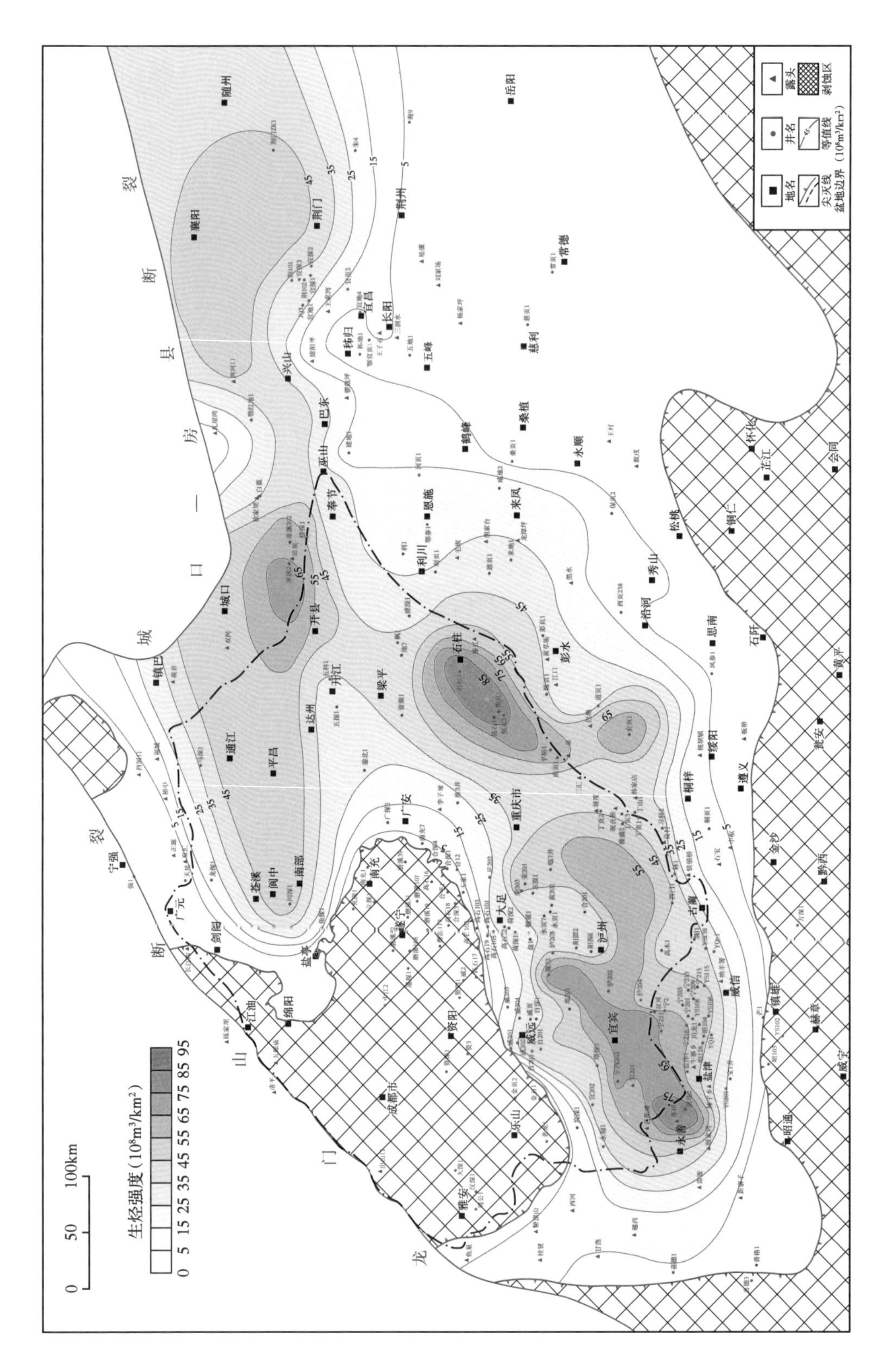

图4-55 四川盆地及邻区五峰组—龙马溪组生烃强度分布图

4.2.3　中二叠统烃源岩

盆地内部中二叠统泥灰岩厚，多在 200~300m 之间，其中龙 17 井泥灰岩厚 239m，明 2 井达 305.5m，南充 1 井为 249m，张 17 井为 305m，卧 79 井为 322.5m；而川西北泥灰岩较薄，在 50~70m 之间，其中通口地区泥灰岩厚度为 70m，长江沟地区为 90m，朝天地区为 50m。

通过地球化学剖面研究可以得出，中二叠统栖霞组泥灰岩主要分布于栖一段，而栖二段以储层为主，夹有少量泥灰岩烃源岩，中二叠统茅口组泥灰岩主要分布于茅一段，茅二段—茅四段则以储层段为主，夹有少量泥灰岩烃源岩。分别统计单井栖霞组和茅口组泥灰岩厚度，结合最新观察野外露头和新井栖霞组、茅口组烃源岩分布情况，新编中二叠统栖霞组和茅口组泥灰岩烃源岩厚度图。

4.2.3.1　有机质丰度及烃源岩分布

4.2.3.1.1　栖霞组

栖霞组 411 个样品 TOC 平均值为 0.71%，主要分布在 1.0% 以下，约占总样品的 82%。TOC 大于 0.5% 的 198 个烃源岩样品均值则达到 1.19%，主要分布在 0.5%~15% 之间，约占总样品数的 80%，TOC 大于 2.0% 的烃源岩欠发育，仅占分析样品数的约 10%。另外从层位上看，栖一段与烃源岩 TOC 略高于栖二段。具体来说，栖一段 93 个烃源岩样品平均 TOC 为 0.94%，主要分布在 0.5%~1.5% 之间；栖二段 29 个烃源岩样品平均 TOC 为 0.84%，主要分布在 0.5%~1.0% 之间。

从平面分布来看，TOC 高值区与烃源岩厚度中心基本一致（图 4-56）。川西北剑阁—广元地区、川西南雅安—成都地区及川东奉节—石柱地区是栖霞组烃源岩 TOC 高值区，TOC 多大于 1.0%；川中高石梯—磨溪地区、平昌—南充地区及乐山地区 TOC 多小于 0.6%，烃源岩品质最差。

栖霞组主要为陆表海碳酸盐岩台地沉积建造，形成了遍布全盆的一套海相碳酸盐岩地层。从下部栖一段至上部栖二段经历了多个海进—海退旋回，总体表现出海平面逐渐降低，水动力逐渐增强，岩石颗粒逐渐增粗的趋势。栖霞组平均厚度在 100~200m 之间，其中栖一段主要为深灰色、灰黑色块状泥、微晶灰岩，生物碎屑灰岩，部分地区栖一段底部为含硅质灰岩和含泥灰岩、泥灰岩，层间可夹燧石条带和薄层碳质页岩，有机质丰度较高，是烃源岩主要发育层段。栖二段主要为浅灰色—灰白色厚层状亮晶生物碎屑灰岩、藻灰岩、砂屑灰岩，与栖一段相比自然伽马值明显减少。

栖霞组沉积时期在盆地北部开县一带、西部成都地区及东南部彭水—桐梓一带水体较深，为烃源岩发育区。从平面来看，栖霞组烃源岩厚 5~80m，存在川西南、川北、川东南三个厚值区，并且从川西地区至川东地区烃源岩逐渐增厚。川北地区烃源岩厚 20~60m，分别以剑阁、开江为主要厚度中心；川中地区烃源岩厚度小，为 5~30m；川东—鄂西地区烃源岩厚度大，总体为 30~80m，其中宜昌地区烃源岩厚 30~50m；奉节—恩施一带烃源岩厚 40~80m；川东南地区烃源岩厚 10~50m，主要沿重庆—遵义一带分布（图 4-57）。

4.2.3.1.2　茅口组

从平面来看，茅口组烃源岩 TOC 高值区主要分布在川西南、川西北和川东北地区（图 4-58），其中川西北广元—平昌一带 TOC 在 1.4% 以上，川东北—鄂西地区奉节—宜昌一带 TOC 在 1.2% 以上，川西南成都—泸州—古蔺一带 TOC 在 1.0% 以上，其余地区 TOC 多小于 0.8%。

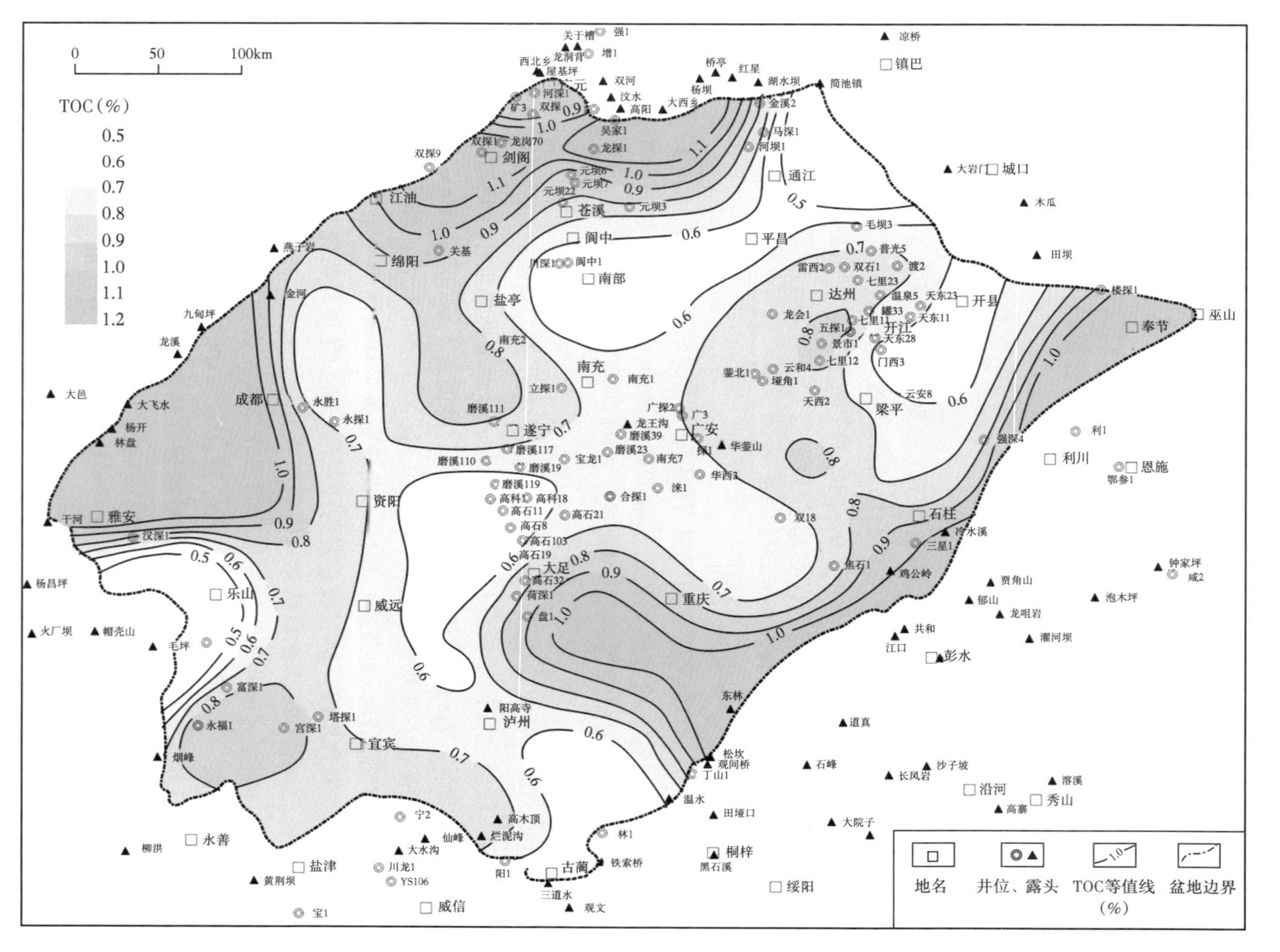

图4-56　四川盆地中二叠统栖霞组烃源岩TOC分布图

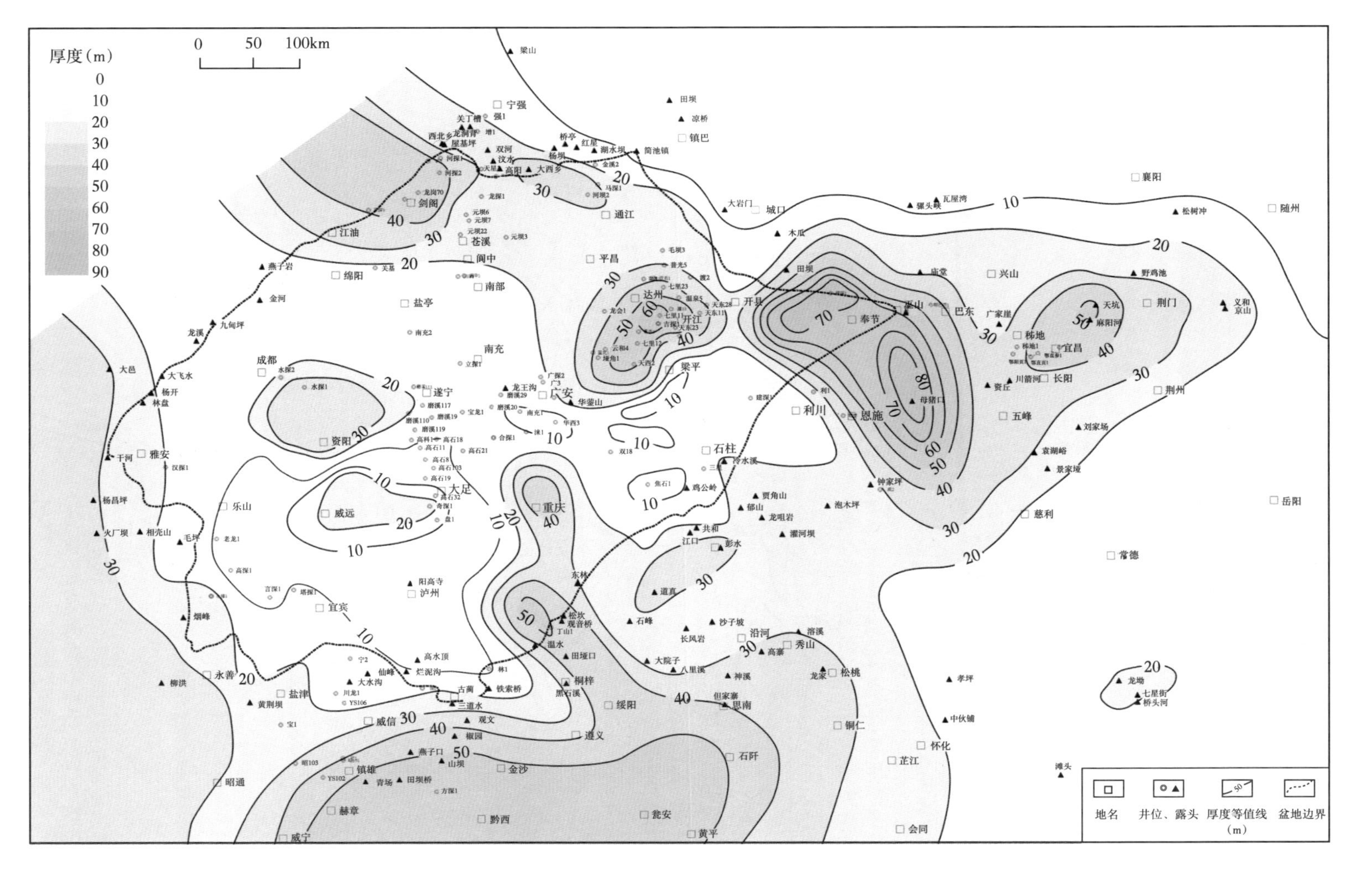

图 4-57　四川盆地中二叠统栖霞组泥灰岩厚度图

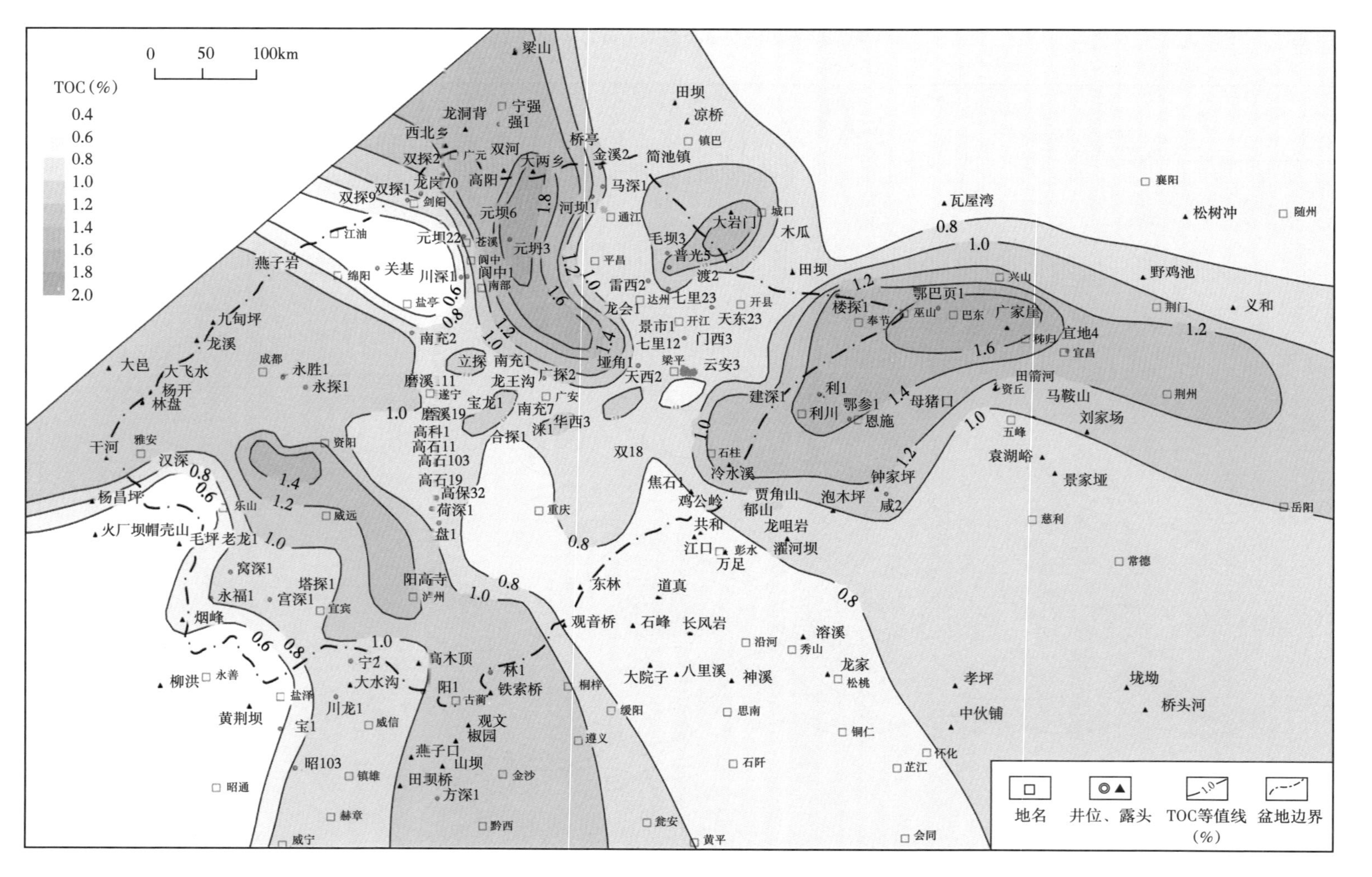

图 4-58　四川盆地及邻区中二叠统茅口组烃源岩TOC分布图

茅口组烃源岩在中—上扬子地区广泛分布，具有明显的西薄东厚的特征。茅口组烃源岩明显厚于栖霞组，主要发育在茅一段和茅二$_c$亚段，局部发育茅二$_a$亚段与茅四段，烃源岩平面厚度分布范围为 30~240m，存在川北、川东、川西南三个厚值区。

川北通江—广元一带烃源岩厚度大，为 140~200m；川西地区烃源岩厚度较薄，为 20~80m；川西南地区发育茅四段烃源岩，因此厚度也较大，为 100~180m；川东地区烃源岩厚度最大，在广安—重庆一带烃源岩厚度可达 140~240m；但是在川东开江—梁平一带厚度较周围地区薄，这可能是由于开江古隆起雏形显现，东吴运动造成该地区茅口组强烈剥蚀，地层厚度明显减薄，相应的烃源岩厚度变薄所致。

根据测井和露头资料对茅口组一段 TOC ≥ 0.5% 的岩性段进行统计并编制了四川盆地茅一段烃源岩厚度分布图。茅一段烃源岩总体厚度 20~120m，并呈现出西南薄向东向北逐渐增厚的趋势，存在川西北、川北和川东北三个厚值区。其中川西北剑阁—广元一带烃源岩厚 80~100m，川北通江—平昌一带烃源岩厚 60~100m，川东北奉节—石柱一带烃源岩厚 80~100m。川西南及川中大部分地区烃源岩厚度薄，在 20~50m 之间。

4.2.3.2　有机质类型

4.2.3.2.1　二叠系烃源岩有机质元素组成

国外大量研究表明，对于低成熟海相沉积烃源岩中有机质而言，其干酪根的 H/C 原子比一般在 1.2~1.35 之间（表 4-2），有机质类型一般为Ⅱ型，仅极少数为Ⅰ型。四川盆地及领区二叠系烃源岩现今成熟度大多处于高过成熟阶段，干酪根 H/C 原子比也基本上在 0.7 以下，O/C 原子比基本上均在 0.08 以下，难以区分其原始有机质的类型。川西北广元—矿山梁地区大隆组低成熟—成熟烃源岩的 H/C 原子比略高，样品点处于Ⅰ型、Ⅱ型演化趋势线内，展现了良好的有机质类型，基本上应该以Ⅱ型有机质为主。由此推测二叠系栖霞组、茅口组和大隆组中的多数泥岩和石灰岩可能以Ⅱ型有机质为主。龙潭组 / 吴家坪组中的泥岩和碳质泥岩中有机质有相当部分来源于陆生植物，可能应该以Ⅱ型和Ⅲ型有机质为主。

4.2.3.2.2　干酪根碳同位素组成特征

四川盆地及邻区二叠系不同层位烃源岩干酪根碳同位素主要分布范围有一定差异（图 4-59）。中二叠统栖霞组、茅口组干酪根 $\delta^{13}C$ 分布在 −31‰ ~−25‰之间，主要在 −29‰ ~−26‰之间，从碳同位素来看，主要为Ⅱ型干酪根，少数样品为Ⅰ型；其中茅二$_a$亚段（孤峰段）高 TOC 碳、硅质泥岩烃源岩碳同位也主要在 −29‰ ~−26‰之间，表现出Ⅱ型有机质的特点。

龙潭组泥岩干酪根 $\delta^{13}C$ 分布范围广，在 −30‰ ~−21‰之间，呈现出双峰特征，前峰在主要在 −28‰ ~−26‰，代表了川北—川东北海相沉积烃源岩，主要为Ⅱ型有机质；后峰主要在 −24‰ ~−22‰之间，与龙潭组煤的干酪根碳同位素分布范围相似，主要代表了川中、川西南、蜀南海陆过渡相煤系烃源岩特征，为Ⅲ型有机质。大隆组 / 长兴组烃源岩干酪根 $\delta^{13}C$ 主要在 −29‰ ~−25‰之间，表现Ⅱ型有机质的特点。

4.2.3.2.3　显微组分组成

显微组分的组成直接表达了烃源岩有机质的生源构成，在某种程度上说，它直接反映了有机质的类型。在显微组分组成中，镜质组、惰性组、腐泥组和壳质组往往是最主要的，因此，这四个组分的相对含量也就基本上反应了烃源岩有机质类型。

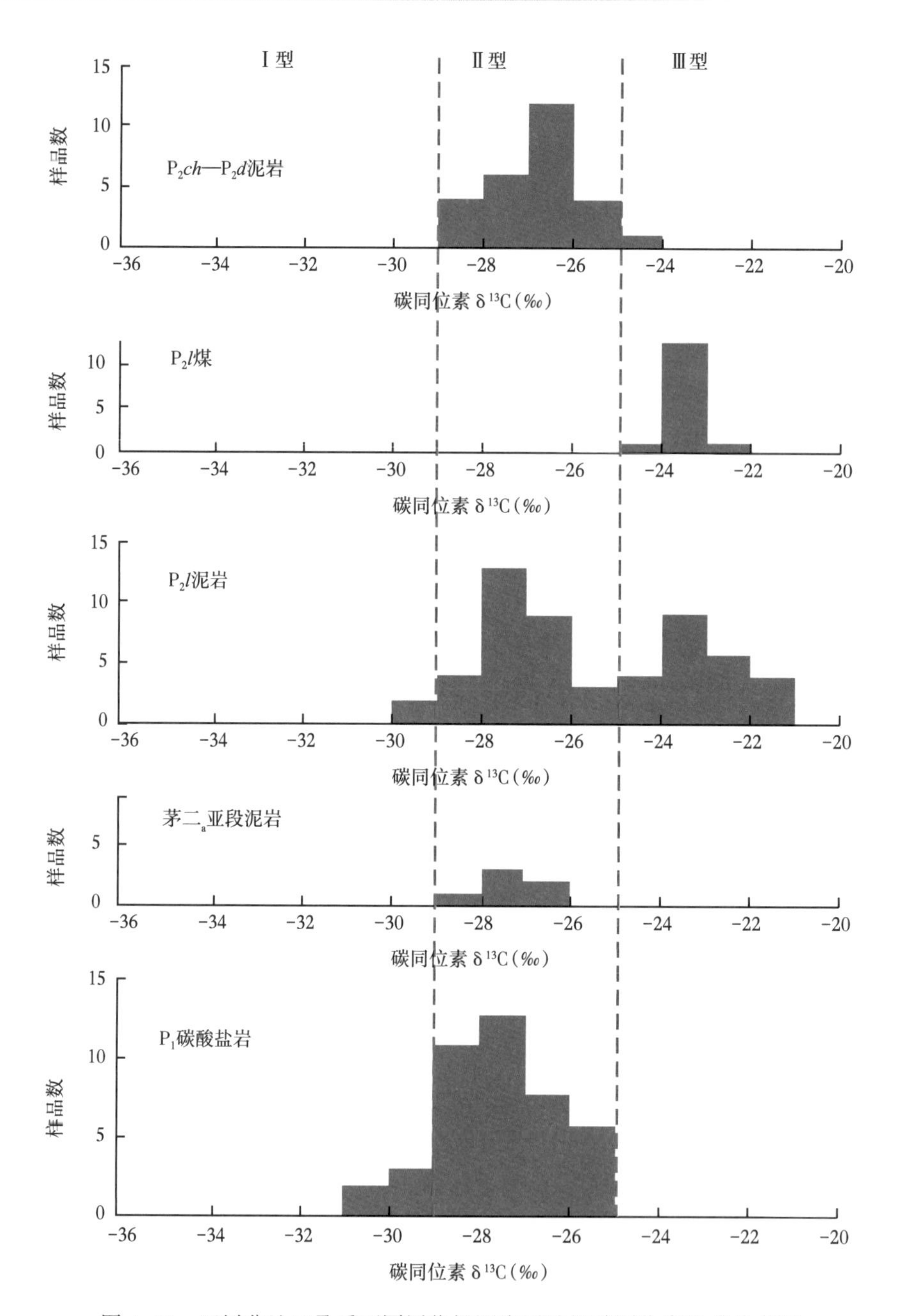

图 4-59　四川盆地二叠系不同层位烃源岩干酪根碳同位素组成分布图

川东北地区普光5井、毛坝3井龙潭组有机显微组分中腐泥组含量高，分布在12.5%~82.5%之间，平均56%；镜质组含量总体较低，分布在2%~46.5%之间，平均16.3%；栖霞组—茅口组烃源岩有机显微组分中腐泥组含量为15%~56.5%，平均36.3%，其余全为次生组分，基本不含镜质组。从显微组分来看，川东北地区龙潭组、栖霞组和茅口组烃源岩成烃生物以藻类为主，部分样品混有少量陆源有机质，有机质类型较好，单从显微组分来看，有机质类型达到Ⅰ型标准，表明其生油能力较强，显微组分中次生沥青组分含量高也证实了这点（15.5%~74.5%，平均40%）。

4.2.3.3　有机质成熟度

中二叠统烃源岩热演化比筇竹寺组整体偏早，但在平面上的演化规律与筇竹寺组相似。二叠纪末（252Ma），中二叠统烃源岩普遍未进入生烃门限（$R_{equ}<0.5\%$），单在川西北地区有一生烃中心，其中二叠统烃源岩已达到生烃门限。受二叠纪侵入岩的影响，中二叠统烃源岩表现为快速成熟演化的特征，因此局部地区具有极高的成熟度，如图 4-60 所示。

三叠纪末（201Ma），四川盆地上二叠统烃源岩全部进入生烃门限，除川西北广元—矿山梁地区上二叠统烃源岩热演化程度较低，R_{equ} 分布在 0.5%~0.6% 之间，其余地区均达到生油高峰。在川西北、川东北及黔北地区存在三个生烃中心，烃源岩已达到高成熟阶段，R_{equ} 分布在 1.2%~1.6% 之间，其中川西北地区演化程度最高；在川东南盆地边缘地区有一次级生烃中心，R_{equ} 分布在 1.0%~1.2% 之间；川中合川东重庆一带，烃源岩热演化程度较低，R_{equ} 分布在 0.8%~1% 之间（图 4-61）。

侏罗纪末（201Ma），除川西北广元—矿山梁地区外，四川盆地二叠系烃源岩已经普遍进入生干气阶段。此时成熟演化格局发生变化，川东北、川西北的两个生烃中心合并成一个，R_{equ} 最高可达 3.6% 以上，在川西南地区形成一个新的生烃中心，R_{equ} 分布在 2.2%~2.4% 之间。川中威远地区和川东南地区烃源岩热演化程度较低，R_{equ} 分布在 1.6%~1.8% 之间（图 4-62）。

晚白垩世（达到最大埋深时），中二叠统烃源岩热演化程度达到最高，成熟分布格局与上二叠统基本一致，总体上沿南东—北西方向展布，在川北、川西南、黔北地区具有三个生烃中心，川北地区演化程度最高，R_{equ} 分布在 3.4%~4.2% 之间，在四川盆地北部地区总体表现为一个高成熟带，R_{equ} 分布在 3%~4.2% 之间；川东、川中威远地区烃源岩热演化程度较低，R_{equ} 分布在 2.2%~2.6% 之间（图 4-63）。

4.2.3.4　生烃强度分布特征

4.2.3.4.1　栖霞组

栖霞组烃源岩虽然在盆地内分布范围较广，但烃源岩厚度较小，且岩性以泥质灰岩为主，TOC 偏低，导致栖霞组整体的生烃强度偏小，为 2×10^8~$15\times10^8m^3/km^2$，生烃强度相对较高的区域主要有四个（图 4-64）。川北地区剑阁—平昌一带烃源岩生烃强度 4×10^8~$8\times10^8m^3/km^2$，川东北奉节地区栖霞组生烃强度高，最大超过 $10\times10^8m^3/km^2$，遂宁—资阳一带为 2×10^8~$4\times10^8m^3/km^2$，重庆—达州一带生烃强度较大，为 4×10^8~$8\times10^8m^3/km^2$。盆地内其余大部分地区生烃强度在 $2\times10^8m^3/km^2$ 以下。与梁山组类似，栖霞组烃源岩整体生烃强度偏低，为一套次要烃源岩。

4.2.3.4.2　茅口组

茅口组烃源岩厚度大于栖霞组，并且在中—上扬子地区广泛分布，具有明显的西薄东厚的特征，烃源岩厚度在数十米到 200 余米不等，有机质丰度较高，达到烃源岩标准的样品平均 TOC 接近 2.0%，是二叠系重要的烃源岩层之一。茅口组烃源岩生烃强度大，主要在 5×10^8~$45\times10^8m^3/km^2$ 之间，在四川盆地内有川北、川东北与川西南三个生烃中心（图 4-65）。其中川北广元—平昌地区生烃强度达到了 $30\times10^8m^3/km^2$，川东北、川东奉节—石柱一带在 20×10^8~$40\times10^8m^3/km^2$ 之间，川西南雅安—乐山—宜宾一带烃源岩生烃强度在 20×10^8~$40\times10^8m^3/km^2$ 之间。川西—川中的江油—盐亭—大足一带生烃强度低于 $20\times10^8m^3/km^2$，大部分地区处于 $10\times10^8m^3/km^2$ 以下。

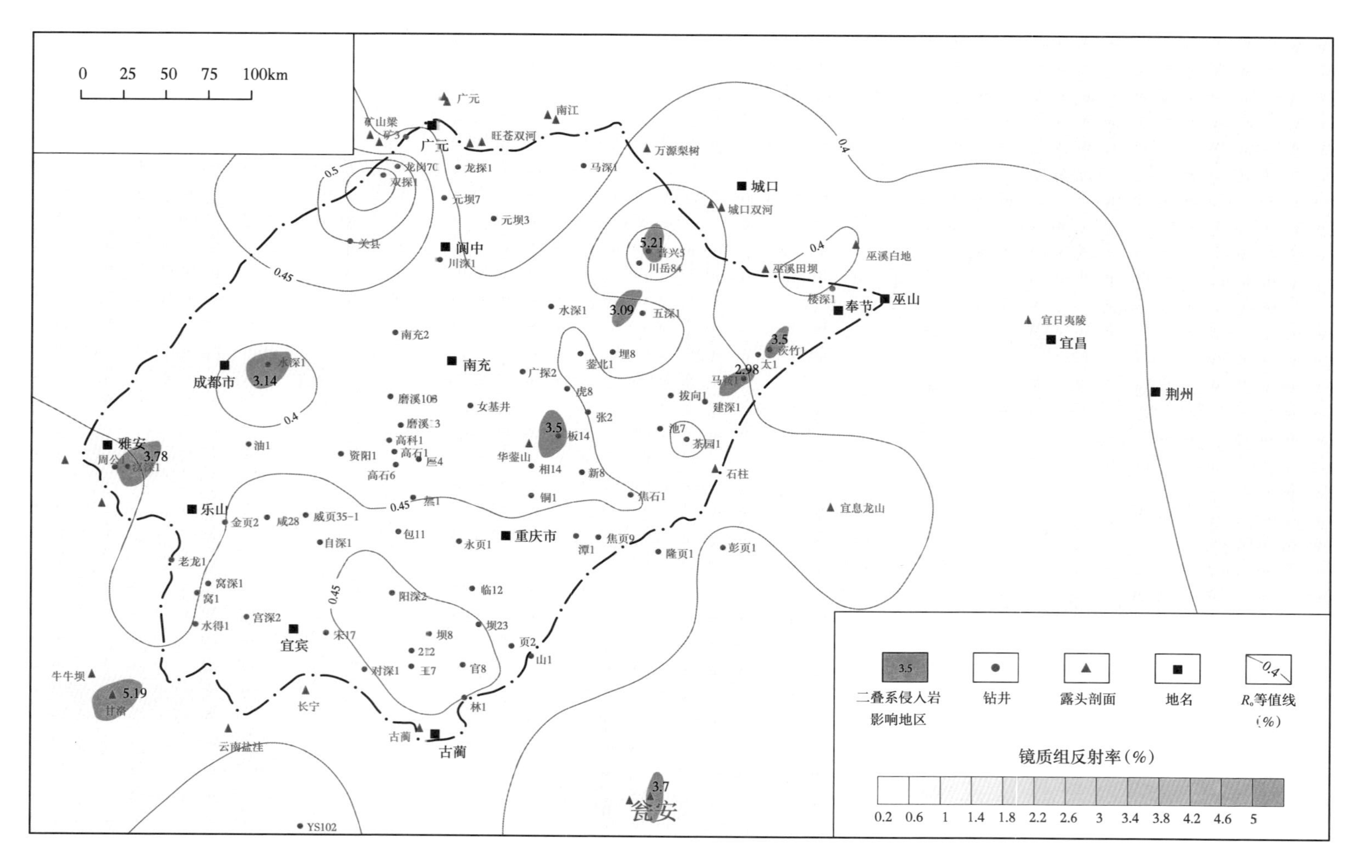

图4-60　四川盆地及其周缘中二叠统烃源岩底部二叠纪末成熟度分布图

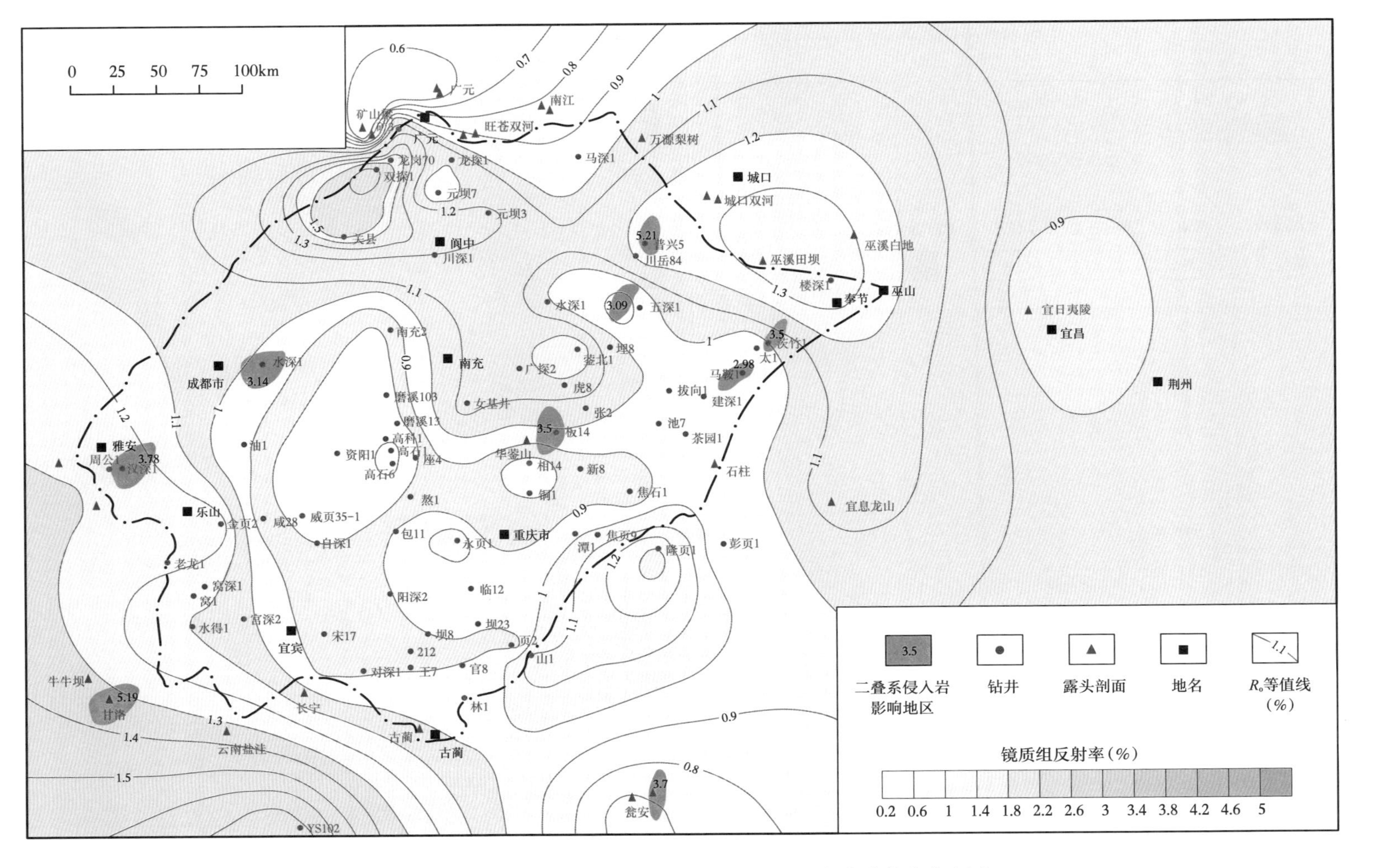

图4-61 四川盆地及其周缘中二叠统烃源岩底部三叠纪末成熟度分布图

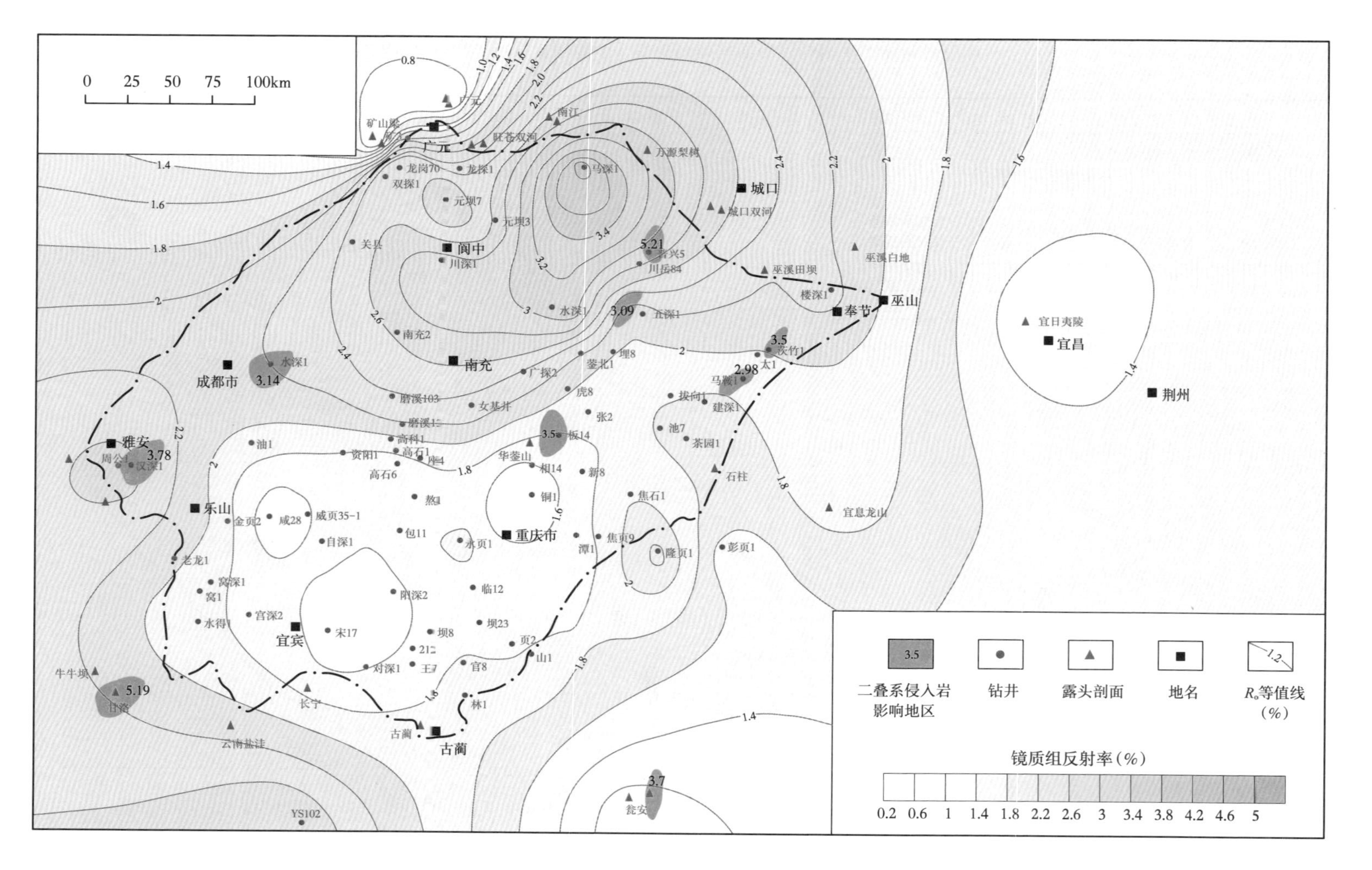

图4-62　四川盆地及其周缘中二叠统烃源岩底部侏罗纪末成熟度分布图

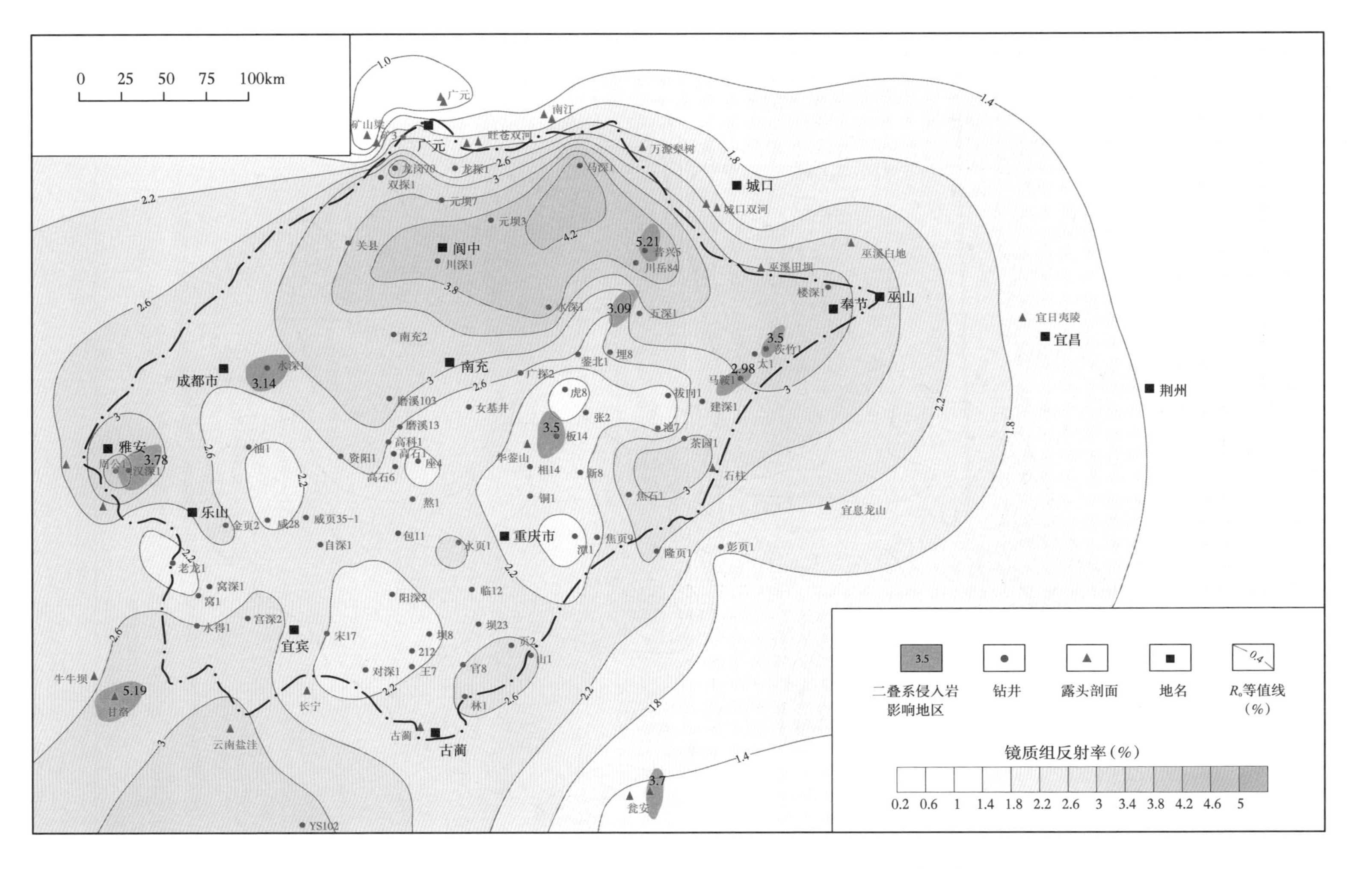

图 4-63　四川盆地及其周缘中二叠统烃源岩底部晚白垩世成熟度分布图

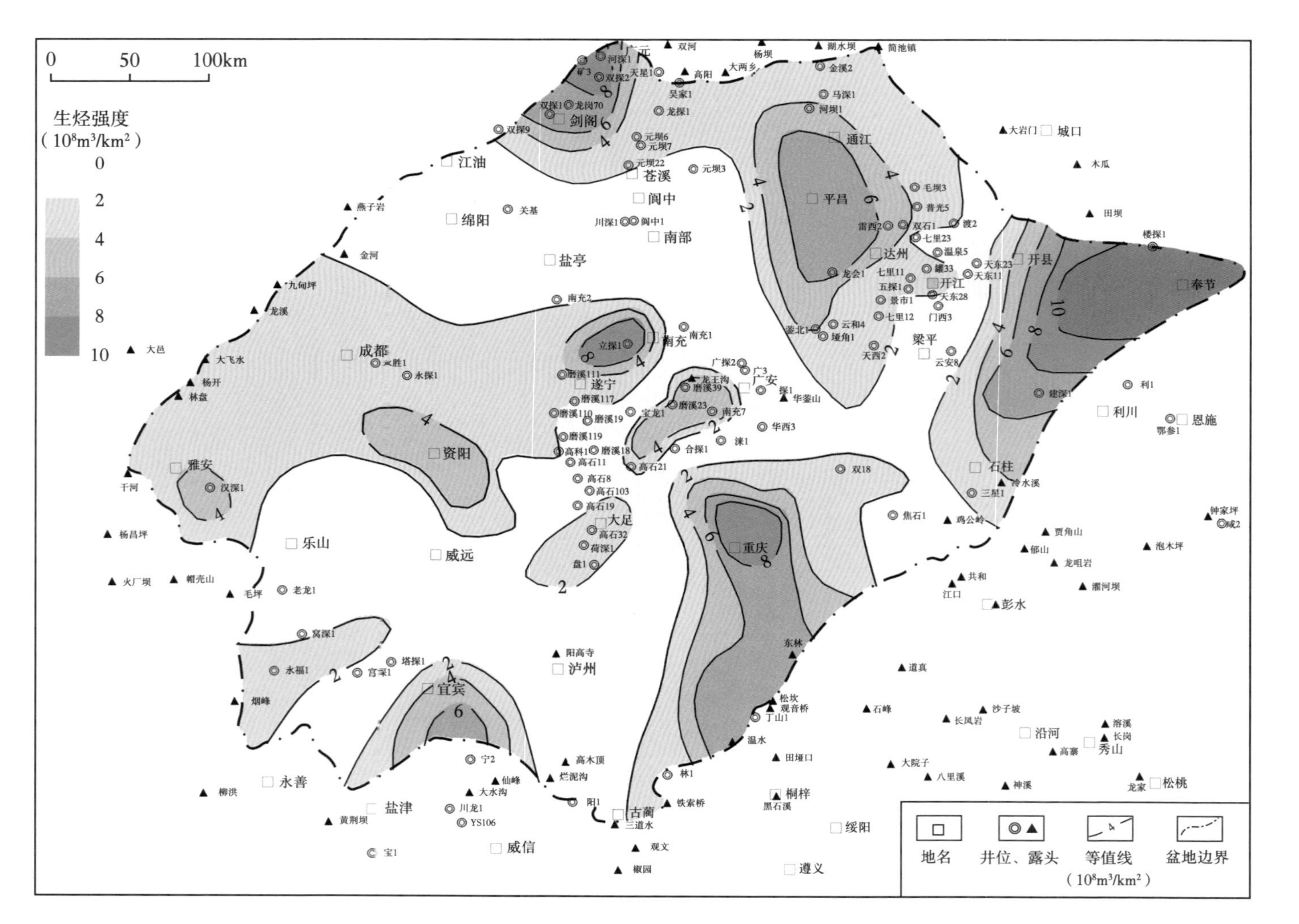

图 4-64　四川盆地及邻区中二叠统栖霞组烃源岩生烃强度分布图

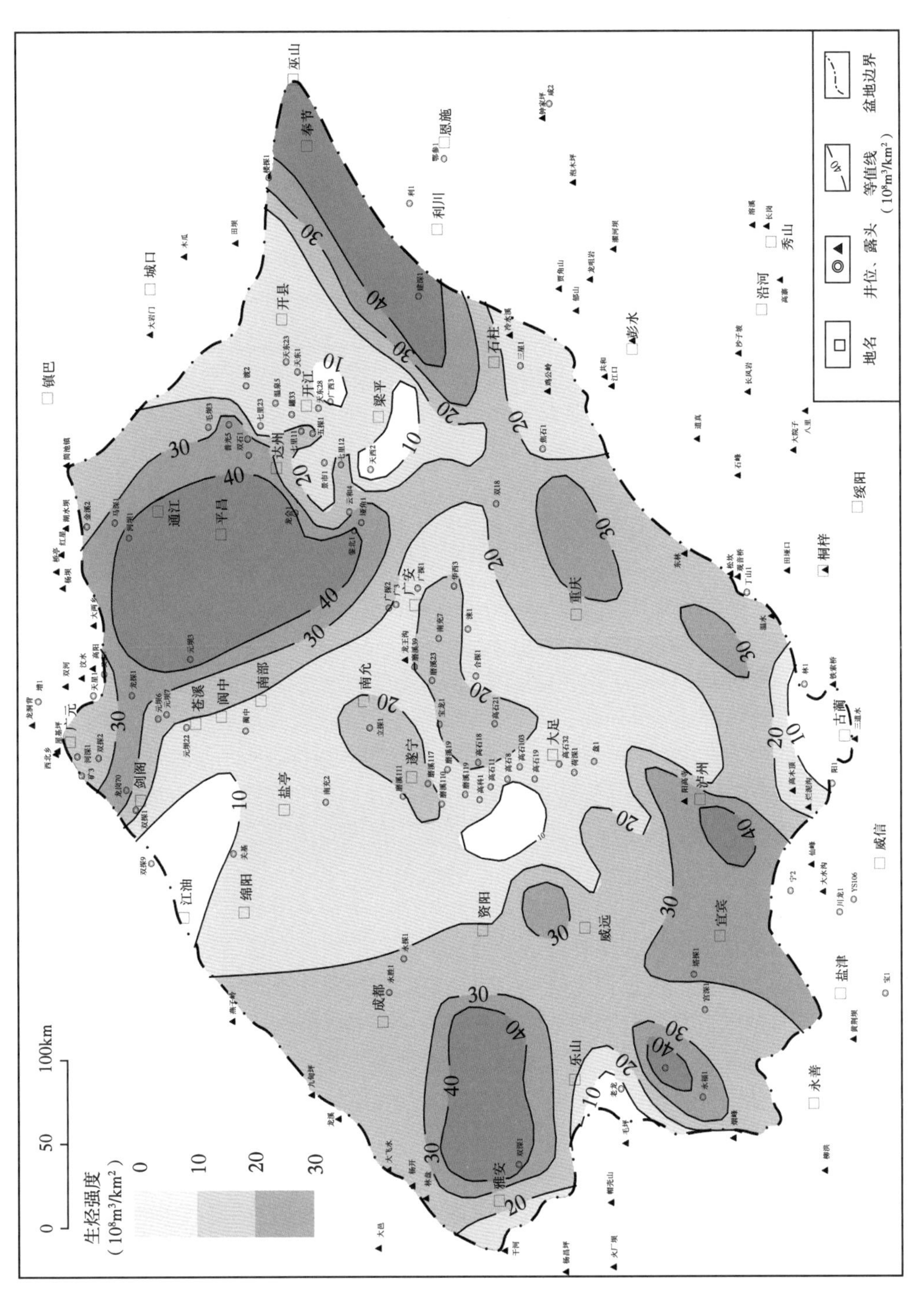

图 4-65　四川盆地及邻区中二叠统茅口组烃源岩生烃强度分布图

第 5 章　油气成藏规律

四川盆地至今发现含油气层位 20 多个、气田 174 个、油田 13 个。四川盆地二叠系油气勘探开发已有 70 余年，截至 2014 年，累计提交天然气探明储量超过 $880\times10^8 m^3$，总地质资源量 $1.47\times10^{12} m^3$，展现了良好的勘探前景（徐诗雨等，2022）。盆内现今大中型气田（天然气探明地质储量大于 $100\times10^8 m^3$）共 39 个，其中海相大中型气田 23 个，天然气总探明地质储量超过 $26000\times10^8 m^3$，其中海相地层探明地质储量占总探明地质储量的 70% 以上。二叠系—中下三叠统是四川盆地天然气勘探的主要目的层系之一，已发现的许多大中型气田的天然气都来源于二叠系烃源岩。目前川西北地区二叠系也发现了大量天然气，如龙岗气田、元坝气田、双探 1 井区等。现今大中型油气田主要分布于川北突变型盆山结构区，其探明储量占盆地总探明储量的 41.1%；另一个主要的分布区为川中原地隆起—盆地区，海相气藏探明储量占盆地天然气总储量的 39.4%。

传统的油气成藏时间的恢复方法包括烃源岩的生排烃史法、构造演化史法及圈闭形成史法（宋世骏，2018），可以恢复出油气充注的大致时间范围。近年来，人们开始通过储层内的石英、伊利石等矿物的 ^{40}Ar—^{39}Ar 同位素测年的方法来恢复储层油气充注的时间，其结果也更为准确。徐昉昊等（2018）就通过对川中地区龙王庙组储层中充填的石英开展了 ^{40}Ar—^{39}Ar 同位素测年，较准确地恢复了川中地区龙王庙组的油气充注的时间。但碳酸盐岩地层往往缺少伊利石、石英等可定年的矿物，因此采用传统的埋藏史—热历史—均一温度方法恢复四川盆地栖霞组的油气充注时间。通过对不同期次的烃类包裹体共生的盐水包裹体进行均一温度的测定，并结合各构造的单井构造热演化史，恢复不同期次油气充注的时间。

古构造演化过程是构造控制油气藏的第一阶段，在构造演化过程中，油气向低势区运移形成古油气藏，并且构造演化过程中对油气的控制作用很大一部分是决定了油气生成的时间。四川盆地在地质历史时期经历了多期构造旋回，从早到晚分别是扬子构造旋回、加里东构造旋回、海西构造旋回、印支构造旋回、燕山构造旋回和喜马拉雅构造旋回。构造演化情况十分复杂，宏观上可划分为晚三叠世早期以前伸展构造形成阶段和之后的挤压构造形成阶段，以及油气成藏之前的构造演化和油气成藏之后的构造演化。四川盆地栖霞组天然气成藏机制较为复杂，影响天然气成藏的因素很多，其中构造格局及演化、烃源供给方式及程度，以及储层发育情况、规模等直接控制着气藏的形成。

油气充注关键期构造的形态及演化过程决定油气能否充注成藏的关键。基于先前运用埋藏史—热历史—均一温度方法恢复各典型构造的油气成藏时间，采用井震结合的方式，利用二维地震格架线的解释，刻画盆地不同成藏期栖霞组顶面构造形态的演化，用以恢复栖霞组气藏的形成演化过程。编制了四川盆地川西北、川中和川南等地区栖霞组的油气成藏模式图。同时在对典型气藏解剖的基础上，以构造演化为主线，探讨油气成藏过程中各成藏要素的配置关系；并结合栖霞组气藏的成藏演化，叠合烃源岩特征、储层控制因素、构造及圈闭条件和油气藏保存条件等 4 个控藏要素，对四川盆地栖霞组油气成藏的控制因素进行分析研究。

5.1　油气成藏解剖

本节通过分述四川盆地不同区域气藏的构造特征、成藏期次及成藏演化特征来完成四川盆地二叠系栖霞组油气的分布特征的厘定，并结合钻井、岩心、测井、地震、包裹体等资料理清川西北、川西南、川中地区主要构造的气藏分布特征，建立油气成藏模式；分析四川盆地栖霞组油气成藏的规律及主控因素。

5.1.1　川西北双鱼石构造

5.1.1.1　气藏类型

5.1.1.1.1　储层特征

四川盆地栖霞组发育多种储层类型，且不同区域具有不同类型储层分布。川西地区栖霞组主要发育台地边缘滩孔隙型白云岩储层，川中地区栖霞组则主要发育台内滩相白云岩储层。

川西地区栖霞组台地边缘滩孔隙型白云岩储层主要发育于栖霞组中—上部，横向上厚度稳定，平面上大面积连片分布。岩性主要浅褐灰色、浅灰色细—中晶亮晶生屑云岩、颗粒云岩及灰质云岩为主，其次为亮—泥晶生屑云质灰岩（豹斑灰岩），局部可见角砾状云岩发育（图 5-1、图 5-2）。储层段内孔、洞、缝等储集空间类型均有发育，孔隙度主要分布在0.42%~16.51%之间，平均3.11%，总体上为低孔低渗透，局部存在高孔中渗透层段，孔喉结构类型多样，储集岩可以划分为裂缝—孔隙型、裂缝—溶洞—孔隙复合型两种。储层主要分布在川西地区广元—江油及雅安—乐山一带，白云岩厚度一般为 20~40m，

双探3井，中晶生屑云岩，溶蚀孔洞发育，7456m

双探9井，褐灰色角砾状云岩，溶孔、溶洞发育，7729.46 ~ 7729.56m

双探3井，中晶云岩（颗粒幻影），蚀孔发育，7468.51m

双探12井，中—细晶云岩—溶孔溶缝，7075.5m

图 5-1　四川盆地西北部栖霞组白云岩特征

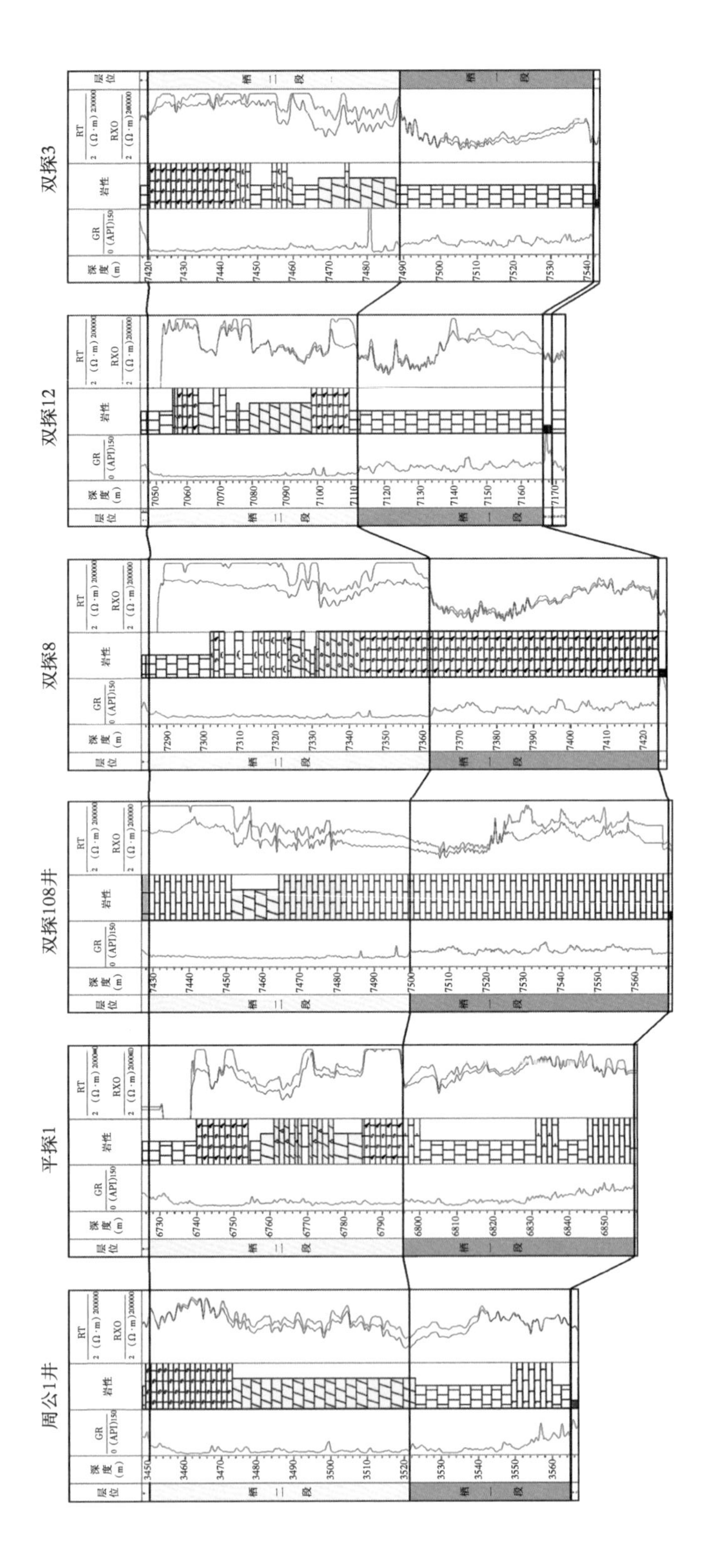

图 5-2　周公 1 井—平探 1 井—双探 108 井—双探 8 井—双探 12 井—双探 3 井栖霞组白云岩对比图

个别野外露头的白云岩储层厚度可达70m以上。平面展布主要受沉积相带控制，台地边缘滩是川西北部地区栖霞组白云岩储层形成的基础。

5.1.1.1.2　圈闭类型

受加里东古隆起的影响，北面河湾场—射箭河—双探 2 井一带地势较低，白云化作用较弱。向南古地貌逐渐抬升，双鱼石构造及其以南地区为栖霞组沉积前的古地貌高部位，白云岩化作用变强，是栖霞组白云岩储层大面积连续分布的区域，双探 1 井、双鱼 001-1 井栖霞组试井资料表现出栖霞组具有似均质特征，为层状孔隙型储层，双探 1 井区已钻井证实该区位于古地貌较高的强白云岩化区域，白云岩储层分布稳定，储层发育位置、厚度、类型均可很好的对比。

野外剖面以及双探 2 井、龙岗 70 井的实钻证实，双鱼石构造以北地区白云岩化作用减弱，白云岩储层相对不发育，以生屑灰岩为主，这种岩相的变化在北部地区构成了白云岩储层和致密灰岩的岩性致密带，形成白云岩储层和致密灰岩的岩性封闭界面。

地震连井剖面证实，川西北部地区隐伏前缘带内断层多为局部断裂，延伸范围小，未完全切割双鱼石构造，不同局部构造单元之间栖霞组储层依然相互连通，断层的发育对储层连通性没有影响，川西北部栖霞组整体为同一个气藏。

经历多期构造运动之后，川西北部隐伏前缘带栖霞组顶界整体具有北高南低、西高东低趋势。隐伏前缘带栖霞组顶界 -6865m 构造线西与①号隐伏断裂、北与岩性致密带边界、东及南边以 -6865m 构造线为界形成大型构造—岩性复合圈闭，面积约 $1900km^2$。该复合圈闭之下发育多套优质烃源，之上为中三叠统的巨厚膏岩盖层，隐伏前缘带内的断层向上消失于中—下三叠统的膏盐岩内，部分向下滑脱消失于寒武系，具有较好的封闭性，构成完整含油气系统，具备了大型气田的烃源、储集、运聚系统和保存条件（图 5-3）。

5.1.1.1.3　气水分布和压力特征

目前川西北部双鱼石地区栖霞组钻井 13 口，在栖霞组测试均获工业气流且不产水，双探 10 井测井解释上部有三层气层，下部有一层水层，其气水界面海拔深度为 -6824m，而目前已获气井的气层最低海拔深度为 -6828m，认为该井水体为局部封存水。根据研究区内 6 口获气井栖霞组天然气组分分析资料表明，已获气井具有相似的气组分特征，栖霞组天然气成分以甲烷为主，含量在 96.65%~97.05% 之间，乙烷含量在 0.1%~0.62% 之间，H_2S 含量较低（表 5-1）。

表 5-1　双鱼石含气构造双探 1 井区二叠系栖霞组气藏天然气组分表

井号	层位	天然气相对密度	天然气组分摩尔分量（%）								拟临界压力（MPa）	拟临界温度（K）
			甲烷	乙烷	丙烷	正丁烷	氮	二氧化碳	氦	硫化氢		
双探 1	栖霞组	0.5803	96.65	0.10	0	0	0.87	2.00	0.03	0.34	4.663	192.99
双探 3	栖霞组	0.5790	96.81	0.10	0	0	0.80	1.87	0.02	0.39	4.663	192.98
双鱼 001-1	栖霞组	0.5750	97.14	0.11	0	0	0.95	1.40	0.02	0.38	4.647	192.33
双探 7	栖霞组	0.5738	97.53	0.11	0	0	0.47	1.45	0.02	0.41	4.656	192.75
双探 8	栖霞组	0.5770	97.18	0.10	0	0	0.52	1.77	0.02	0.41	4.664	193.08

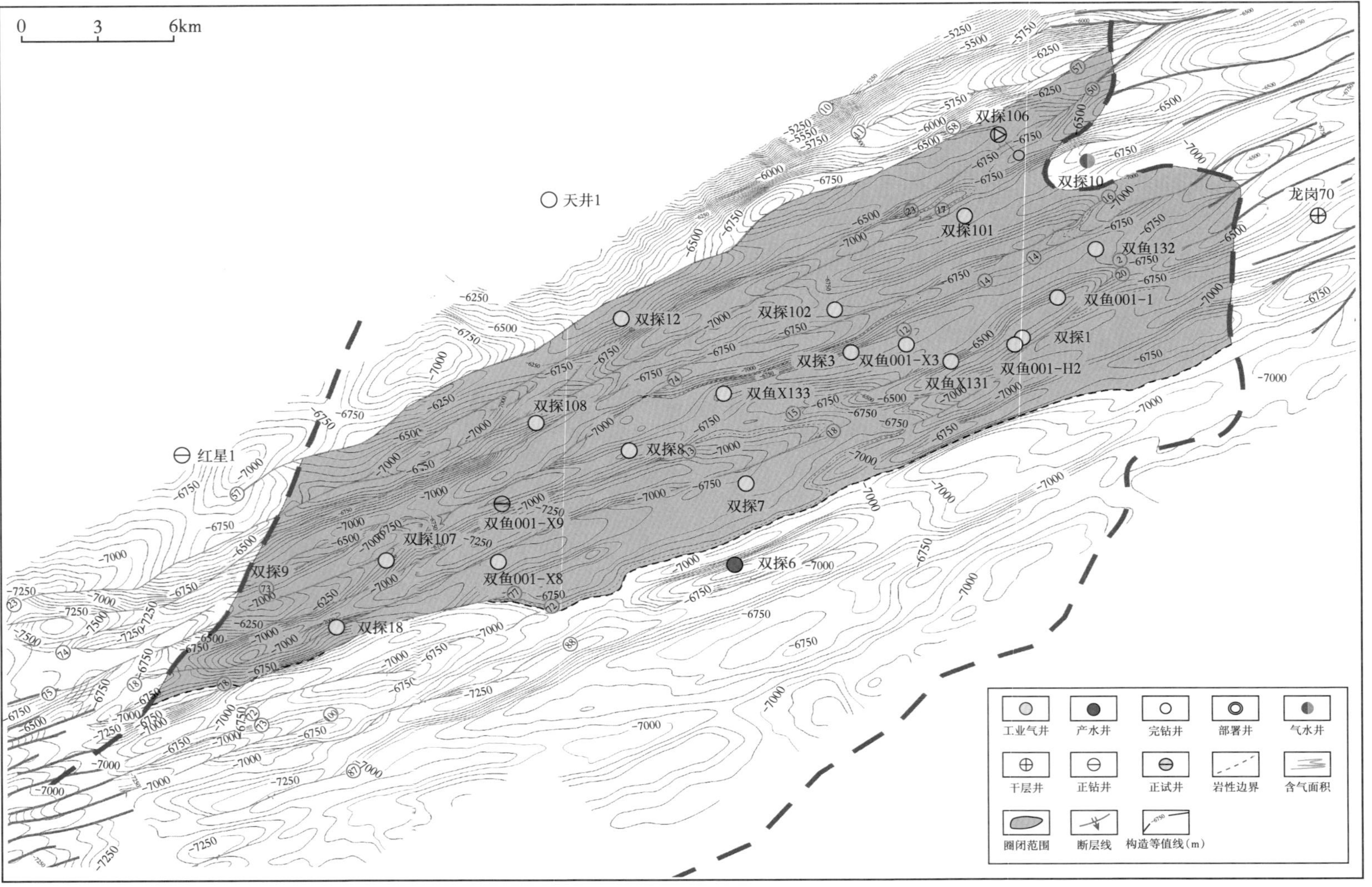

图5-3　双鱼石地区栖霞组气藏构造—岩性复合圈闭图

研究区内 7 口测试井双探 1 井、双探 3 井、双鱼 001-1 井、双探 7 井、双探 8 井、双探 12 井、双探 101 井获工业气流且不产水，多口井处于不同构造，气藏内目前未见边、底水。双探 1 井与双探 3 井距离 6.24km，分别位于双鱼石和古脚台局部构造圈闭，双探 1 井气层中部海拔 -6416.26m，地层压力 95.55MPa，双探 3 井气层中部海拔 -6606.77m，地层压力 96.15MPa。将双探 1 井产层中部压力折算到双探 3 井气层中部海拔，折算压力 96.13 MPa，压差仅为 0.02MPa，属同一压力系统。双探 8 井气层中部海拔 -6665.15m，地层压力 95.55MPa，将其他几口井折算到双探 8 井气层中部海拔可见几口压力基本一致，显示出同一压力系统特征（表 5-2、图 5-4），表明该区栖霞组气藏不受局部构造圈闭控制。

表 5-2　双鱼石地区压力统计表

构造高带	已有井位	代表井	折算到海拔 -6671.55m 压力（MPa）	备注
Ⅰ号构造带	双探 12、双探 106、双探 109	双探 12	95.9	井口压力推算
Ⅱ号构造带	双探 10、双探 101、双探 102、双探 108	双探 101	97.25	实测压力
Ⅲ号构造带	双探 1、双探 3、双探 8、双鱼 001-1、双探 107、双探 102、双探 132、双鱼 X131、双鱼 X133	双探 1	96.8	实测压力
		双探 3	96.8	实测压力
		双鱼 001-1	96.5	实测压力
Ⅳ号构造带	双探 7、双探 18	双探 7	96.4	实测压力
Ⅴ号构造带	双探 6			

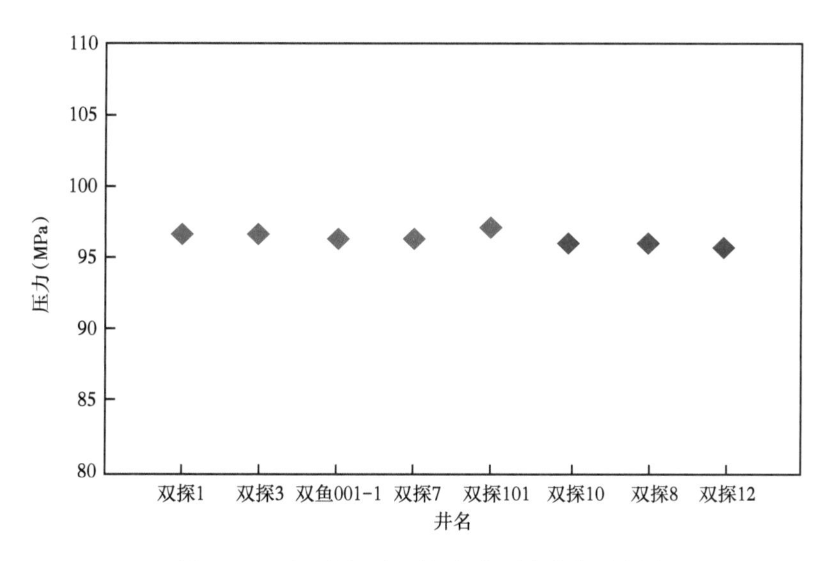

图 5-4　双鱼石地区栖霞组气藏压力分布示意图

折算到双探 8 井气层中部海拔 -6665.15m

5.1.1.2　构造特征及演化

5.1.1.2.1　龙门山北段褶皱冲断构造

利用区域地质调查编制的 1∶5 万的地质地形图，结合野外剖面调查，自南向北在九红山—彰明、黑湾梁—林家湾、红岩—彰明、小川子—黄家梁一线恢复出川西北主要构造的地面地质剖面线。该剖面横穿地面天井山构造东北端，由前山推覆构造带向东南延伸至山前构造带，剖面长 23.50km，反映了唐王寨推覆体到龙门山山前带的地表地质结构（图 5-5）。基于地震剖面解释，构建了川西北冲断带三条区域大剖面，自南向北分别为 2016CXB02、2016CXB01、2016CXB03，结合廊带附近 1∶20 万地质图中已有褶皱、断裂产状及野外实测地层、断裂产状，绘制了三条测线的地质带帽剖面图，展示了龙门山北段冲断带地表和地腹的典型地质构造（图 5-6）。

从廊带图和地质带帽剖面图上可以看出，龙门山冲断带具有东西分带的特征，地表三条自西向东分布的北东—南西向的主干大断裂青川—茂汶断裂、北川—映秀断裂、安县—灌县断裂将龙门山地表构造带从北西向东划分为三个基本构造单元：轿子顶推覆体、唐王寨推覆体、冲断前锋构造带（原地—准原地冲断褶皱带），而 1 号隐伏逆冲断裂（香水断裂或广元—大邑隐伏断裂）又将冲断前锋构造带划分为上盘的准原地褶皱冲断构造（如天井山构造）和下盘原地冲断构造（图 5-5）。

轿子顶推覆体和唐王寨推覆体中古生界具浅变质特点，与四川盆地内部古生界完全不同，属于外来的逆冲推覆构造。轿子顶推覆构造位于青川断裂与北川断裂之间（图 5-5b），主要有两个逆冲岩片叠置而成。这两个逆冲岩片都携带着前寒武系变质基底及其上覆的寒武系、奥陶系和志留系自北西向南东方向发生大规模的逆掩推覆运动。由于志留系主要为厚层砂页岩组成，作为上部逆冲岩片的轿子顶推覆体沿着下部逆冲岩片的顶部志留系页岩层拆离滑动，在志留系中造成复杂的紧闭的同斜褶皱（图 5-5b）。

唐王寨推覆体夹持于北川—映秀断裂和安县—灌县断裂之间，在地表出露厚层志留系—泥盆系构成的大型向斜构造，局部出露有石炭系—二叠系，整体由枫顺场背斜、唐王寨向斜和仰天窝向斜组成。唐王寨推覆体之下的逆冲岩片由一套完全不同于上覆逆冲岩片的古生界组成，该套古生界发育不完整，多处缺失志留系和部分泥盆系，总体沉积厚度较薄（图 5-5a）。在整个龙门山地区普遍存在着两套完全不同的古生界。一套是薄的并且发育不完整的古生界，与川西盆地内部的古生界极为相似，二者呈渐变过渡关系。不完整的古生界组合代表了扬子克拉通西部边缘的沉积特征，归属于原地或者半原地系统。另一套发育厚层志留系—泥盆系，并具有浅变质特点的古生界，与松潘—甘孜盆地西部出露的古生界十分相似。由此可见，马角坝断裂以西的唐王寨推覆体、轿子顶推覆体及其下伏逆冲岩片都属于外来的逆冲推覆构造，可能来源于更西侧的松潘—甘孜盆地，其整体向南东方向发生大规模逆冲推覆，推覆构造在形成和发展中，滑脱面起到了重要的作用（图 5-5b、c），推覆体向南东方向位移了至少 20~30km（贾东等，2003）；而唐王寨推覆体前缘断裂（安县—灌县断裂）之下的逆冲岩片及其以东的逆冲推覆岩片则属于扬子陆块西部边缘的原地或者准原地构造（冲断前锋带）（图 5-5d）。

冲断前锋带位于安县—灌县断裂和广元—大邑隐伏断裂之间，在地表主要出露中生界，缺失新生界，在局部背斜的核部二叠系至出露寒武系，在地表形成包括矿山梁、天井山、青林口和中坝等典型北东向背斜构造（图 5-5d），大致可以由次级断层分为三排：矿山梁构造属于龙门山前缘第一排构造带，射箭河和两河口构造为第二排构造带，双鱼石属于龙门山前缘第三排构造带。前锋构造带前缘整体呈单斜构造向盆地方向延伸，向南东方向出露侏罗系和下白垩统，倾向基本一致但倾角逐渐变缓，冲断前锋带表现为隐伏于唐王寨推覆体之下和推覆体之前的冲断褶皱构造（图 5-5d）。东端的青林口背斜就是龙门山

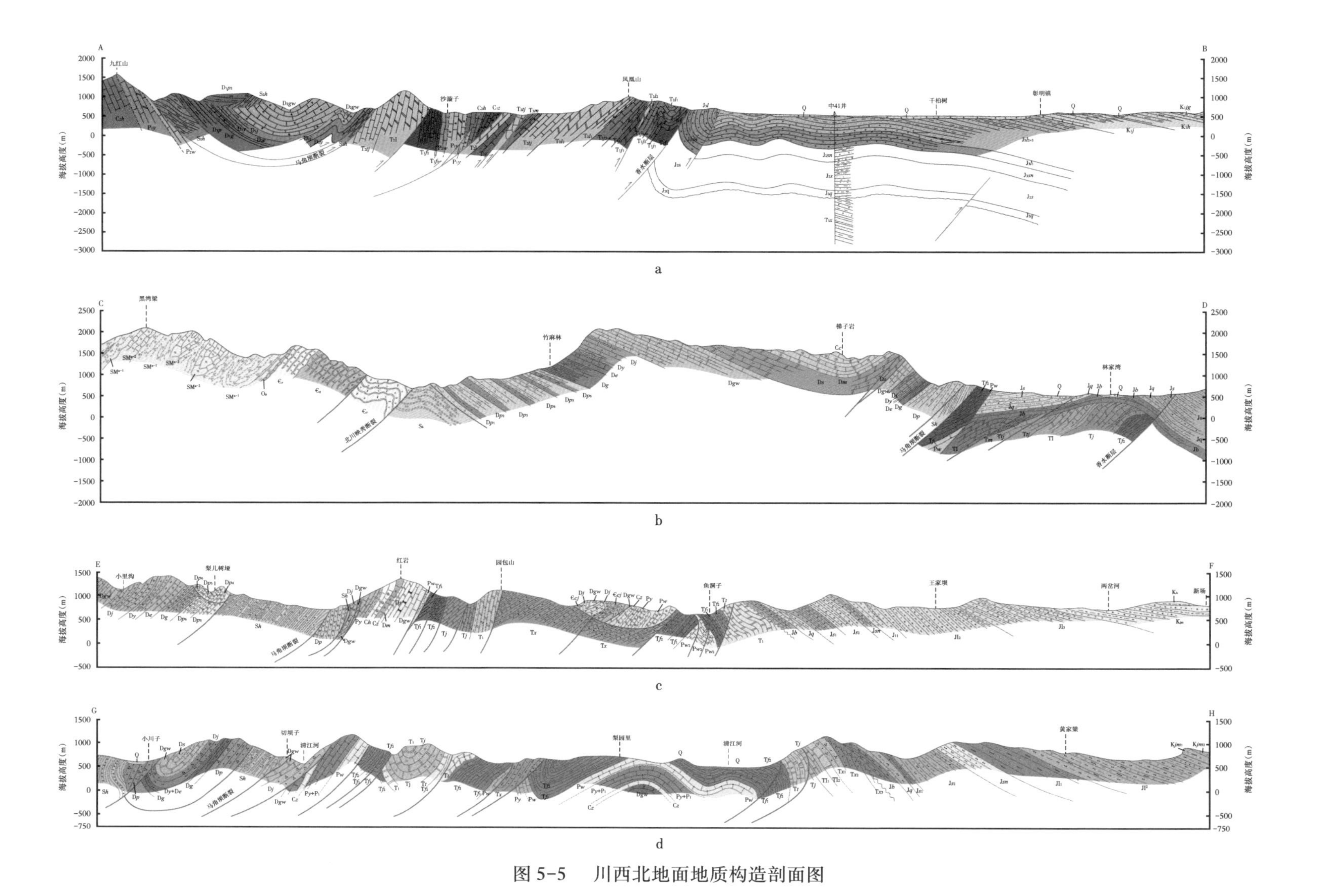

图 5-5　川西北地面地质构造剖面图

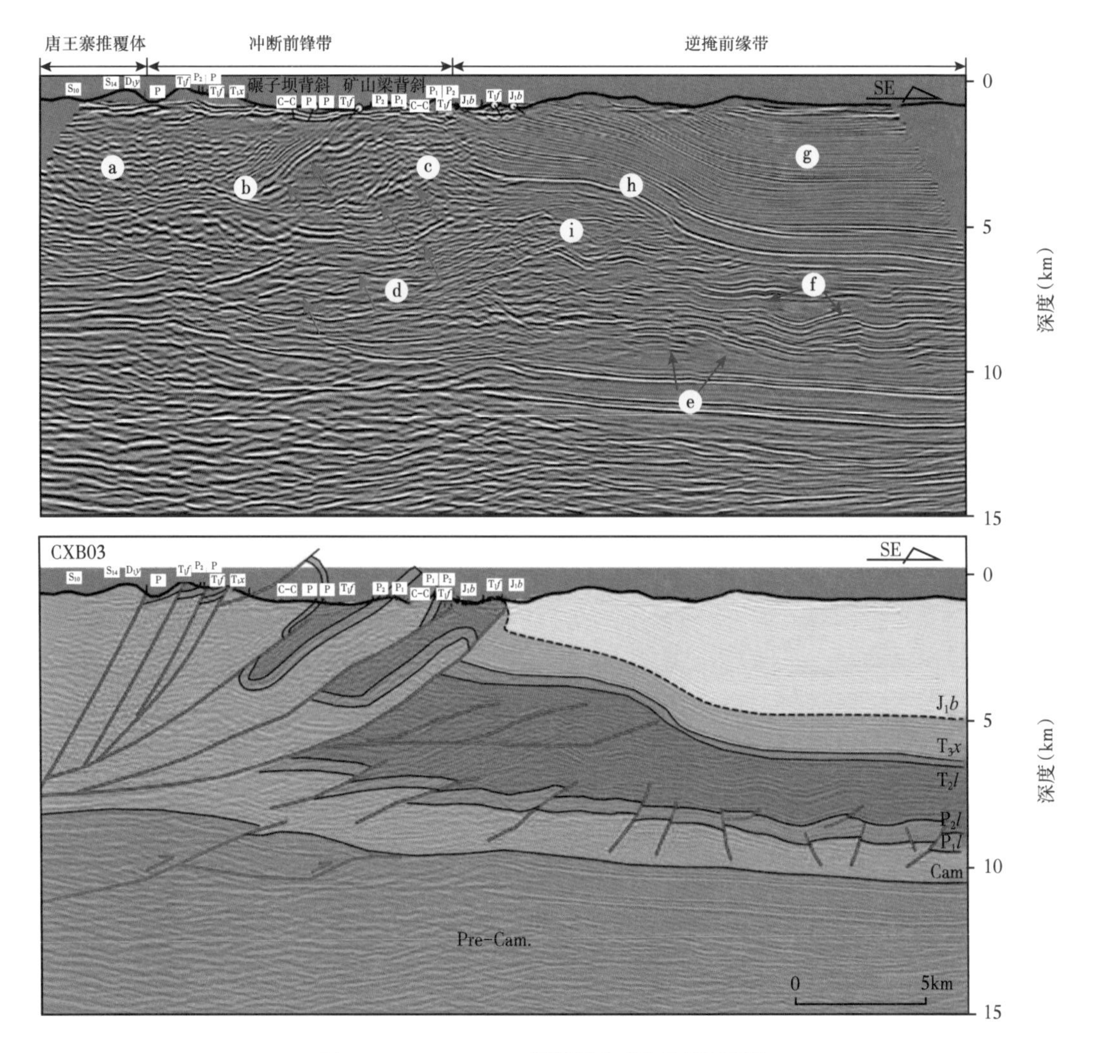

图 5-6　2016CXB03 测线地震剖面精细解释

北段前锋构造之一，其上的侏罗系和白垩系连续沉积，并且与古生界到三叠系的地层同步褶皱，构成典型的断层转折褶皱，由于变形卷入了下白垩统，推断其形成时间为新生代。

龙门山北段地区构造样式受控于多套滑脱层，构造变形特征具有明显的深浅分层的三层构造。

浅部构造为飞仙关组大套泥页岩滑脱层之上的构造变形，多由侏罗系底部不整合面以上的地层组成，构造变形比深部构造弱；山前带主要表现为向南东缓倾的单斜构造，岩层倾角向盆地内部迅速变缓；近冲断前锋带地区由于受到中部冲断褶皱构造层的影响，发育变形相对较弱的山前单斜带、双鱼石背斜、河湾场背斜、潼梓观背斜、九龙山背斜以及广元向斜、梓潼向斜等构造，其向斜和背斜形态与上滑脱层形态基本一致（陈竹新等，2019）（图 5-6）。

中部构造分布在下侏罗统底部不整合之下，分布于三叠系飞仙关组泥页岩滑脱层和下寒武统长江沟组滑脱层之间的薄皮构造（图 5-7），为寒武系—三叠系的冲断褶皱变形层，构造变形层以隐伏断裂和断层相关褶皱为主，断裂大都为逆断层，倾向北西并收敛于逆冲断裂系底板断层之上，构成山前边界断裂（孙晓猛等，2010），以双鱼石背斜构造和河湾场构造最为典型，发育背冲凸起构造和对冲三角构造（陈竹新等，2019）。中部构造变形层内的地层相对破碎、断块规模小，变形范围主要集中在广元—大邑隐伏断裂和潼梓观背斜之间，为盆缘单斜构造带以下的原地隐伏冲断带（图 5-7）。

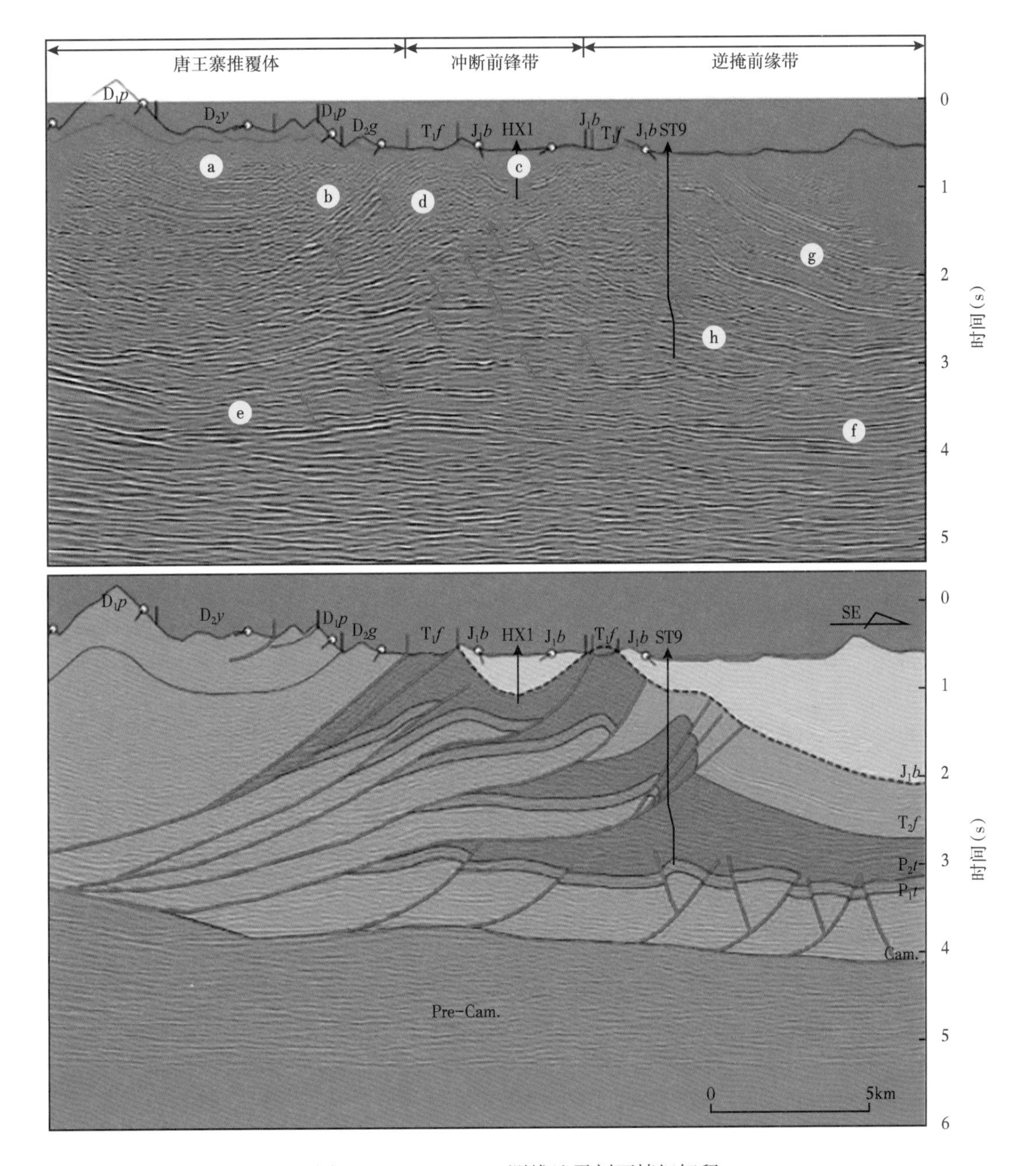

图 5-7 2016CXB02 测线地震剖面精细解释

深部构造指龙门山冲断带北段北端发育的寒武系滑脱层之下的基底卷入冲断褶皱构造。寒武系的区域展布特征表明其下具有断距不大的高角度逆冲断层，造成了区域内寒武系的轻微变形（图 5-8）。地震测线 2003LMS 向龙门山后缘造山带延伸远，西北部构造深层为双层冲断构造，以寒武系底部为滑脱层，之上发育大规模逆冲叠瓦构造，局部寒武系冲出地表；之下则发育卷入震旦系的双重构造，表现为多个逆冲岩片的垂向叠置（图 5-9）；中部则是浅层的叠瓦逆冲和深部基底褶曲构造为特征，古生界在垂向上的多重叠置，整体被卷入基底的背形褶曲构造改造（图 5-9）。

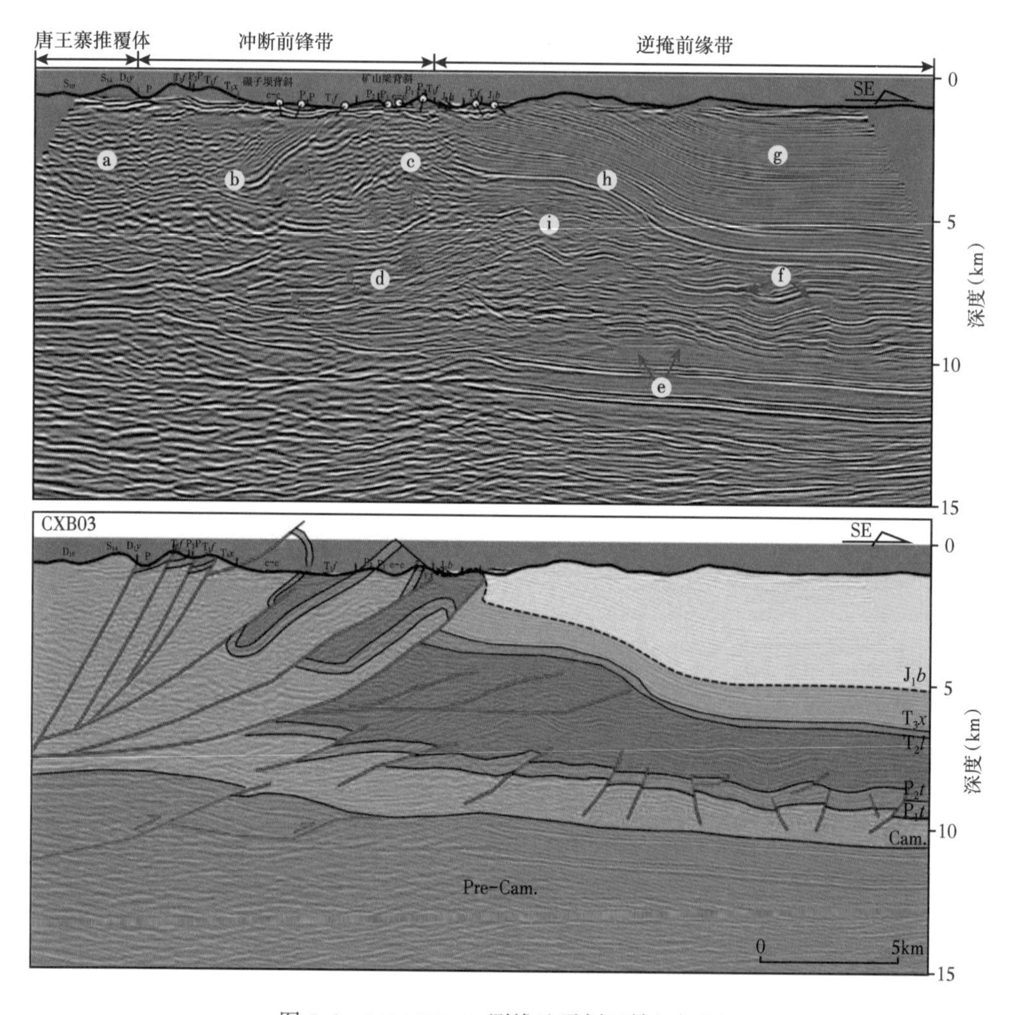

图 5-8 2016CXB03 测线地震剖面精细解释

龙门山北段经历多期的构造运动，构造样式多种多样，构造特征复杂多变。其构造样式主要包括基底冲断与滑覆叠加构造、叠瓦扇逆冲断层、断层相关褶皱、反冲断层和背斜构造（陈竹新等，2006；王鼐等，2016；孙闯，2017）。剖面地质结构表现为受滑脱层控制的多构造层结构，浅层单斜或褶曲，下层为逆冲楔体或叠瓦，同时褶曲改造上构造层；由南端受滑脱层控制的薄皮冲断构造向北前缘转为基底卷入的厚皮结构，深层冲断岩片呈前展式发育（陈竹新等，2019）。

龙门山推覆构造带以发育大规模的推覆构造为特征，构造呈北东向展布，马角坝断层以西发育大型推覆构造，东部以叠瓦推覆构造为主，发育少量反冲褶皱构造。龙门山北段山前断褶构造带主要发育背冲背斜构造为主。北部下寺—河湾场一带因受龙门山推覆作用强烈，早期形成的背冲背斜构造进一步发展成叠瓦构造，并伴随形成少量反冲北西构造，纵向上整体构成顶板双重构造；中坝—双鱼石及射箭河—潼梓观地区构造作用、褶皱强度适中，以形成背冲背斜构造为主，发育少量反冲褶皱构造，其西部靠近推覆构造地区纵向上整体构成顶板双重构造。米仓山前缘地区整体具顶板双重构造特征，北部中—下层构造以叠瓦构造为主，发育少量反冲褶皱构造，南部以背冲背斜构造为主。川西北部凹陷地区，褶皱强度弱，断层不发育，构造以低幅度的背斜褶皱为主（表5-3）。

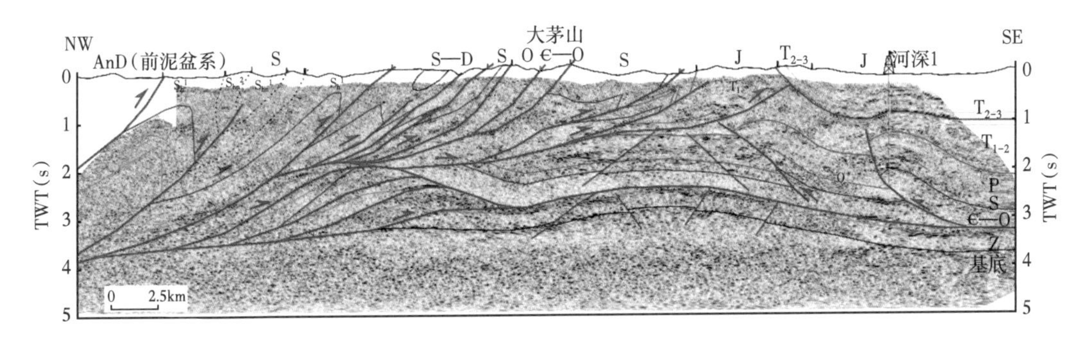

图5-9 2003LMS测线地震剖面精细解释

表5-3 川西北部地区区带构造特征及样式统计表

构造区带名称		构造特征	构造模式	主要局部构造
龙门山北段推覆构造带		为大规模的逆冲推覆构造带，推覆构造具叠瓦状构造组合，构造呈北东向展布	推覆构造、叠瓦推覆构造、反冲背斜构造	枫顺场、鹅掌坝、上寺北、天井山等
龙门山山前断褶构造带	下寺—河湾场断褶构造亚带	断层发育、褶皱强度大，局部构造发育，逆冲抬升强烈。上二叠统底界海拔-3500~-2500m	叠瓦构造、反冲背斜构造、背冲背斜构造、顶板双重构造	河湾场、下寺、宝轮镇、上寺、竹园坝等
	射箭河—潼梓观背冲构造亚带	断层发育、褶皱强度大，局部构造成排成带发育，呈北东向展布。上二叠统底界海拔-5500~-4500m	背冲背斜构造、反冲背斜构造、顶板双重构造	射箭河、贾家山、范家沟、任家垭、梅树镈等
	中坝—双鱼石背冲构造亚带	断层发育、褶皱强度中等，局部构造成排成带发育，呈北东向展布。上二叠统底界海拔-6500~-6000m	背冲背斜构造、反冲背斜构造、顶板双重构造	中坝、双鱼石、海堂镈、田坝里、汉阳普等
米仓山前缘断褶构造带		构造呈东西向展布，断层发育、褶皱强度大，上二叠统底界海拔-5500~+500m	叠瓦构造、背冲背斜构造、反冲背斜构造、顶板双重构造	张家扁、吴家坝、黄洋场、潼梓观、较场坝等
川西低缓褶皱构造带	九龙山隆起构造亚带	为一大型凹中隆起构造，呈北东向展布，断层欠发育、褶皱强度低，上二叠统底界海拔-6500~-5000m	背斜褶皱	九龙山
	川西北部凹陷构造亚带	断层不发育、局部构造圈闭少，褶皱强度低。上二叠统底界海拔-7100~-6500m	背斜褶皱	柘坝场、白龙场、柳沟、河口
	梓潼宽缓隆起构造亚带	宽缓隆起褶皱，呈北西向展布，断层欠发育，褶皱强度低，局部构造圈闭较发育，上二叠统底界海拔-6500~-6000m	背斜褶皱	大观庙、定远场、太平村、中台山、狮子场等

5.1.1.2.2 构造演化

（1）前印支期大陆边缘演化阶段。

印支期以前，龙门山北段地区处于四川克拉通西侧的被动大陆边缘位置。早寒武世，北川断层以东沉积了一套浅海相陆架碎屑岩建造，北川断层以西沉积了一套下部碎屑岩建造和中—上部含锰硅质岩建造。中—晚寒武世海退，本区出露地表，成为古隆起。奥陶纪海水侵入，天井山、碾子坝等古岛屿环境未接受沉积。志留纪，北川断层以东继承了奥陶纪以来的古隆起沉积环境，为一套不厚的笔石页岩相建造；北川断层以西则开始演变为坳拉槽环境，接受了一套较厚的地槽型茂县群沉积。泥盆纪，四川克拉通古大陆提供的丰富物源，在其西侧的被动大陆边缘形成了一套数千米厚的下部浅海碎屑岩建造、中部浅海类复理石建造和上部浅海碳酸盐岩建造。石炭纪、二叠纪和早三叠世，本区为地台边缘较稳定的浅海沉积环境，包含多次海退海进过程。

（2）印支期推覆构造演化阶段。

中三叠世末期，四川克拉通全面海退，印支运动早幕波及龙门山北段，碾子坝背斜形成并出露地表遭受剥蚀。晚三叠世，须家河组在碾子坝—马鹿坝一线角度不整合在先存构造之上。晚三叠世末期，印支运动晚幕强烈作用于本区，形成大规模的推覆构造。

（3）燕山期构造隆升演化阶段。

早侏罗世，白田坝组角度不整合于龙门山北段造山带前缘的碾子坝背斜、天井山背斜、矿山梁背斜之上。对比矿山梁背斜和天井山背斜上白田坝组与下伏地层的接触关系，发现至少天井山背斜在印支运动以后的构造变形作用不是很强烈。

燕山期，由于龙门山北段没有沉积古井系—新近系，其构造变形的形迹不易鉴别。参考龙门山南段、后龙门山及其以西地区的区域构造资料，燕山运动的表现主要是区域构造隆升作用，从龙门山前陆盆地沉积了莲花口组、剑门关组中的多套砾岩的情况来看，印支运动也是有多幕的。结合区域地球物理资料，燕山运动的实质在本区可能是表现为壳内拆离作用。

（4）喜马拉雅期继承性构造演化阶段。

喜马拉雅期，在印度板块向北俯冲于欧亚板块的远距离效应的作用下，龙门山北段重新开始了其挤压缩短过程。北川断层东侧志留系、泥盆系之中的印支—燕山期侵入岩岩脉表明唐王寨向斜、仰天窝向斜应该是喜马拉雅期推覆出露地表的，白田坝组角度不整合面的倾角也表示了喜马拉雅构造运动的强度。

5.1.1.3 油气成藏期次

油气的生成具有阶段性，在烃源岩过成熟演化阶段，干酪根裂解成气量明显降低。根据天然气运聚散动平衡理论，大中型气田的形成应满足天然气的充注量大于散失量。前述研究表明，寒武系和中二叠统烃源岩经历了漫长的地质历史和多期构造运动，烃源岩油气生成过程亦具有多期性和多阶性，从而导致川西地区中二叠统和泥盆系气藏的油气充注亦具有多期性特点。

根据包裹体显微镜下分析表明，包裹体特征记录了川西北部地区双鱼石构造中二叠世栖霞组沉积早期古油藏到原油裂解成气过程。在不同期次形成的矿物中均发现了大量的包裹体，表现有持续油气充注的特征；早期白云石晶粒中包裹体以重质油包裹体为主，随着胶结期次的发展，轻质油包裹体和气体包裹体含量逐渐增加（图 5-10）；包裹体岩相学特征反映了双鱼石构造中二叠世栖霞组沉积早期古油藏的形成和原油裂解形成天然气藏的过程。中二叠统栖霞组包裹体均一温度分布在 120~180℃之间（图 5-11），其中以 130~140℃为主峰，其次为 140~150℃和 120~130℃。结合单井热演化史研究成果（图 5-12），双鱼石构造曾发生过四期油气充注过程，主要集中在印支期和喜马拉雅期。

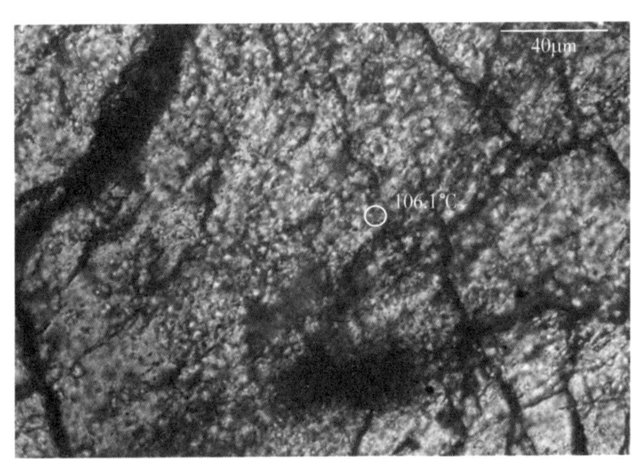

双探8井，P_2q，7318.6m，呈孤立状分布在缝洞充填方解石原生气液包裹体，无色透明，单偏光

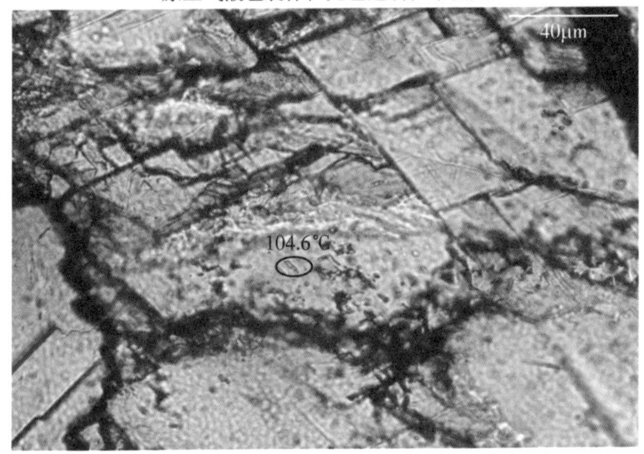

双探10井，P_2q，7429.54m，孤立状分布在缝洞充填方解石原生气液包裹体，无色透明，单偏光

图 5-10　川西北部地区双鱼石构造中二叠统栖霞组包裹体显微照片

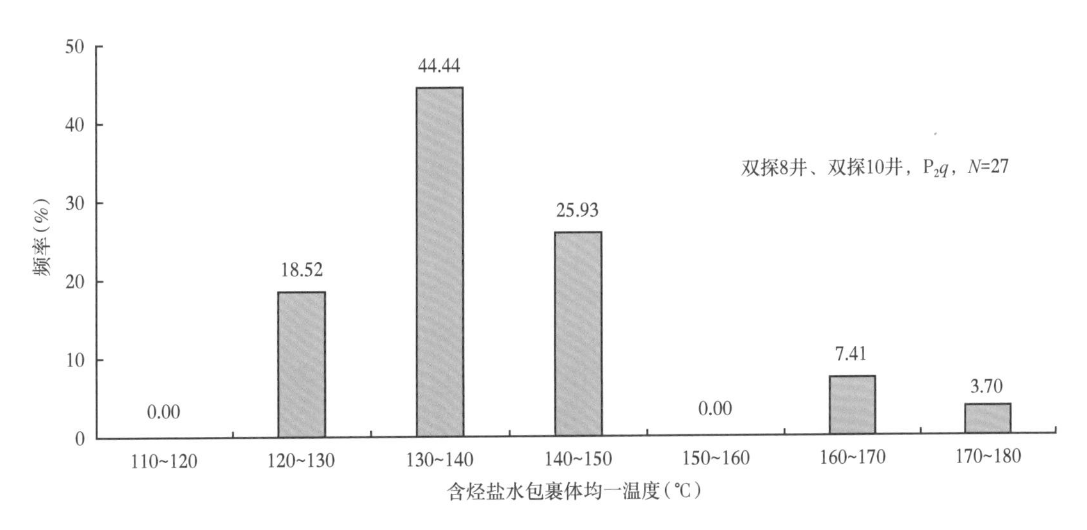

图 5-11　双鱼石构造中二叠统栖霞组包裹体均一温度分布频率直方图

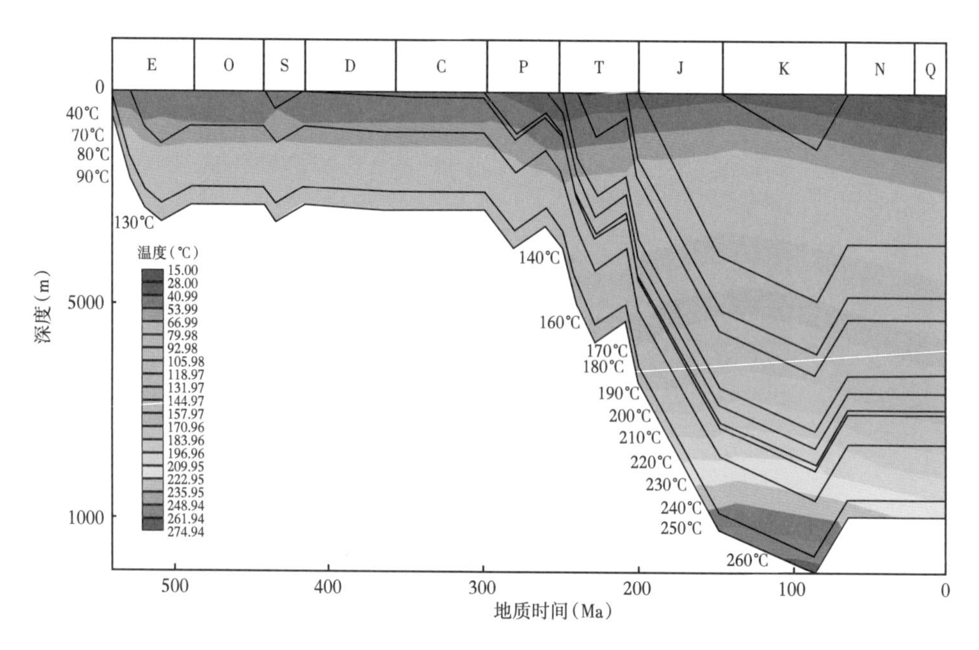

图 5-12　双探 3 井地层埋藏史与热史图

5.1.1.4　油气成藏演化及模式

川西地区天然气成藏机制较为复杂，影响天然气成藏的因素很多，其中构造格局及演化、烃源供给方式及程度、以及储层发育情况、规模等直接控制着气藏的形成。

在古油藏基础上，川西北部深层碳酸盐岩气藏的形成经历了印支—燕山期生气高峰和喜马拉雅期构造调整两个主要阶段（图 5-13）。

（1）古油藏的形成：中三叠世印支运动 I 幕，四川盆地整体表现为由东向西抬升的特征，由西向东断裂较为发育。此时川西北双鱼石地区处于古构造高部位。下寒武统烃源岩于奥陶纪末开始生烃，至晚三叠世达生油高峰，原油经烃源断裂进入泥盆系和中二叠统储层形成古油藏；中二叠统烃源岩于中三叠世开始生油，至晚三叠世达到生油高峰，并充注至栖霞组，对古油藏的形成起到有益的补充。

（2）现今气藏：聚集在古油藏中的原油和滞留在烃源岩中的液态烃于中侏罗世时期裂解形成天然气，经过燕山期和喜马拉雅期构造调整形成现今气藏；由于喜马拉雅期构造调整，古气藏垂向近距离运移，形成混源气，栖霞组和观雾山组气藏均表现出寒武系和中二叠统烃源的混源。

桐湾—兴凯运动、加里东运动为上古生界提供了优越的烃源条件。桐湾运动主要发生在灯影期，以规模抬升运动为主，桐湾运动后期在四川盆地形成了近南北向的广元—绵阳—宜宾—会东巨型溶蚀沟谷。其后的兴凯运动主要发生在早寒武世，以裂陷运动为主，由于下寒武统对巨型沟谷地貌的补偿充填作用，发育巨厚优质烃源岩。德阳—安岳古裂陷在川西北部特征清晰，在川西北部广元—绵阳一带，下寒武统优质烃源岩沉积厚度超过 500m，为该区上古生界成藏提供了充足的烃源条件（图 5-11）。川西北部在中二叠统栖霞组、石炭系、泥盆系和寒武系中都发现大量的油苗、沥青脉等，研究认为绝大多数均源自寒武系烃源岩。

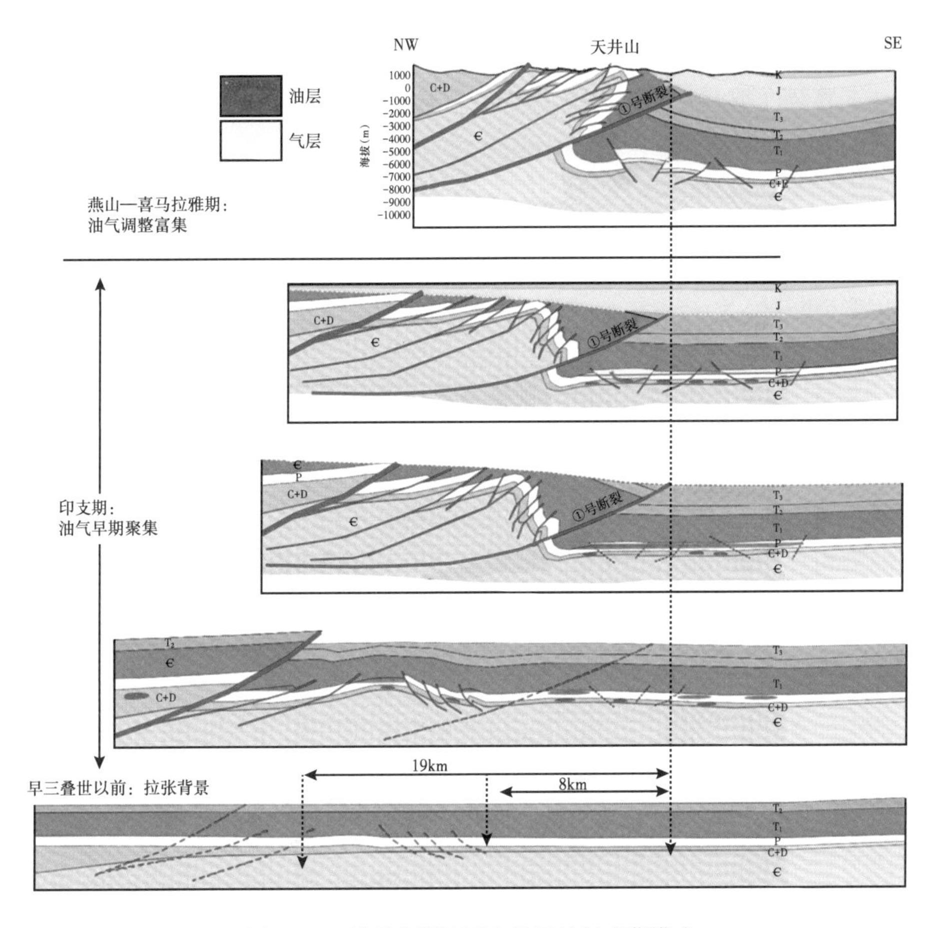

图 5-13　川西北部地区山前带油气成藏模式

受加里东古隆起影响，川西北部大部分地区泥盆系直接覆盖在寒武系之上，使得寒武系泥质烃源岩成为川西北部上古生界储层的主力烃源岩之一。筇竹寺组泥岩有机质类型为Ⅰ型，有机质丰度高。从生气强度图来看，川西北部下寒武统烃源岩生烃强度在 40×10^8~$80\times10^8m^3/km^2$ 之间，具备优越的生烃能力。

此外，加里东古隆起两翼和北倾没端紧邻志留系烃源区，也是川西北部上古生界的烃源岩之一。二叠系泥质灰岩和泥质岩同样是该区烃源岩，泥灰岩有机质类型以Ⅱ$_2$型为主，有机质丰度高，平均有机碳含量为 1.4%；泥岩有机质类型以Ⅲ型为主，平均有机碳含量为 2.24%。从生气强度图来看，川西北部是二叠系生气中心之一，生气强度大，在 18×10^8~$40\times10^8m^3/km^2$ 之间。

印支运动奠定了古油气藏的大范围聚集。烃源岩热演化史研究结果表明，川西北部双鱼石含气构造寒武系烃源岩开始生烃期为志留纪末，早三叠世进入生油高峰，中三叠世—早侏罗世为生气阶段，原油开始裂解的时期主要在中侏罗世以后。川西北部志留系烃源岩在早二叠世进入生油期，早侏罗世进入生油高峰，早侏罗世至今为生气阶段。而加里东期形成的古构造核部以东地区位于早期断裂下盘，受挤压整体抬升，双鱼石—中坝地区总体处于古构造高部位，呈北北东向展布，核部在广元—绵阳一带，剥蚀至中三叠统雷口坡组雷三段—雷一段，面积 7680km^2，与上覆上三叠统须家河组假整合接触，并完整接受上三叠统以上沉积。印支期古隆起形成时间与寒武系生烃高峰期匹配较好，有利于古油气藏的形成。三叠系嘉陵江组及雷口坡组膏盐层残厚可超过 300m，为古隆起范围内的栖霞组油气早期成藏创造了优越的保存条件。

在侏罗纪（图 5-12），①号断裂停止活动，侏罗纪末双鱼石—中坝地区持续隆起，形成相对隆起带，喜马拉雅期的推覆挤压应力主要由西侧大断裂释放，而断裂东侧下盘的隐伏前缘带表现为在印支期古隆起背景下的继承性隆起高带。隐伏前缘带形成的早期断层仅是挤压作用伴生断层，均消失于中三叠统的巨厚的膏岩层内，对下伏气藏形成了良好的封盖，亦有利于油气的保存。

燕山—喜马拉雅运动控制了气藏的规模富集。燕山—喜马拉雅期，川西北部受龙门山推覆构造应力作用影响，在印支期形成的盆地边界以西地貌较高区域内，由西向东发育三个主要的推覆构造单元，即青川、北川和马角坝推覆断裂带，断裂带内大—中型断裂、大型倒转构造发育，构造格局复杂，推覆挤压应力释放充分。印支期形成的盆地边界以东受到的挤压应力相对较弱，龙门山推覆构造带前锋带发育隐伏断裂，前锋带东边界为①号隐伏断裂。由于龙门山推覆挤压应力在三大断裂带得到充分释放，因此①号隐伏断裂并未进一步突破上覆的上三叠统或者侏罗系，对该断裂东侧下盘的隐伏前缘带油气藏起到良好的封堵性。喜马拉雅期，上古生界聚集的烃类物质已全面进入气态烃阶段。地震和钻井资料证实，在燕山—喜马拉雅期间，即使印支早期断裂得到加强，隐伏前缘带内的伴生断裂向上仍未能突破中—下三叠统膏盐层的有效覆盖，具备优越的成藏封闭条件。在这个构造单元内，栖霞组构成受岩性边界、封闭性隐伏断裂等条件控制的大型构造—岩性圈闭，天然气在其内重新调整聚集，并富集成藏。

5.1.2 川西南周公山—大兴场构造

5.1.2.1 气藏特征

以大兴场潜伏构造为例，该构造以中二叠统为目的层完钻井四口（大深 1 井、大深 001-X1 井、大深 001-3 井、大深 001-X4 井）。大深 1 井钻穿二叠系进入下伏寒武系九老洞组 21.76m 完钻，栖霞组测试产天然气 1.72×10^{4}m^3/d，茅口组测试产气 10.51×10^{4}m^3/d，产水 5.05m^3/d，无阻流量 11.13×10^{4}m^3/d，具工业性气流；大深 001-X1 井设计井深进入栖霞组中—下部完钻，对栖霞组—茅口组（5148.00~5893.00m）酸化施工后，测试获气 32.68×10^{4}m^3/d；大深 001-X3 井位为构造北翼，钻至下二叠统栖一段完钻，对栖霞组—茅口组（5475.00~6029.00m）酸化施工后，测试获气 12.68×10^{4}m^3/d，测试期间未产水，确定该层为气层；深 001-X4 井位于构造南翼，钻至中二叠统梁山组完钻，钻井过程在栖霞组钻遇垂厚 43.7m 的白云岩储层，分别对栖霞组白云岩储层和茅口组储层酸化施工后，测试分别获气 0.87×10^{4}m^3/d、12.66×10^{4}m^3/d。周公山—大兴场构造中二叠统天然气的勘探开发无疑展示了川西南部地区良好的勘探前景。

5.1.2.2 构造特征及演化

5.1.2.2.1 构造特征

平青剖面在地表穿过的构造有高家场背斜、三合场背斜、熊坡背斜、龙泉山背斜、威远背斜、孔滩背斜、邓井关背斜和青山岭背斜。以下将对每个带的构造特征进行详细介绍。

龙门山山前带构造相对复杂，以嘉陵江组顶部滑脱层为界，分为浅层构造楔和中—深层叠瓦构造（图 5-14a）。嘉陵江组顶部以上的地层随下伏构造而变化，说明浅层构造楔的形成要早于中—深层叠瓦构造。而在浅层构造楔构造中，部分构造楔又被更浅层的冲断层所截切，反映出了浅层构造的形成至少可以分为两期，而且浅层侏罗系中还发育了干涉构造。中—深层叠瓦构造的形成自北西向南东是“前展式”的，因为第一排断层（南东侧）的形成对第二排断层的形态产生影响，第二排断层的形成也对第三排断层（北西侧）的形态产生影响。剖面中断层几乎全部倾向北西方向。

大兴背斜构造在地表没有出露，是一个隐伏构造，主要位于浅层，是一单剪式断层转折褶皱（图 5-14b）。断层倾向北西，并进入下三叠统嘉陵江组—中三叠统雷口坡组膏盐滑脱层中，上三叠统须家河组以上地层全部发生褶皱，其下部分支断层与熊坡背斜浅层构造楔顶板反冲断层相交，并沿熊坡背斜核部出露地表。中层和深层无明显构造。

熊坡—东瓜场背斜带构造较为复杂，在熊坡背斜发育有浅层构造楔和断层转折褶皱，在东瓜场背斜发育浅层断层转折褶皱，二者之间靠近熊坡背斜位置发育一个规模较小的中层断层传播褶皱（图 5-14c）。浅层构造楔底板滑脱断层是下二叠统嘉陵江组顶部膏盐滑脱层，顶板反冲断层则截切了上三叠统须家河组和侏罗系，与大兴背斜构造中—下部分支断层合并，断层倾向南东。浅层断层转折褶皱在熊坡背斜和东瓜场背斜均有发育，但断层样式和发育层位不同。东瓜场浅层断层转折褶皱中的断层归入下二叠统嘉陵江组顶部膏盐滑脱层中，其断层倾向为北西向，为向形转折；而熊坡浅层断层转折褶皱中的断层则归入中侏罗统沙溪庙组底部的页岩滑脱层中，断层倾向南东，为向形和背形复合转折。中层断层传播褶皱规模较小，断层归入寒武系底部页岩滑脱层中，倾向南东，仅将二叠系错断。

龙泉山背斜构造比较简单。断层沿下三叠统嘉陵江组向上分叉，形成了两个断层转折褶皱（图 5-14d），两条断层均是由一个凹形转折和凸形转折组合而成，地层在沿断层爬升的过程中被动发生转折，形成褶皱。断层的形成次序为右侧分支断层先形成，左侧分支断层后形成，这是因为左侧分支断层的形成并未受到右侧分支断层的影响。两条断层均倾向北西，并出露地表。中层和深层无明显构造。

威远背斜构造较为复杂，主要由两部分组成，即深层构造楔和由构造楔顶板反冲断层形成的浅、中层断层转折褶皱（图 5-14e）。整个深层构造楔发育于震旦系甚至更老的地层中，其后翼顶板断层对其上部断层产生明显影响，说明构造楔形成的时间要晚于其上部断层，并将上部断层褶皱改造；构造楔内部发育断层转折褶皱。浅、中层构造是一宽缓的背斜，震旦系以上的地层全部发生褶皱，其形成与构造楔顶部反冲断层有关，为一单剪式断层转折褶皱。除了构造楔前翼顶板断层倾向南东，其余断层均倾向北西。而奥陶系和志留系在威远背斜顶部附近尖灭。

孔滩—邓井关背斜带包括孔滩背斜和邓井关背斜两个构造。该构造带由深层断层转折褶皱、中层断层传播褶皱及由二者联合作用形成的浅层背斜组成（图 5-14f）。深层断层转折褶皱发育于孔滩背斜前震旦系中，造成了震旦系及其以上地层全部被褶皱。中层断层传播褶皱发育于寒武系底部页岩滑脱层，断层错开了奥陶系底界，并终止于其中。两个背斜形成的机制不大相同。孔滩背斜是由深层断层转折褶皱和中层断层传播褶皱联合作用而形成，邓井关背斜则是由两个中层断层传播褶皱作用形成，邓井关背斜两个中层断层传播褶皱的断层倾向相反，构成了一个构造三角带。

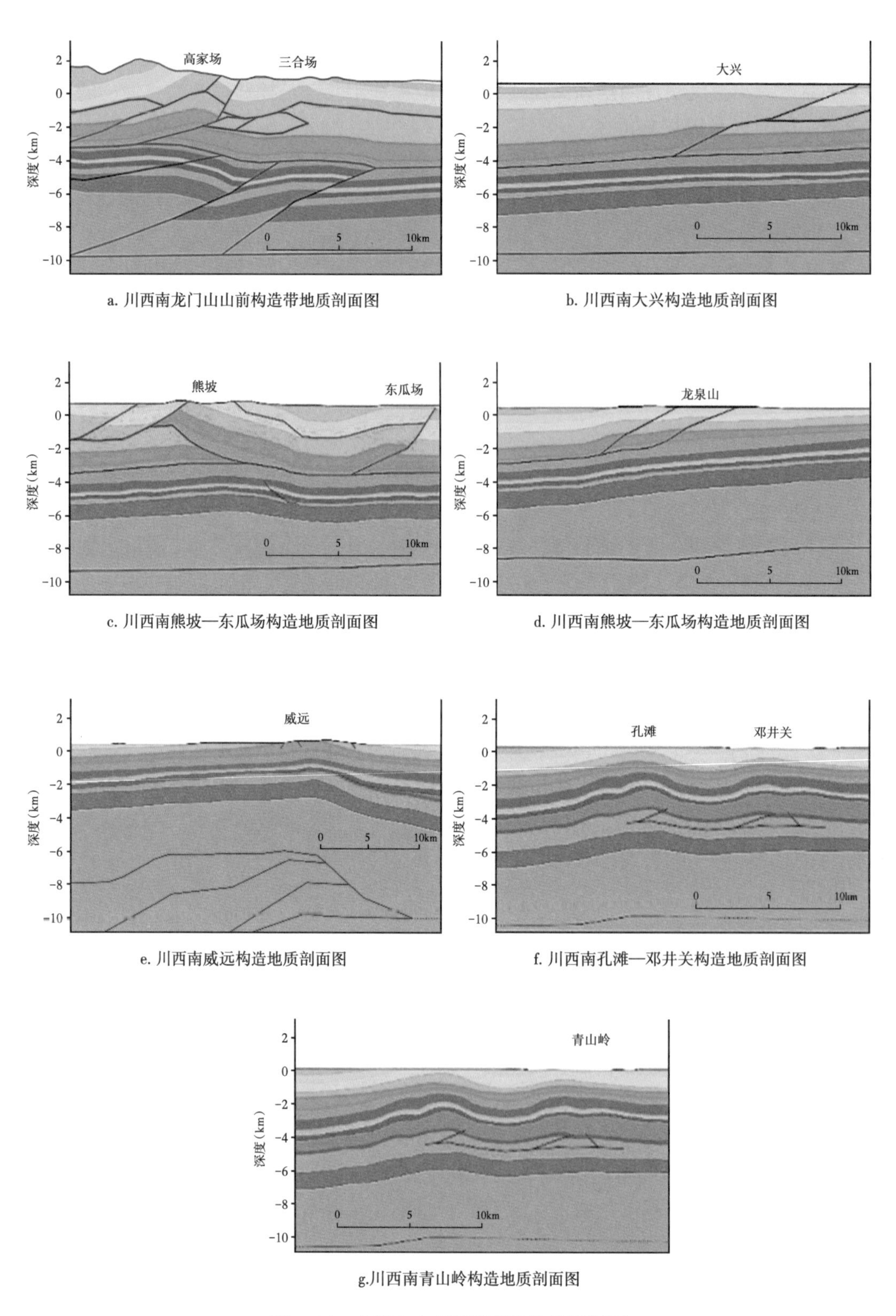

a. 川西南龙门山山前构造带地质剖面图

b. 川西南大兴构造地质剖面图

c. 川西南熊坡—东瓜场构造地质剖面图

d. 川西南熊坡—东瓜场构造地质剖面图

e. 川西南威远构造地质剖面图

f. 川西南孔滩—邓井关构造地质剖面图

g.川西南青山岭构造地质剖面图

图 5-14　龙门山山前带局部构造地质剖面

青山岭背斜的构造分层很明显，可分为中、浅层断层传播褶皱和深层构造楔（图 5-14g）。中、浅层断层传播褶皱规模很大，是形成青山岭背斜的主要机制，其断层归入寒武系底部页岩滑脱层，分别错断了奥陶系、志留系和二叠系，并向三叠系传播，断层倾向北西。深层构造楔从南东向挤入，导致震旦系和寒武系抬升。通过轴面分析认为，深层构造楔先挤入地层，导致震旦系以上地层整体形成断层转折褶皱，而后在寒武系页岩滑脱层发生滑动，形成中、浅层断层传播褶皱。

5.1.2.2.2　构造演化

（1）剖面构造演化。

震旦纪末发生的桐湾运动，造成盆地区域抬升并遭受剥蚀，形成了震旦系与寒武系的平行不整合（图 5-15a）。

寒武纪—志留纪期间，盆地处于克拉通坳陷阶段，海水从东南方向侵入，沉积了一套海相地层。受加里东运动的影响，盆地西部抬升，东部下沉，形成了西高东低的构造格局，并形成了轴迹为北东东向的乐山—龙女寺古隆起。志留纪末期加里东运动仍旧持续，造成的强烈隆升使得志留系发生区域性剥蚀（图 5-15b）。

泥盆纪—早二叠世末海西期，盆地继续抬升，并继续呈西高东低的构造格局，造成川西和川中地区的奥陶系被大面积剥蚀。泥盆系—石炭系分布相当局限，仅在盆地边缘发育。早二叠世末，区域抬升加剧，盆地内普遍发生沉积间断（图 5-15c）。

中二叠世—中三叠世印支期，海水将全区覆盖，盆地内地层几乎连续沉积。晚二叠世“峨眉地裂运动”在川西南形成了一套著名的峨眉山玄武岩。早三叠世由于江南古陆向西推进造成盆地西高东低的构造格局发生改变，转变为东高西低的构造格局。早—中三叠世以来盆地受到龙门山地区和江南古陆的相向挤压，形成了泸州古隆起，从而造成区内局限海沉积广泛发育，主要以膏盐岩为特征，并造成了中三叠统雷口坡组的局部缺失和剥蚀（图 5-15d）。

晚三叠世—侏罗纪时期是形成川西前陆盆地的重要阶段，晚三叠世也是盆地由海相沉积转换为陆相沉积的关键时期，而泸州古隆起进一步发育。由于龙门山开始崛起，因此晚三叠世—侏罗纪时期在川西地区发育了一套巨厚的陆相沉积，并向川中和川东地区逐渐减薄（图 5-15e）。

白垩系沉积较为局限，主要发育在川西、川中以及川西南地区。晚白垩世时期，龙门山冲断带以较快速率崛起，盆地内遭受北西向强烈挤压，分层滑脱变形开始出现，浅层构造开始沿下三叠统嘉陵江组—中三叠统雷口坡组膏盐滑脱层发育，熊坡背斜、龙泉山背斜和青山岭背斜等构造开始形成，而深层构造沿基底软弱层滑动，在泸州古隆起上继承性发育的威远背斜开始形成（图 5-15f）。

青藏高原的隆升、龙门山冲断带活动加剧及强烈的构造抬升造成盆地白垩系甚至侏罗系遭受剥蚀，并加强了分层滑脱变形强度。渐新世（约 30Ma）以来，青藏高原隆升加快，该时期是构造运动的活跃期，造成盆地内的构造初具形态，其中，三合场背斜开始形成，高家场背斜、熊坡背斜和龙泉山背斜及威远背斜继续发育，青山岭背斜和孔滩—邓井关背斜带已经形成（图 5-15g）。

上新世以来，青藏高原快速隆升，龙门山山前带深层构造沿震旦系软弱层滑动并以前展式逆冲形成叠瓦构造，浅层断层截切先前形成的断层并突破至地表，造成高家场背斜和三合场背斜最终形成，原来的熊坡背斜北西翼发育断层并截切先前断层，从而形成了大兴背斜，熊坡背斜就此定型，龙泉山背斜和威远背斜业已形成，最终形成了现今的构造形态（图 5-15h）。

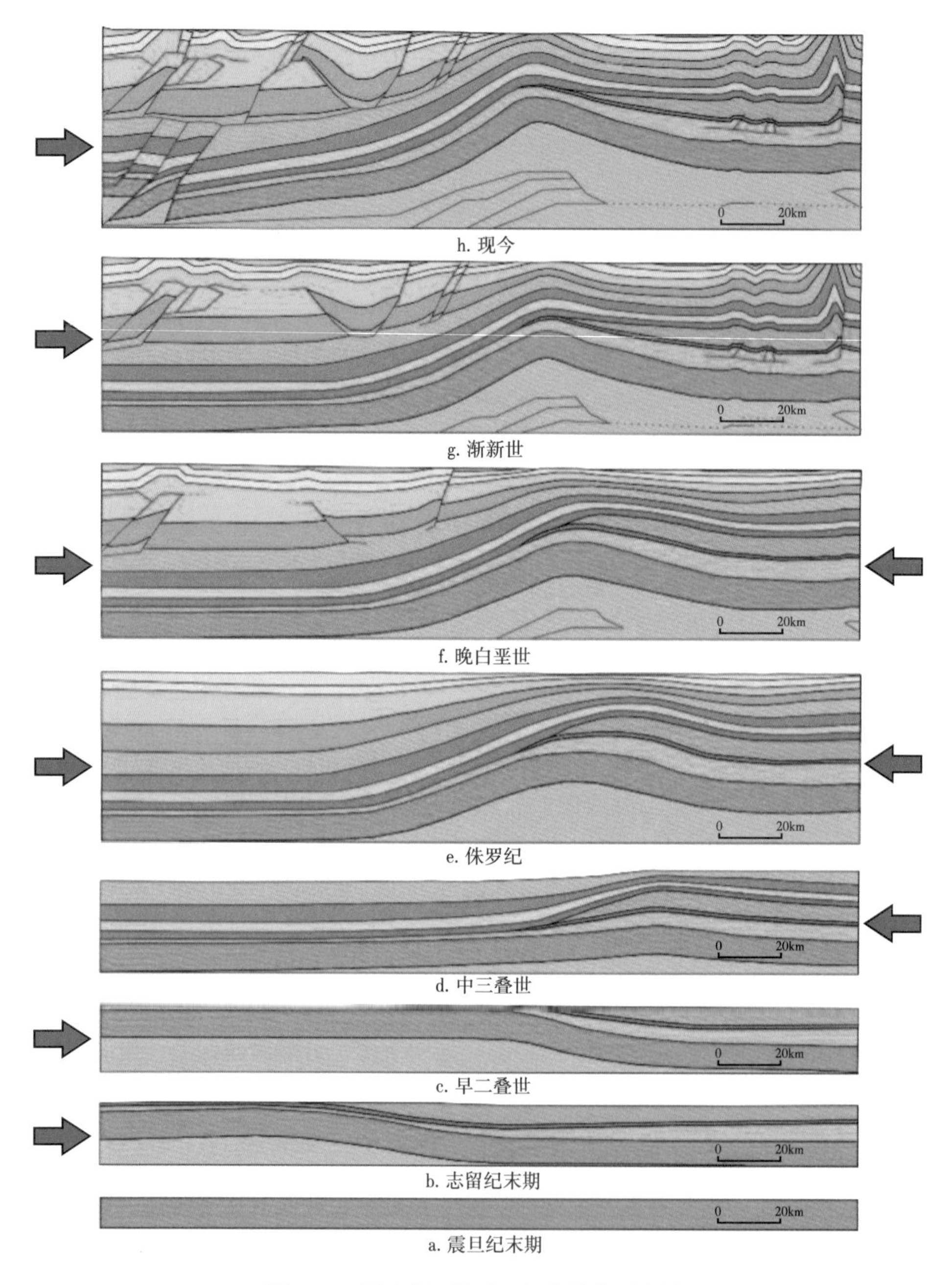

图 5-15 平青剖面构造—沉积演化示意图

（2）平面构造演化。

古构造演化过程是构造控制油气藏的第一阶段。在构造演化过程中，油气向低势区运移形成古油气藏，并且构造演化过程中对油气的控制作用很大一部分是决定了油气生成的时间。通过“分解多项式”的形成来解析多期叠加变形的构造面貌，以把握住构造演化规律，进而通过对每一时期的构造特征分析实现对构造演化的动态监控，为石油地质综合研究的四维或多维模型的建立奠定基础。同时也可探讨油气聚集与各期构造特征及演化的关系，尤其是排烃期的古构造对油气聚集的影响。为了实现上述目的，采用钻井与人工井相结合的方法编制了川西南部二叠系栖霞组不同时期的古构造图，从而研究川西南部二叠系栖霞组的构造变形过程和油气运聚的关系。

本书利用研究区 12 口实际钻井资料，以及二维、三维地震资料读取的 30 个人工井，在印支期、喜马拉雅期剥蚀厚度基础上，对川西南部中二叠统栖霞组的平面构造演化过程进行了恢复，编制了不同时期（共 9 期）的古构造图，结合野外地质剖面资料，综合分析研究区的二叠系的构造变形过程。

四川盆地的沉积盖层经历了多次构造运动，每次构造运动对盆地构造格局、地层变形及地层之间的接触关系具有重大影响。二叠纪前四川盆地作为中—上扬子地台的一部分，经历了晋宁运动、桐湾运动、加里东运动、东吴运动，形成了多个区域性不整合面。早寒武世盆地沉积厚度均出现自东向西增多加大的变化，显示水体趋于加深（汪泽成等，2002）。中—晚寒武世受加里东构造运动的影响，隆升为陆并遭受剥蚀，使得大部分区域缺失中—上寒武统并且使整个盆地古构造呈现大隆大坳相间格局，此时的川西南地区受康滇古陆的影响为川中坳陷的斜坡带，区内寒武系剥蚀严重。寒武纪末期，继续受加里东构造运动的影响，盆地主要表现为区域性的升降运动，盆地从西向东逐渐抬升，形成雅安—龙女寺古隆起，此时川西南部处于古隆起的中心，并在后期遭受剥蚀，加里东构造运动在泥盆纪达到高潮，整四川盆地大规模整体抬升。川西南地区同样抬升成陆，发生沉积间断，接受剥蚀。受构造运动影响，研究区大范围缺失泥盆系—石炭系。加里东末期后，以龙门山后山断裂为界，断裂西侧是与松潘—甘孜—理塘洋相邻的陆缘海，而东侧则是克拉通背景下的陆表海环境。

加里东运动导致的川中古隆起形成后，长期遭受剥蚀，直至早二叠世初，二叠纪是四川盆地晚古生代沉积充填与构造演化的重要转折期。该时期发生的古特提斯洋扩张演化、峨眉山大火成岩省构造热事件和盆地拉张裂陷活动等一系列地质事件。构造运动不仅控制着盆地的沉积演化阶段和各阶段盆地内的沉积充填特征，而且控制着不同时期的沉积格局和古地理面貌。早二叠世，四川盆地再一次海侵，海水由东南方向向北西方向侵入，整个扬子地台被淹没，区域沉降接受沉积，下二叠统梁山组广泛沉积覆盖于该套夷平面之上，且随着海侵规模的不断扩大，至早二叠世晚期。至中二叠世，海水已全面覆盖整个四川盆地，盆地内发育中二叠统栖霞组和茅口组台地相和缓坡相碳酸盐岩，沉积非常稳定（赵宗举等，2012；邱琼等，2015）。在中二叠世末期，四川盆地经历了一次东吴运动，导致上扬地地台广泛海退，其运动性质是地壳快速差异的抬升，动力来源于峨眉山地幔柱的隆升（何斌等，2005）。因此，在漫长的地幔柱活动及后续的构造运动作用的影响下，必然会对四川盆地沉积层系的构造演化和沉积环境产生重要的影响。

首先，在栖霞组沉积期，由于地幔柱活动强度相对较弱，在盆地内部多以升降运动为主，形成穹隆状隆起。早期地幔柱活动对栖霞组沉积期的主要控制作用表现在地壳大规模隆升，并影响着栖霞组地层厚度、古地理格局及沉积相展布等。在栖霞组沉积早期，四川盆地迎来晚古生代以来大规模的海侵作用，海平面上升，淹没盆地，受盆地西南高、东北低古地貌格局的影响，水体自西南向北东方面逐渐加深，盆地整体处于碳酸盐岩浅水沉积环境之中（杨巍等，2014）。栖霞组上覆于梁山组之上，厚度主要分布在 20~150m 之间，从区域沉积格局上看，四川盆地在栖霞组沉积环境变化不大，主要为开阔台地、台地边缘沉积，其中在台地上发育台内滩沉积，台地边缘发育台缘滩等微相类型。

晚二叠世早期，由于东吴运动的影响盆地再次差异隆升，在川南伴有峨眉山玄武岩喷发，致使盆地呈现出向北倾斜的地貌特征。晚二叠世末期，四川盆地及邻区构造活动较为强烈，扬子板块北缘受古特提斯洋拉张活动。四川盆地在区域性拉张作用背景下，受基底断裂活动控制形成南西向长条状展布的构造沉降带，造成海水深浅不一，栖霞组顶面呈现形成近乎于北西南东向的隆坳相间格局。川西南地区自贡及成都地区相比其邻近地区抬升幅度要大。在浦江以西一带则为凹陷相对坳陷（图 5-16）。从构造演化与油气聚集角度来看，四川盆地下寒武统优质烃源岩在二叠纪末已经开始进入生油窗，与此同时在川西地区栖霞组顶面出现多个局部古构造高点，可能为古油藏聚集有利区。

印支运动是四川盆地形成演化过程中的重大构造事件和沉积转换事件。中三叠世以前，早三叠世的沉积地层包括飞仙关组和嘉陵江组两个沉积单元。由于江南古陆不断向西推进，早三叠世西浅东深的古构造格局发生变化，呈东浅西深。下三叠统飞仙关组沉积前，在晚二叠世深水基础上填平补齐接受海相沉积，川中古隆起消失，进而在川东南部形成了泸州古隆起的雏形。研究区自贡地区埋藏最浅，自贡以西栖霞组整体呈持续埋深，而成都—浦江—雅安一带相对其两侧地区则呈现出了相对高部位带（图 5-17）。

早三叠世嘉陵江组沉积期，四川盆地川东南地区泸州古隆起就已具有雏形，为同沉积隆起，川东开江和泸州两个印支期古隆起逐渐形成（韩克猷，1995）。在此构造背景下，川西南受到川东南泸州古隆起的影响，研究区相对为沉降区，而此时川西南栖霞组整体构造格局继承了前期的格局，自贡地区埋藏依然最浅，为整个研究区构造最高部位，自贡以西栖霞组整体呈持续埋深（图 5-18）。

中三叠世，四川盆地处于最重要的构造变革期，实现了由海盆向陆相湖盆的转变，表现为大面积造陆隆升。中三叠世末，川东以泸州和开江为核心的古隆起已经发展壮大。而川东以西的研究区自贡地区继续抬升幅度更大。自贡以西栖霞组整体呈持续埋深，但浦江—雅安地区仍然较邻区为相对高部位区，与此同时在浦江区存在低幅度圈闭带（图 5-19）。

晚三叠世前，即中三叠世晚期印支运动早幕最活跃阶段，其使四川盆地相对龙门山及松潘—甘孜地区的整体隆升，四川盆地出现早三叠世以来的第一次大规模海退，川中—川东地区陆续露出水面遭受剥蚀。中三叠世末，开江和泸州两个印支期古隆起发育达到最大，至晚三叠世须家河组沉积前，古隆起发育结束。于川东地区泸州—开江古隆起形成。受古隆起控制，研究区东部栖霞组顶面整体埋藏较浅，以自贡地区为构造最高点。研究区西部则继续沉降，但是在浦江—雅安地区栖霞组顶面明显呈现条带隆升带，出现大面积的相对隆起高部位，此外以浦江—雅安地区为中心还出现了局部构造圈闭（图 5-20）。

5.1.2.3 油气成藏期次

5.1.2.3.1 平落坝构造

平探 1 井位于四川盆地川西南部平落坝潜伏构造，储层主要为栖霞组的中—粗晶云岩，圈闭类型主要为断背斜。储层中见多期矿物的充注，主要的矿物充填成岩序列为第Ⅰ世代方解石 → 第Ⅱ世代粗晶云石 → 第Ⅲ世代粗晶云石、方解石 → 第Ⅳ世代方解石，这些矿物中发育的流体包裹体记录了较为完整的油气充注序列。

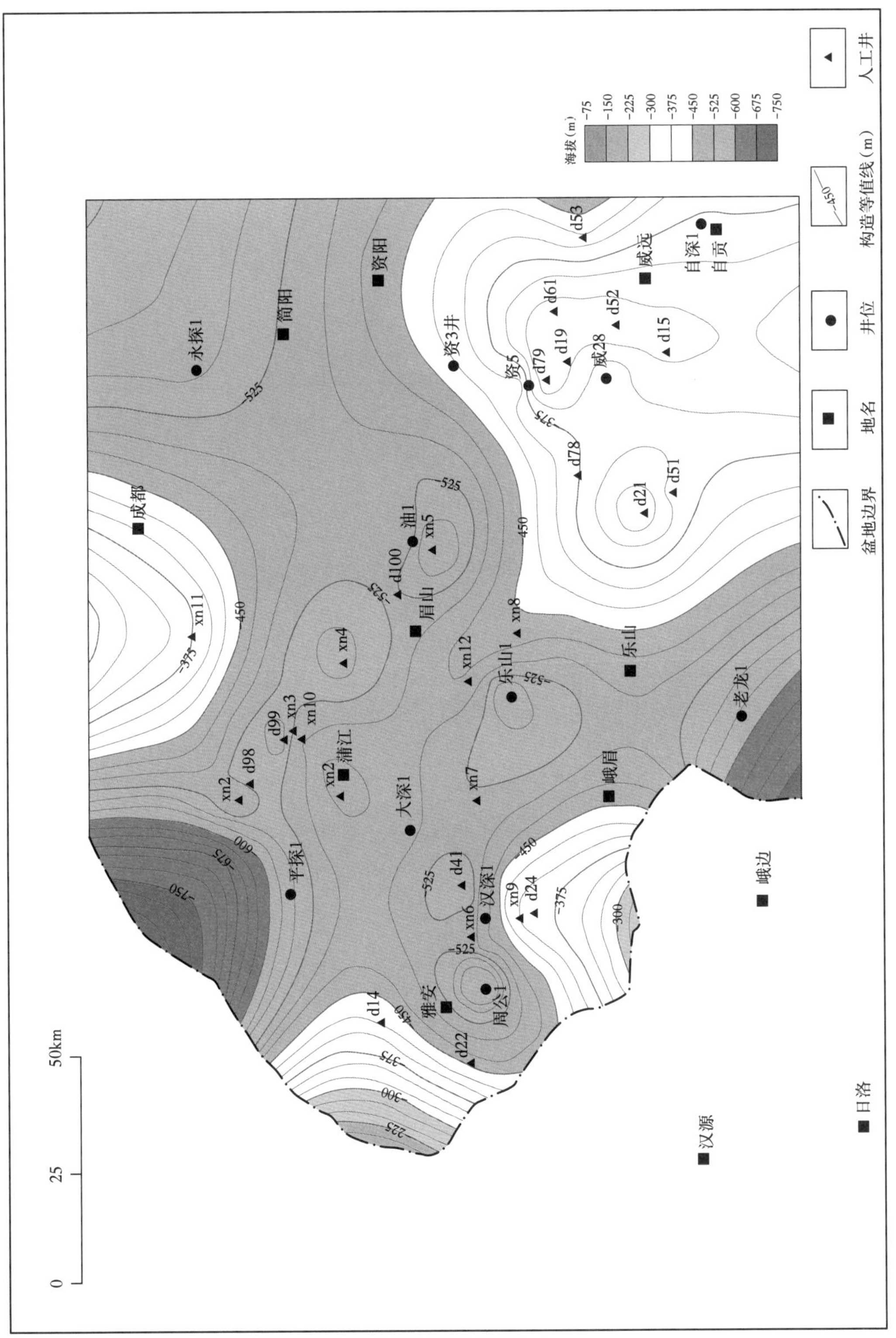

图 5-16　川西南部二叠纪末栖霞组顶面古构造图

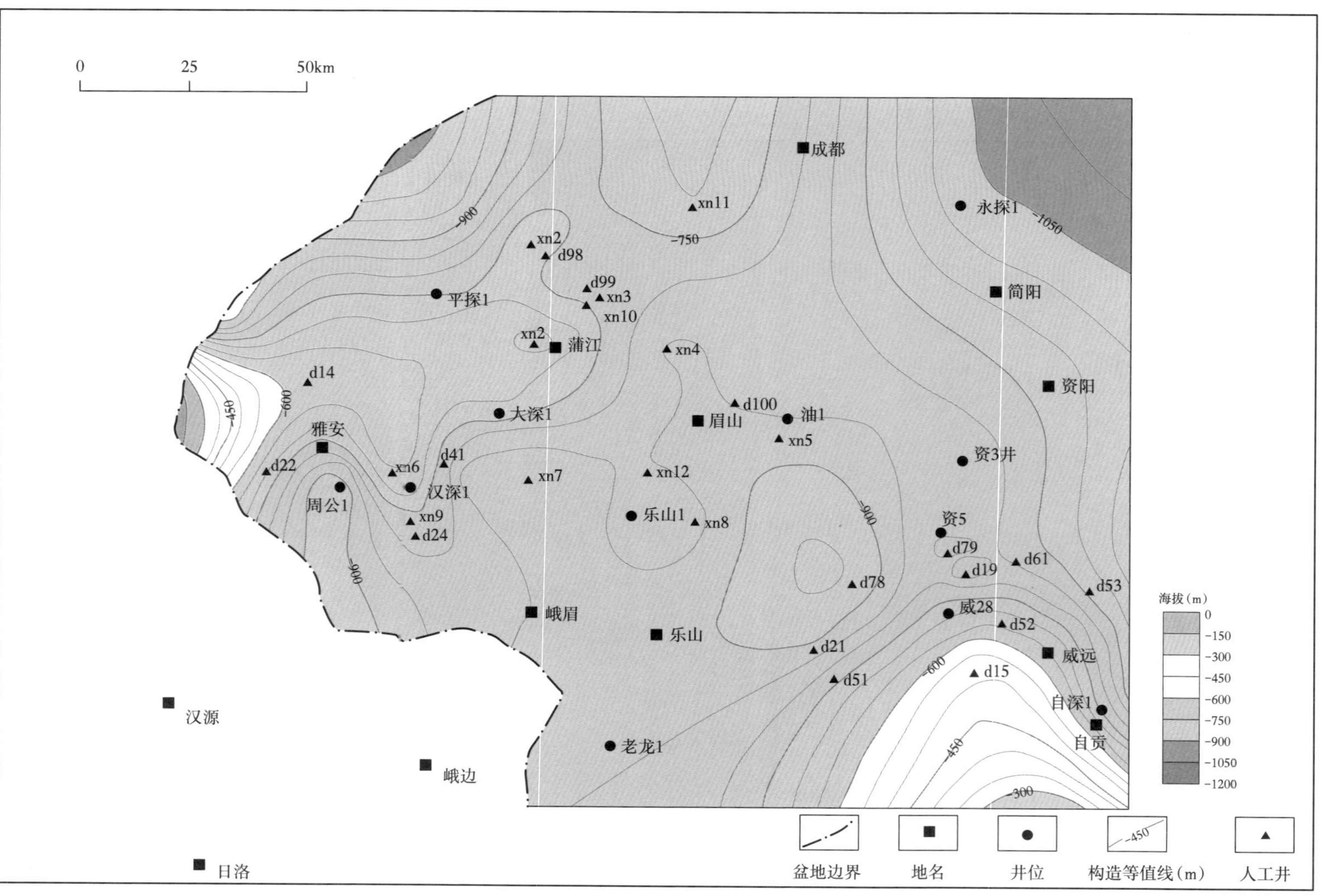

图5-17　川西南部飞仙关组沉积期末栖霞组顶面古构造图

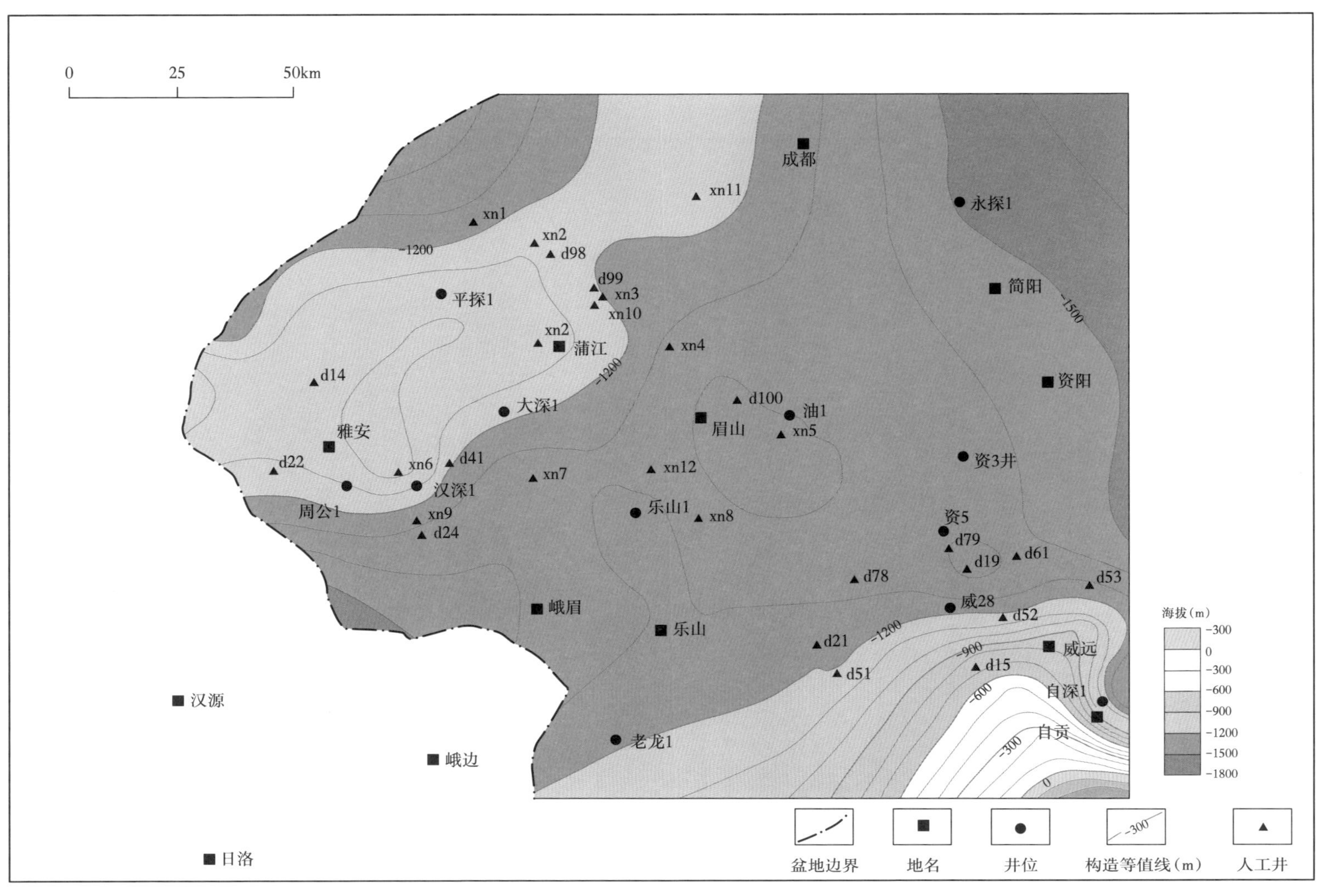

图 5-18　川西南部嘉陵江组沉积期末栖霞组顶面古构造图

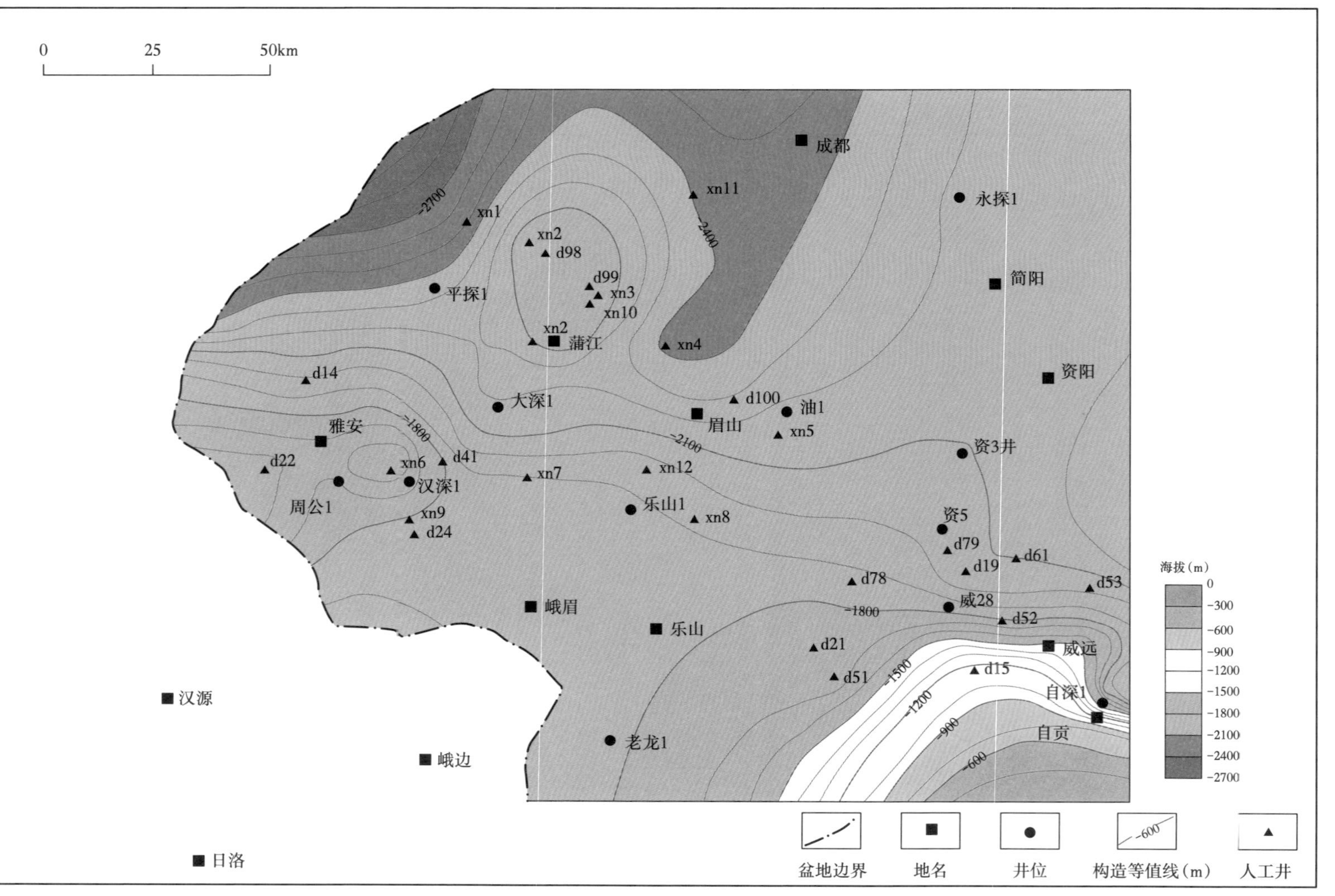

图5-19　川西南部雷口坡组沉积期末栖霞组顶面古构造图

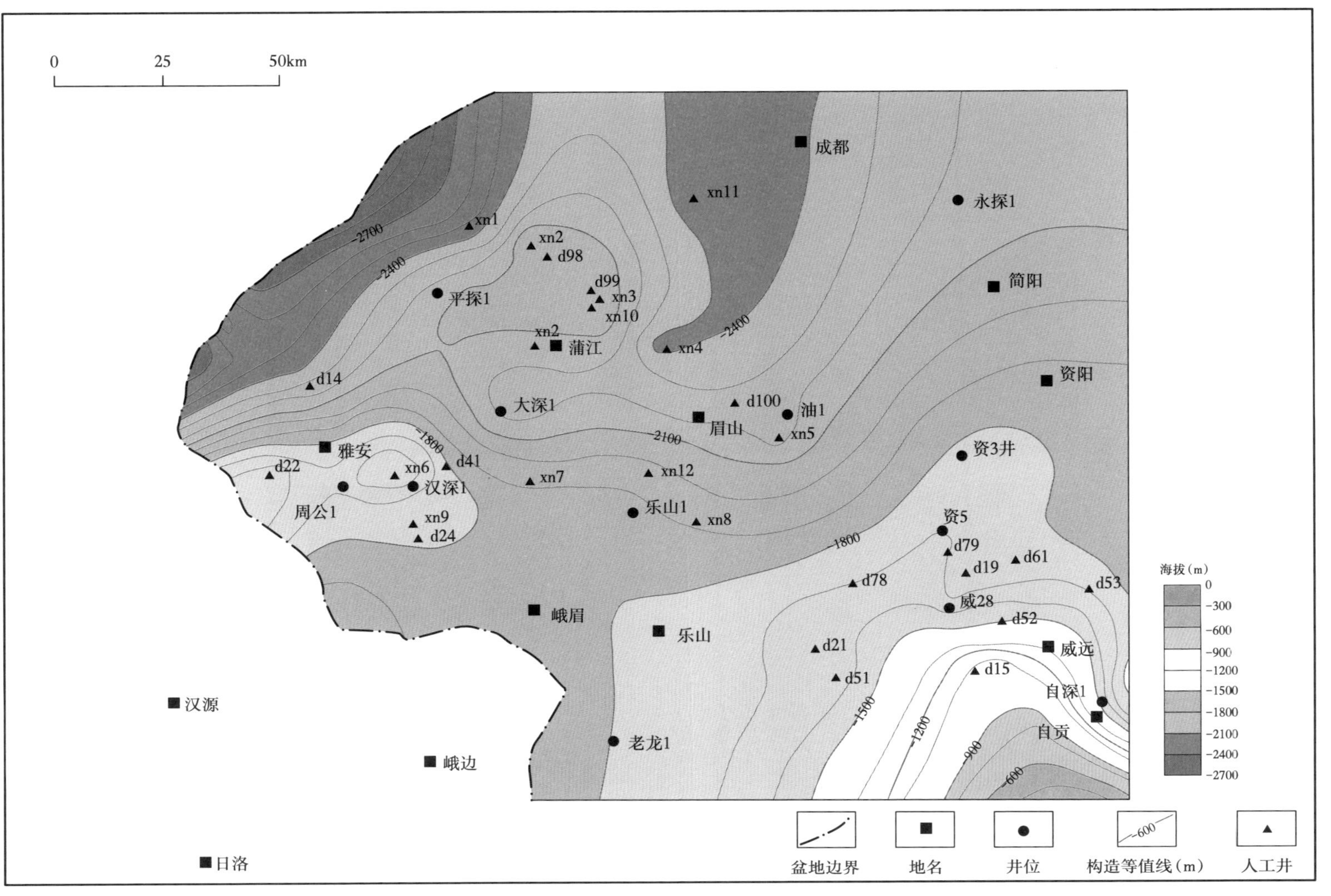

图 5-20　川西南部晚三叠世前栖霞组顶面古构造图

第Ⅰ期溶洞中的方解石中主要为液烃包裹体，丰度较高，对应的盐水包裹体的均一温度 T_h 为 59~73℃，表明下寒武统烃源岩早期生成的液态烃被早期岩溶孔洞中沉淀的方解石所捕获；第Ⅱ期为粗晶云石中的液烃包裹体，均一温度为 108~112℃，仍然为液态烃的充注；第Ⅲ期为孔洞中方解石所捕获的气液烃包裹体和气烃包裹体，均一温度为 138~142℃，表明该阶段寒武系的烃源岩为主要的油气生成高峰期；第Ⅳ期为孔洞中方解石的气液烃包裹体＋气烃包裹体，以气烃包裹体居多，均一温度为 156~173℃，主要记录了油裂解气及天然气充注的成藏事件（图 5-21）。

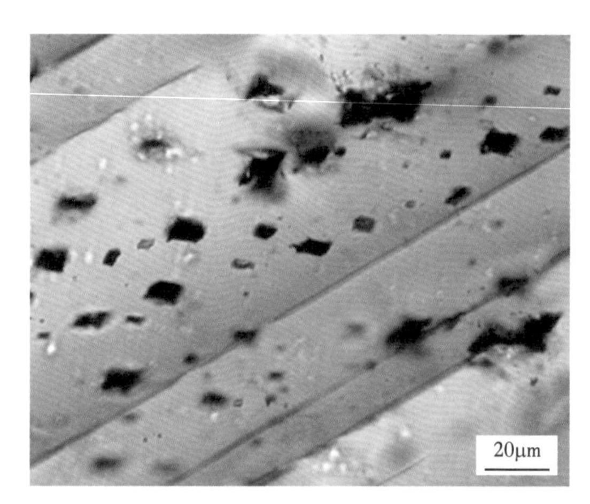

第Ⅰ期，孔洞及溶洞中方解石中富沥青质包裹体（早期为液烃包裹体），6770.68m；T_h：59~73℃

第Ⅱ期，粗晶云石中的液烃烃包裹体，6762.89m；T_h：108~112℃

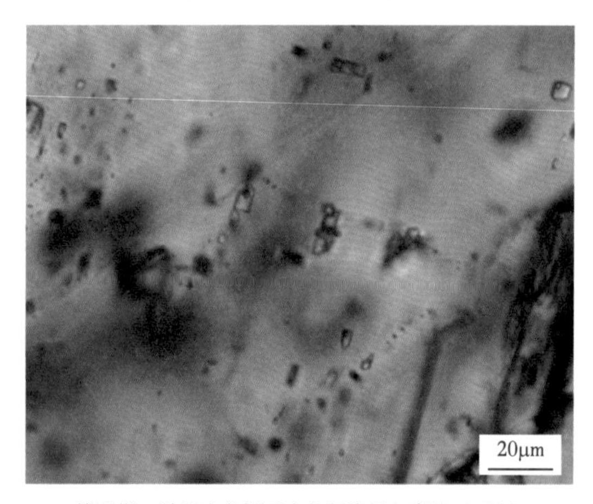

第Ⅲ期，孔洞中方解石中的气液烃包裹体+气烃包裹体，6762.89m；T_h：138~142℃

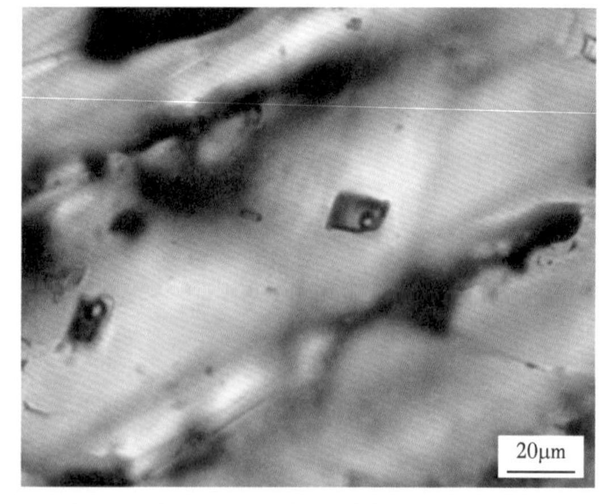

第Ⅳ期，孔洞中方解石中的气液烃包裹体+气烃包裹体，6762.89m；T_h：156~173℃

图 5-21　平落坝构造平探 1 井栖霞组不同矿物中的流体包裹体发育特征

从流体包裹体发育特征来看，平探 1 井至少有四期成藏过程（图 5-22），而且早期发育古油藏。从对应的埋藏—热演化历史以及对应的均一温度来看（图 5-23），最早期的古油藏形成时间在印支期。其次油气充注主要在晚三叠世—早侏罗世，为液态烃充注，为第Ⅱ期古油藏；第Ⅲ期主要为原油裂解气的发育时期，形成于早—中侏罗世；第Ⅳ期主要为气态烃的充注，时间为晚侏罗世—早—中白垩世。

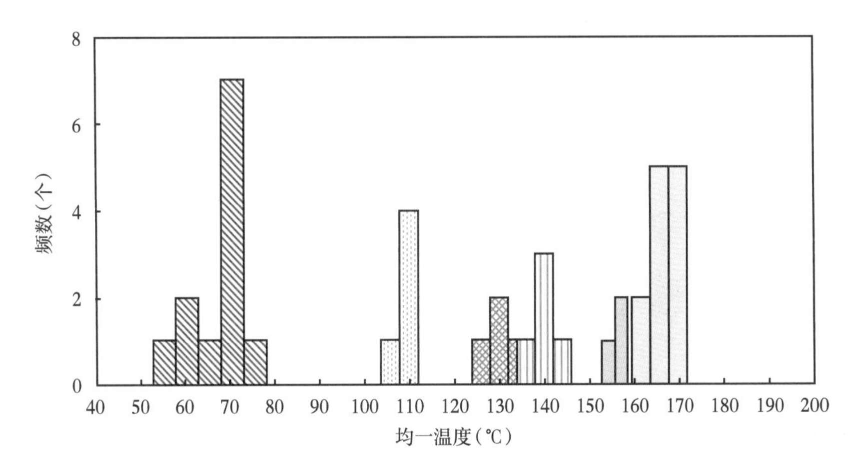

图 5-22　平探 1 井流体包裹体均一温度分布直方图

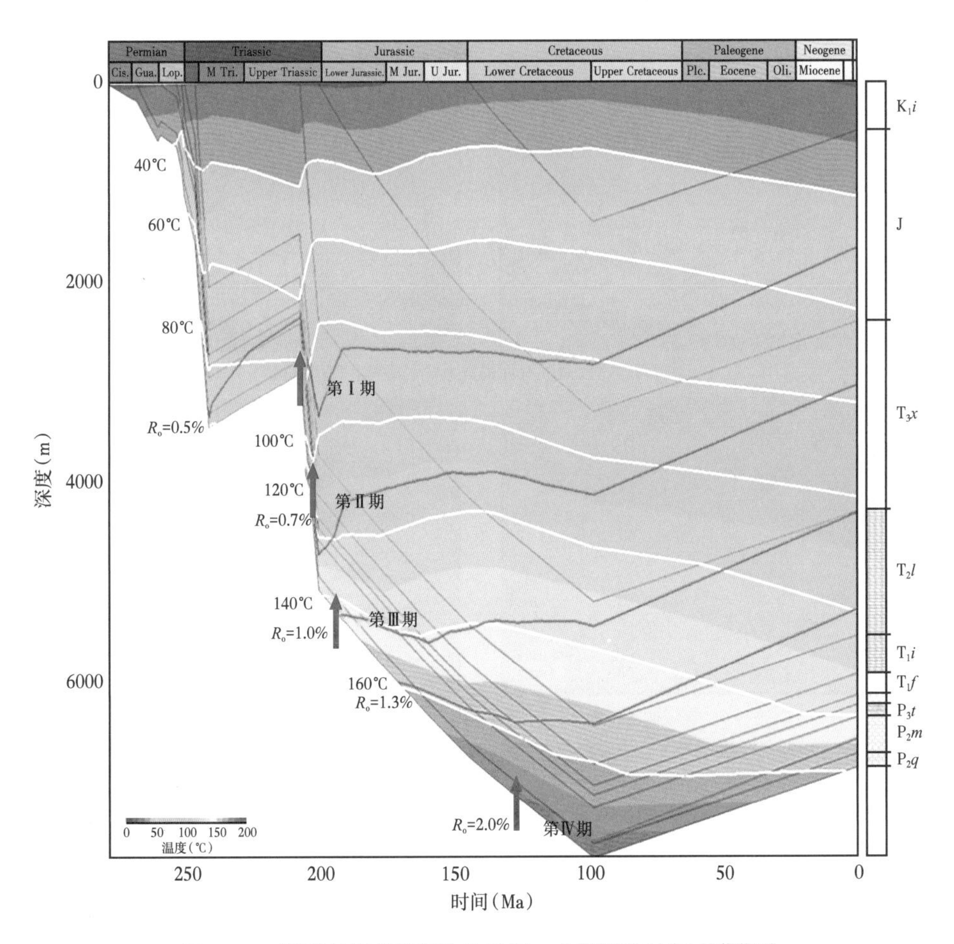

图 5-23　川西南部平落坝构造平探 1 井栖霞组油气成藏期次

5.1.2.3.2　周公山构造

冲起构造在川西南部周公山地区腹部地层广泛发育，表现为一条主控断裂之上发育多条调节性次级断裂，主控断裂与次级断裂倾向相对，代表井为周公 1 井。

周公1井栖霞组白云岩较为发育，主要为细—中晶云岩，部分为粗晶云岩。主要发育白云石晶间孔隙，主要发育在自形细晶云石孔隙的边缘，半自形—它形云石的晶间孔隙不发育。

和汉王场构造、平落坝构造较为相似，同样发育四个期次的流体包裹体（图5-24），记录完整的液态烃油裂解气、气态烃充注序列。

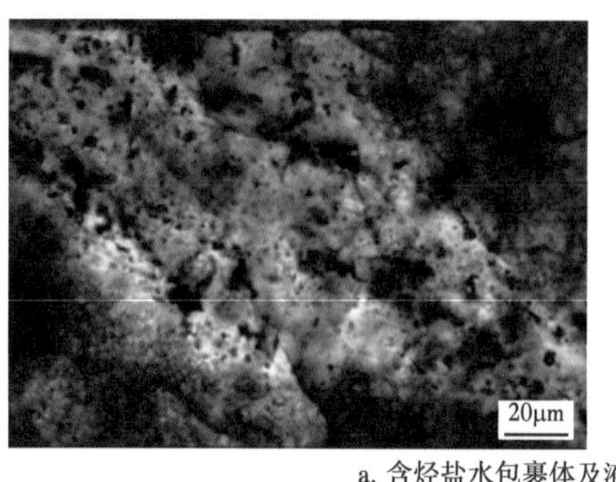

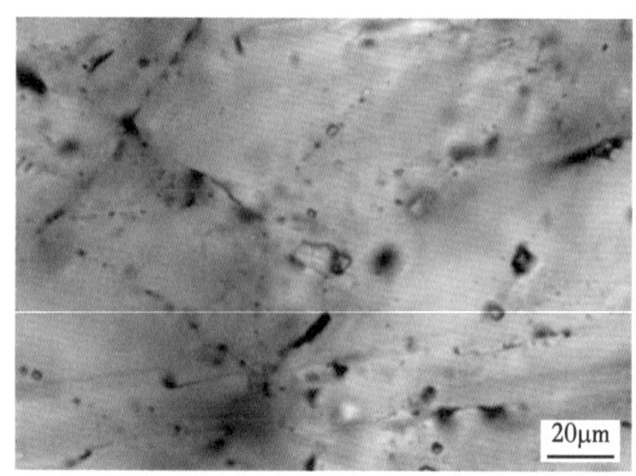

a. 含烃盐水包裹体及液烃包裹体，3509.51m

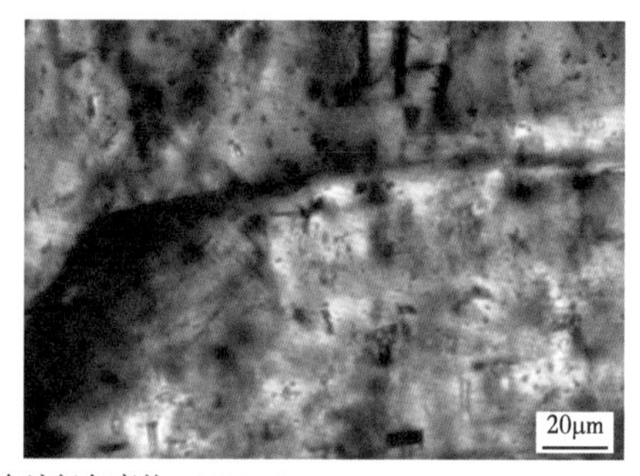

b. 含烃盐水包裹体及深褐色液烃包裹体，3505.12m

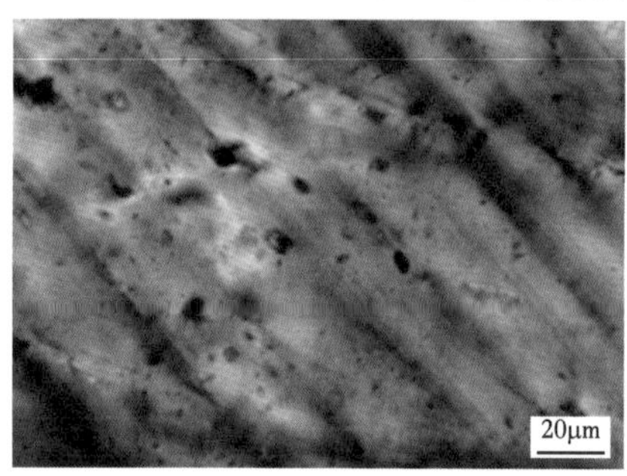

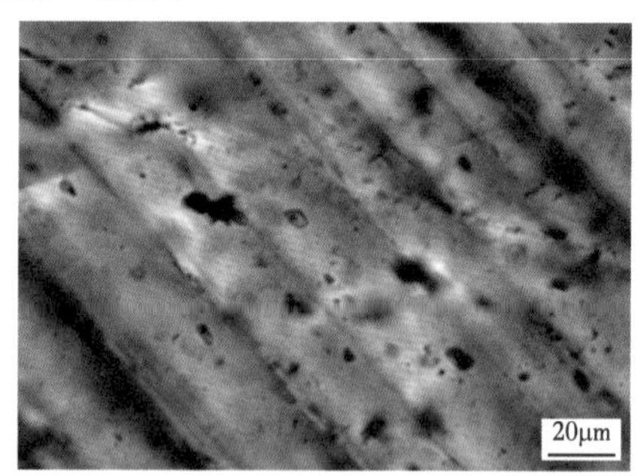

c. 含烃盐水包裹体、沥青包裹体及气烃包裹体，3505.12m

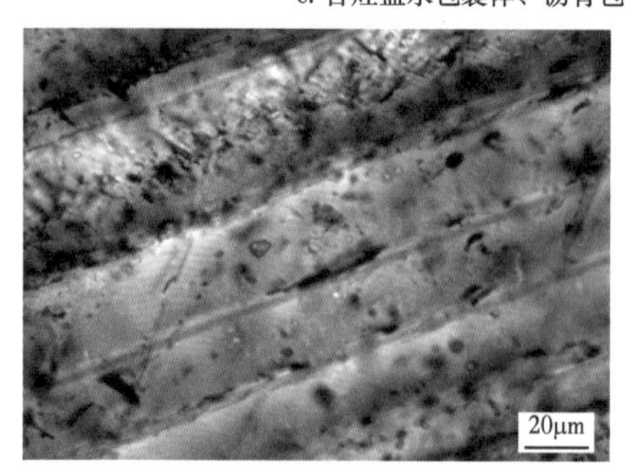

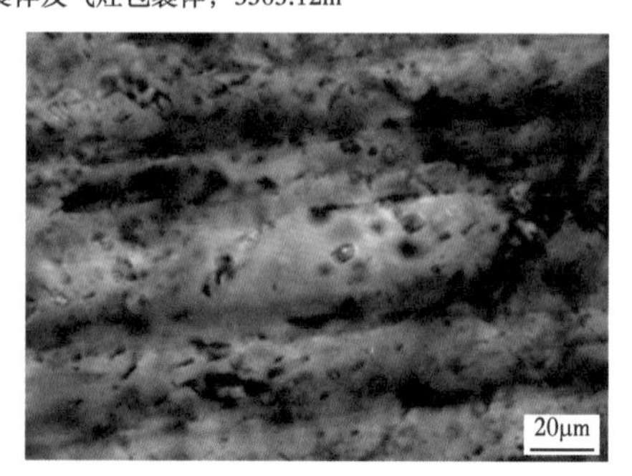

d. 方解石内的含烃盐水包裹体、含烃盐水包裹体、沥青包裹体及气烃包裹体，3505.12m

图5-24　周公山构造周公1井栖霞组不同期次流标包裹体发育特征

第Ⅰ期主要含烃盐水包裹体及液态烃包裹体，对应的盐水包裹体的均一温度为 98~121℃（图 5-25），充注时间为印支期；第Ⅱ期主要为含烃盐水包裹体及深褐色液烃包裹体，主要为古油藏的形成期，对应的盐水包裹体的均一温度为 123~142℃，古油藏的形成时间为晚三叠世—早—中侏罗世；第Ⅲ期为方解石中的含烃盐水包裹体、沥青包裹体及气烃包裹体，代表了古油藏的原油开始裂解为天然气形成古气藏的成藏事件，对应的盐水包裹体的均一温度为 153~175℃，时间主要为中—晚侏罗世；第Ⅳ期为方解石内的含烃盐水包裹体、含烃盐水包裹体、沥青包裹体及气烃包裹体，发育丰度较高，主要代表了古气藏的成藏时间，对应的盐水包裹体的均一温度为 175~215℃，对应的地质时间为早—中白垩世。从流体包裹体的期次及特征看，周公 1 井发育完整的成藏序列，从早期的古油藏，到原油裂解气及晚期的古气藏，晚期矿物中发育的气态烃的丰度较高，表明古气藏的丰度较高。周公山构造现今为一含气构造，表明古气藏是在晚期破坏的。根据构造演化来看，周公山构造发育通天断层，破坏的时间应该在喜马拉雅期。

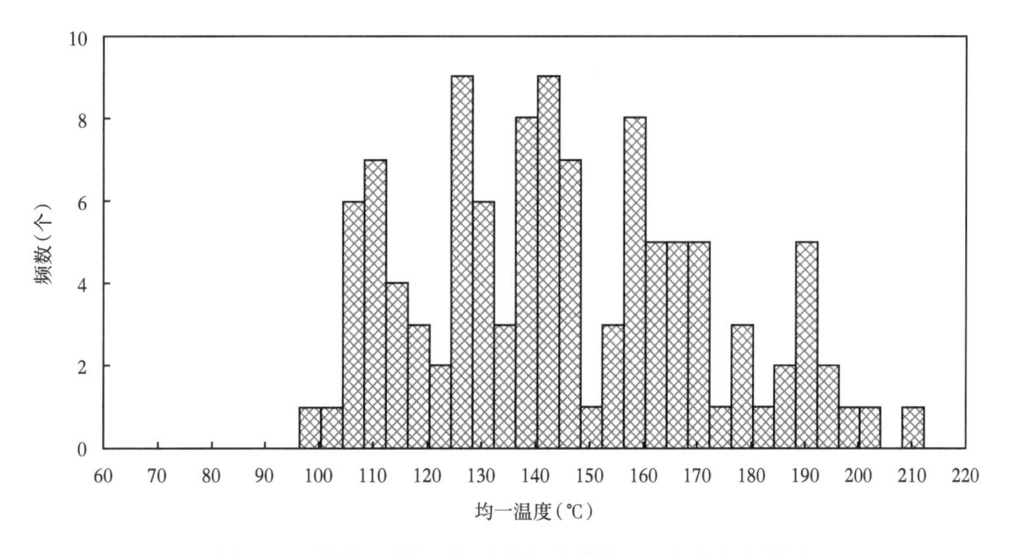

图 5-25　周公 1 井栖霞组流体包裹体均一温度分布直方图

5.1.2.4　油气成藏演化及模式

川西南部栖霞组气藏的主要油气源为下寒武统筇竹寺组，储层主要为栖霞组白云岩储层。为了更好地刻画油气充注过程及成藏演化。根据流体包裹体和烃源岩生烃演化的研究，对印支期及以后的成藏演化进行分析（图 5-26、图 5-27）。图 5-27 为过周公山、汉王场、三苏场、东瓜场构造剖面图，印支期为古油藏的发育期，根据薄片观察，周公 1 井、汉深 1 井、乐山 1 井栖霞组白云岩储层可见丰富的沥青显示，表明川西南部古油藏大面积发育，储层中的流体包裹体也见丰富的液态烃。

中—晚侏罗世（白垩系沉积前），储集空间中主要为原油裂解气，是古油藏向古气藏转化的时期，受燕山构造运动的影响，断裂较为发育，表现出构造反转、挤压变形的特征。该时期的断裂明显较印支期发育的多，但这些断裂大都断至地表。该时期古油气藏仍有较好的保存条件，储层中的流体包裹体存在丰富的沥青质包裹体和气烃包裹体。

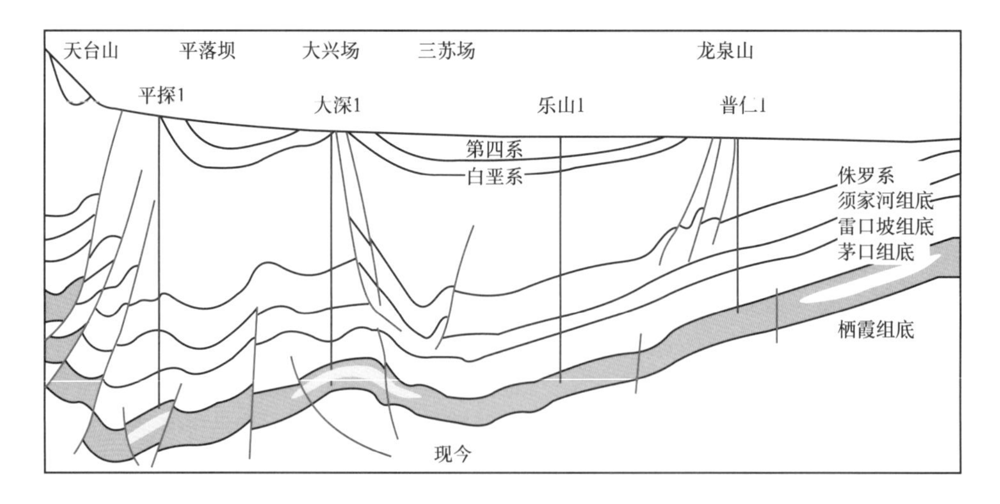

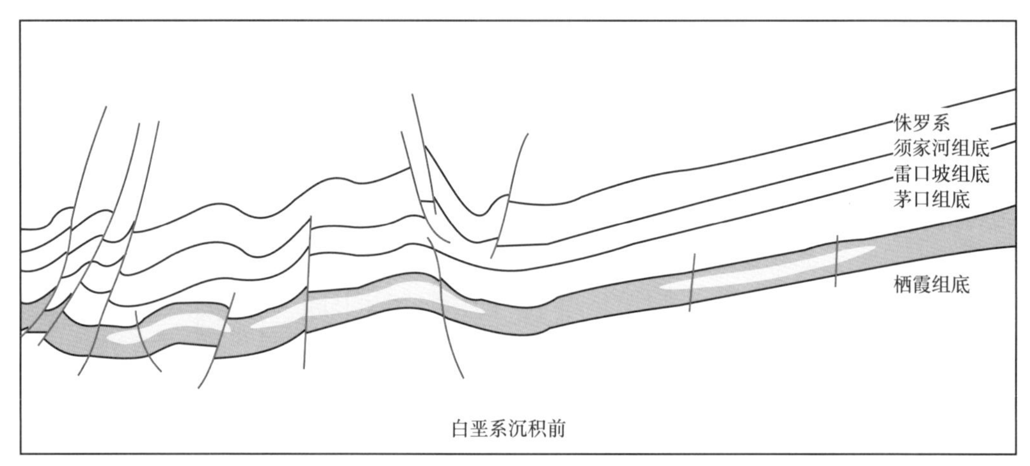

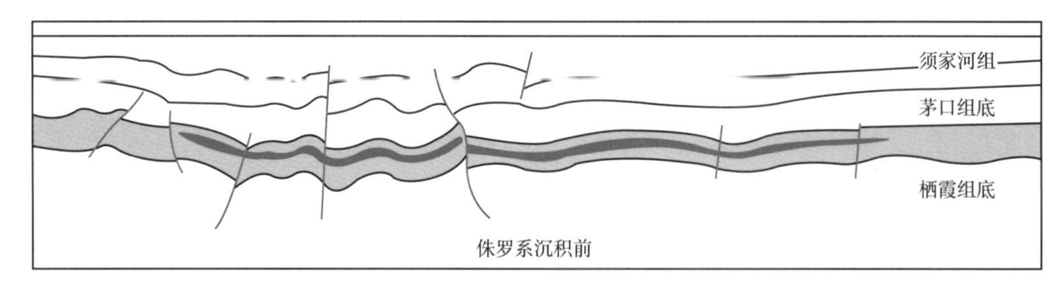

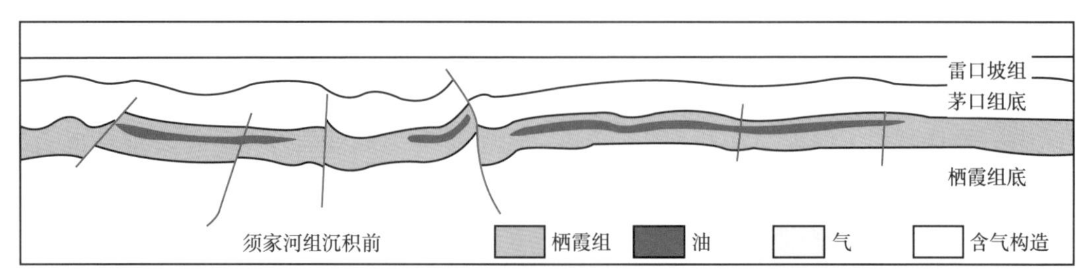

图 5-26　川西南部过平落坝—大兴场—三苏场—铁山北构造印支期至今栖霞组油气藏演化图

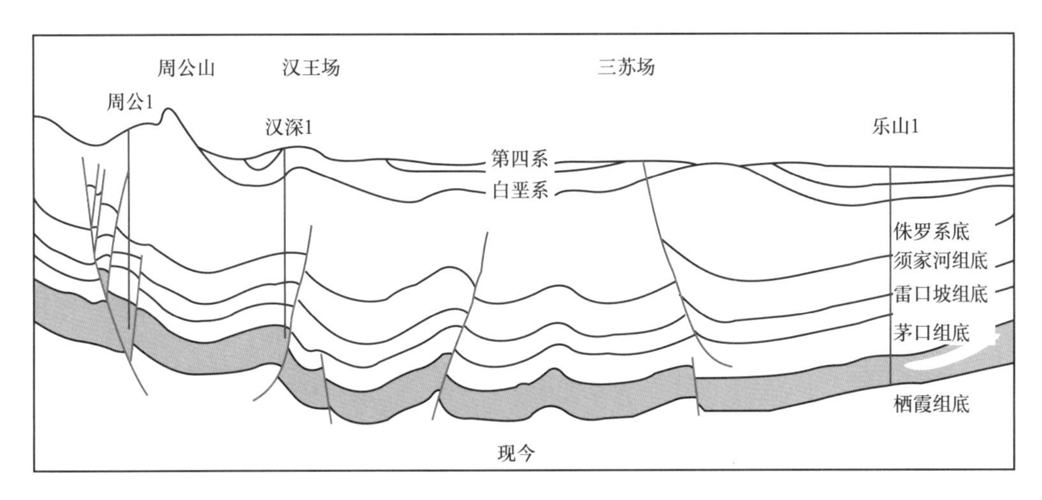

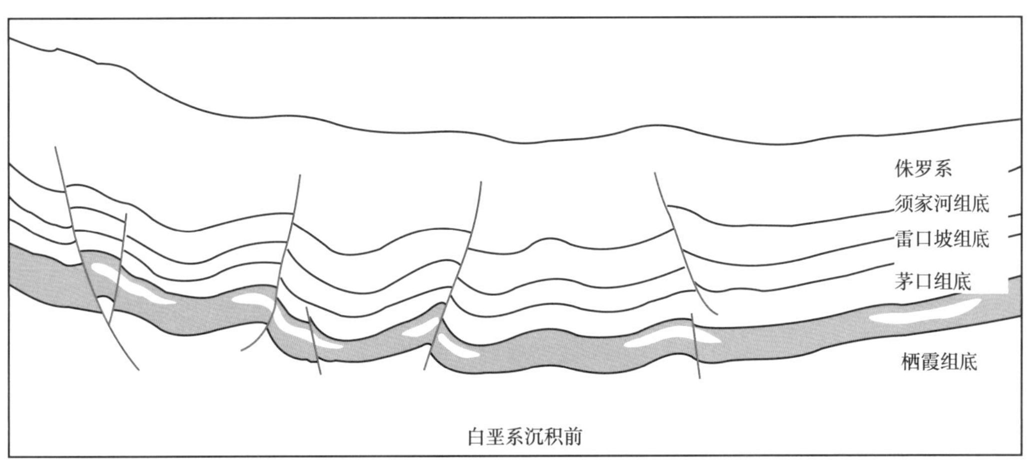

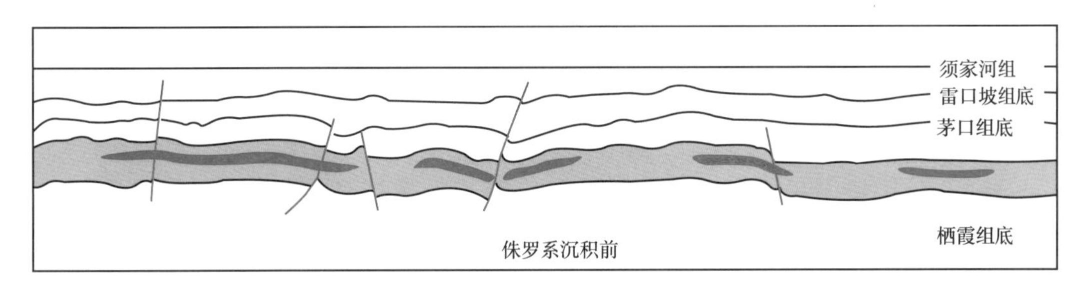

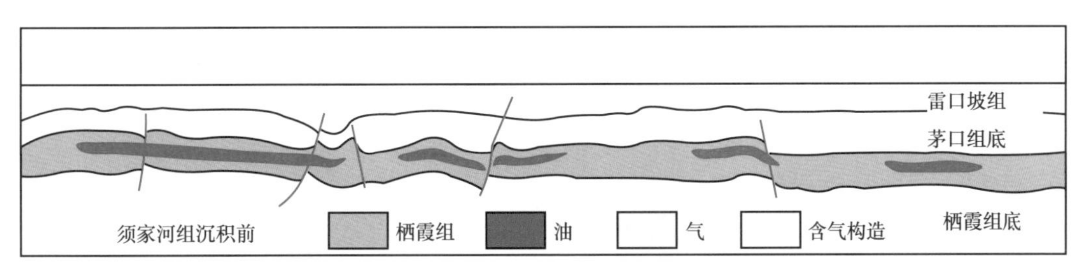

图5-27 川西南部过周公山—汉王场—三苏场构造印支期至今栖霞组油气藏演化图

从印支期—燕山期，主要为从古油藏—古气藏的形成期的转换。燕山期，峨眉—瓦屋断块和威远构造已经开始隆升，乐山1井古油气藏遭受调整。主要证据是储层中沥青发育，包裹体中气态烃丰度较低，表明调整改造的时间主要在喜马拉雅早期。川西南部栖霞组大都经历过四期油气充注。第Ⅰ期古油藏，时间为中—晚三叠世；第Ⅱ期古油气藏，主要发育晚三叠世—早侏罗世液态烃+气态烃，以液态烃为主；第Ⅲ期古油气藏，主要为原油裂解气、气液烃—气烃（原油裂解气），时间为早—中侏罗世；第Ⅳ期古气藏，时间为晚侏罗世—早—中白垩世。平落坝、大兴场、周公山、汉王场，表现为两期古油藏→油裂解气→古气藏的成藏过程；东瓜场乐山1井栖霞组早期发育古油藏，晚期古气藏不发育。依据构造演化、生烃演化、油气充注期次，建立了三种类型的油气成藏模式，总体表现为“早期差异演化，晚期差异成藏”，具体表现为平落坝构造、大兴场构造早期聚集，原位裂解富集；东瓜场构造早期聚集，晚期调整转移；周公山构造、汉旺场构造早期聚集，晚期调整破坏。

5.1.3 川中高石梯—磨溪构造

5.1.3.1 储层特征

川中栖霞组受控于台内滩相展布、白云岩化和溶蚀作用的共同控制，发育台内滩相云化储层。川中栖霞组一般发育2~4套，纵向上具有相互叠置特点，单层储层厚度1~5m，单井储层累计厚度5~15m；储层岩性主要以晶粒白云岩、残余生屑云岩为主，发育部分石灰质云岩和白云质灰岩。栖霞组储层孔、洞、缝发育，以中小溶洞为主，大溶洞发育较少。储层孔隙度主要分布在2%~5%之间，平均4.9%，孔隙度中值4.0%；渗透率主要分布在0.003~381mD之间，平均9.6mD，渗透率中值0.09mD，为低孔特低渗透裂缝—孔隙型储层（图5-28）。

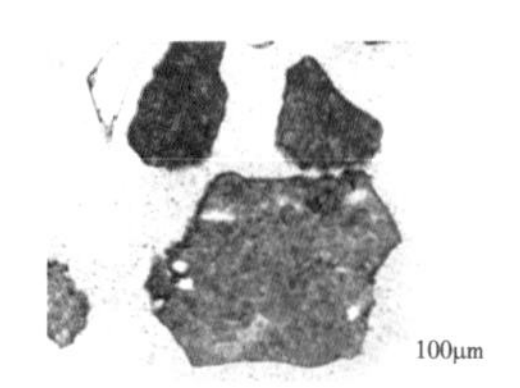

残余生屑云岩，粒间溶孔，磨溪41井，4466m

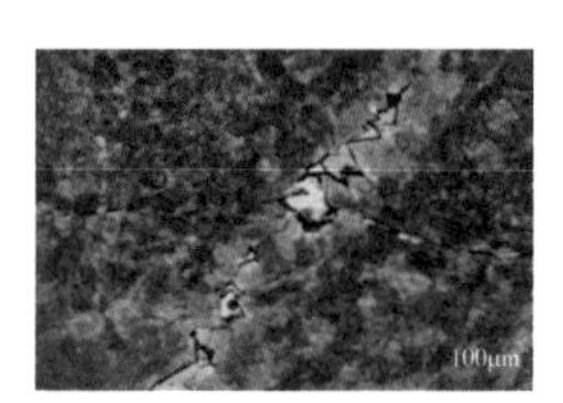

白云岩，晶间孔隙与裂缝相连通，磨溪42井，栖霞组，4655.47m

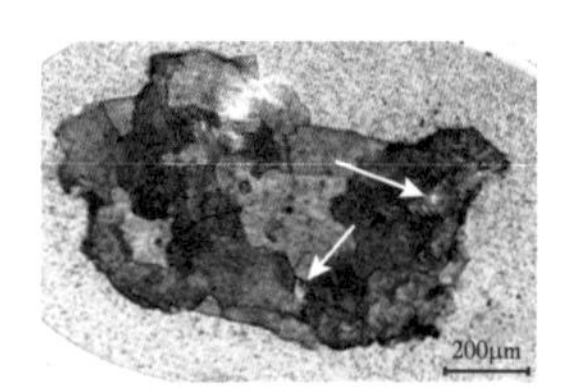

白云岩，晶间溶孔、磨溪41井，栖霞组，4464m

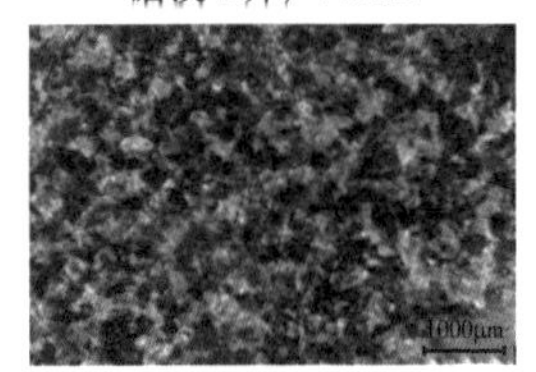

粒间溶孔、晶间孔，磨溪42井，4653.48m

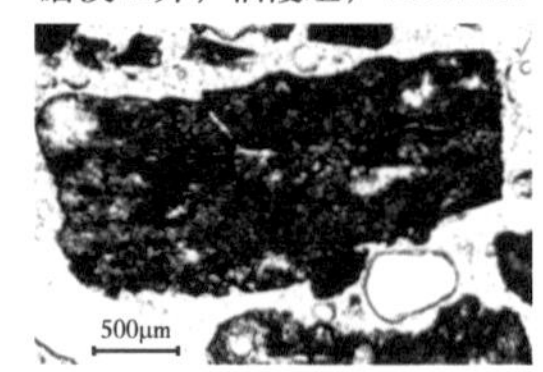

灰质云岩，粒间孔晶间孔、晶间溶孔磨溪129H井，4460m，栖霞组

粒内溶孔，铸模孔，磨溪117井，4571.86m，栖霞组，生屑云质灰岩

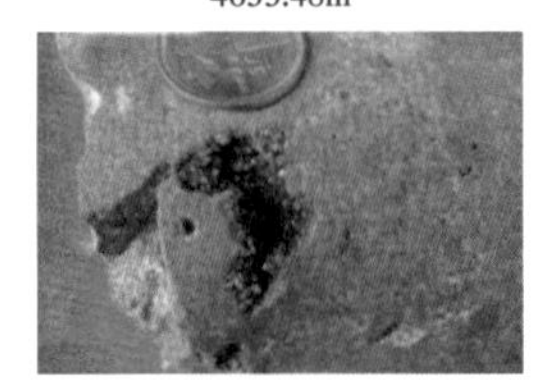
中晶云岩，溶洞中充填马鞍状白云石，白云石和沥青，磨溪42井，栖霞组，4658.49~4658.63m

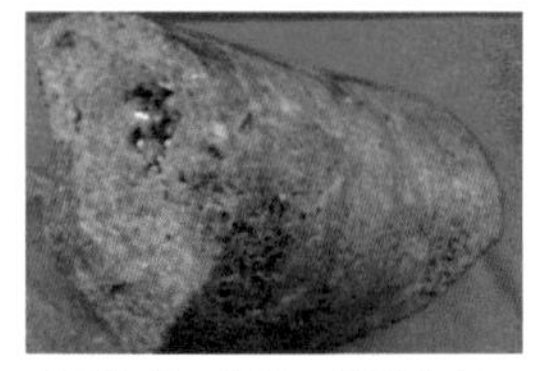
云质灰岩，溶孔、针孔发育，高石16井，栖霞组，4543m

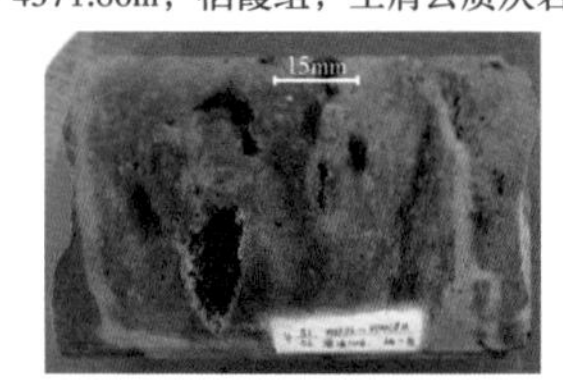

白云岩，溶孔、针孔发育，磨溪150井，栖霞组，4499.96~4500.18m

图5-28　川中栖霞组储集岩石类型

5.1.3.2 气藏特征

5.1.3.2.1 磨溪42井区

磨溪42井与磨溪107井区为该区的两口测试井，均表现为高温高压的特征，均位于东西向走滑断裂旁，但磨溪42井测试产气22.42×10^4m^3/d，二次完井测试产量46.56×10^4m^3/d，更高部位钻探的磨溪107井，却仅产微气，产水28.73m^3/d。从产层中部压力折算到同一海拔来看（表5-4），这两口井具有不同的压力系统，表明其产层并不连通，为两个独立气藏，白云岩横向非均质性强（图5-29）。这两口井具有相同的气源，相似的油气输导条件，储层发育情况也大致相当，却表现出截然不同的成藏结果。

表5-4 磨溪42井与磨溪107井产层中部压力折算表

井号	产层中部垂深（m）	产层中部海拔（m）	地层压力（MPa）	产层中部压力系数	折算至-4273m压力（MPa）	产层中部温度（℃）	地温梯度（℃/100m）
磨溪42	4650.07	-4272.78	77.70	1.70	77.70	134.9	2.58
磨溪107	4488.40	-4152.99	79.23	1.80	78.67		

5.1.3.2.2 磨溪31X1井区

高石16井、磨溪31X1井压力折算至磨溪42井中部海拔（-4273m），三口井压力非常相近（表5-5）。磨溪42井区压力系数1.70，温度134.88℃；磨溪31X1井区压力系数1.71，温度135.74℃；均为高压气藏。分析认为，申报区内栖霞组气藏具有相同的烃、储、盖组合及成藏条件，因此压力、温度具有相似性。女基井栖霞组4205.3~4408.2m进行中途裸眼测试，测试天然气产量为4.56×10^4m^3/d。女深1井栖霞组4442.0~4435.0m，经过射孔、酸化，测试天然气产量4.63×10^4m^3/d。如图5-30所示，整体含气性较高，构造低部位含水，表现出构造—岩性气藏的特征。从储层预测的结果也得知，储层连续性较差，气层之间并不连通，表现为一井一气藏的特征。磨溪23井现今位置较高，但储层含水，可能与油气成藏时的充注程度不高有关。

表5-5 安岳气田磨溪31X1井区栖霞组气藏压力统计折算表

井号	补心海拔（m）	产层中部垂深（m）	产层中部海拔（m）	地层压力（MPa）	产层中部压力系数	折算至-4273m压力（MPa）
磨溪31X1	287.5	4476.42	-4188.92	77.47	1.76	77.71
高石16	376.48	4552.00	-4175.52	77.42	1.73	77.71
磨溪42	377.29	4650.07	-4272.78	77.70	1.70	77.70

5.1.3.2.3 高石18井区

高石18井区位于高石梯构造，与北部的磨溪构造由一东西向的向斜所隔开。目前高石18井已投入试采，截至2021年3月，日产气41.74×10^4m^3，日产液3m^3，累计产气1.43×10^8m^3，井口油压42.5MPa，生产平稳。高石18井区储层预测结果表明，储层连续性较差，仍然表现为一井一气藏的特征（图5-31）。

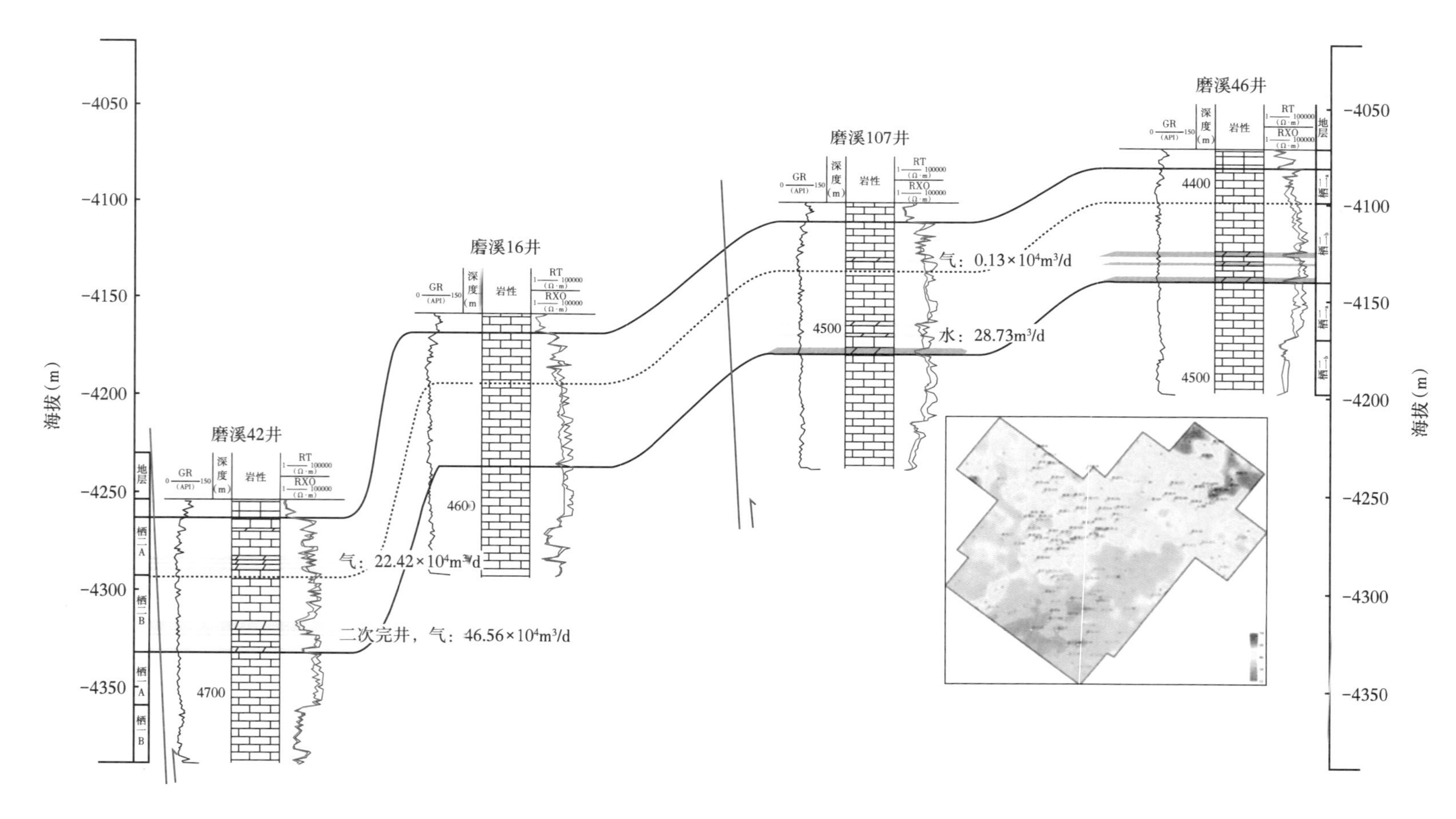

图 5-29 磨溪42井—磨溪16井—磨溪107井—磨溪46井气藏剖面图与过井地震剖面图

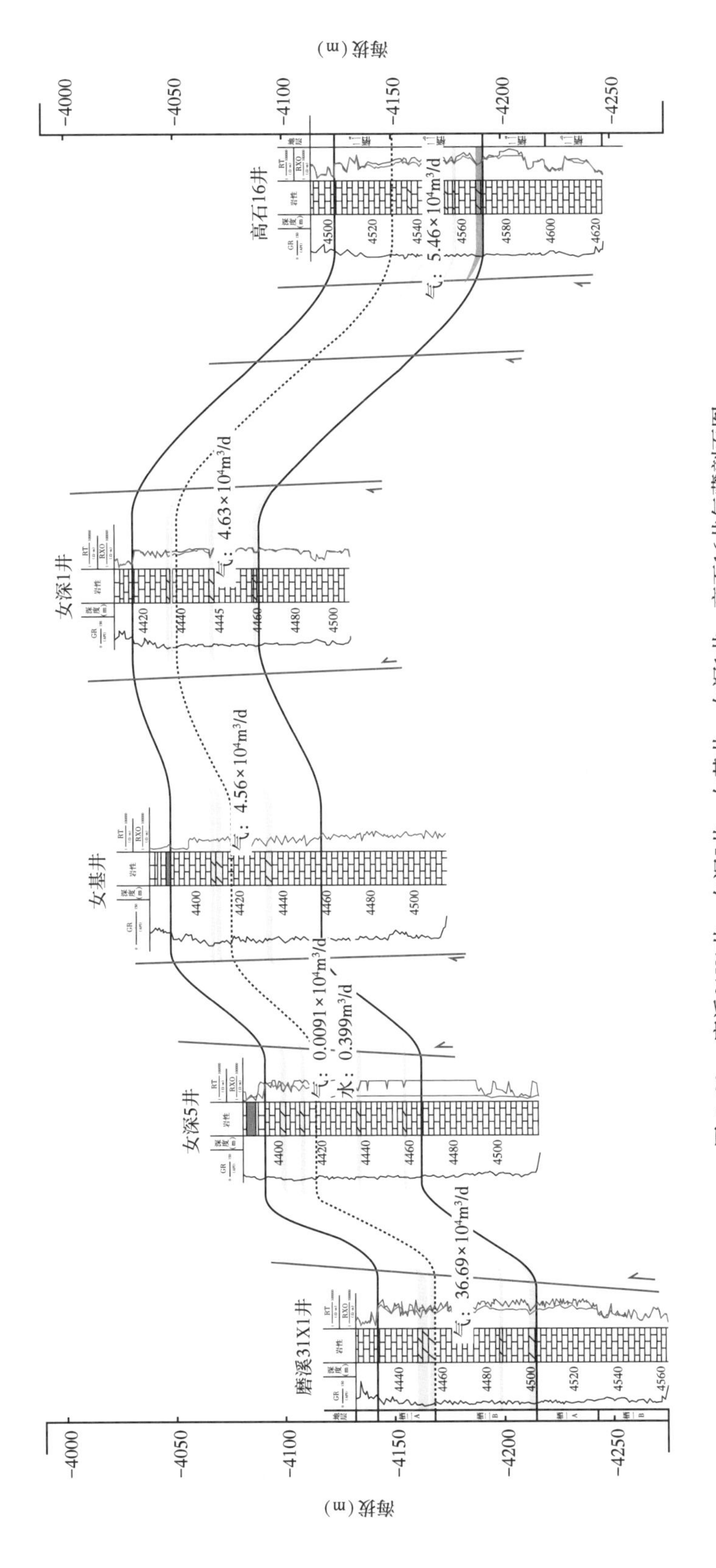

图 5-30　磨溪31X1井—女深5井—女基井—女深1井—高石16井气藏剖面图

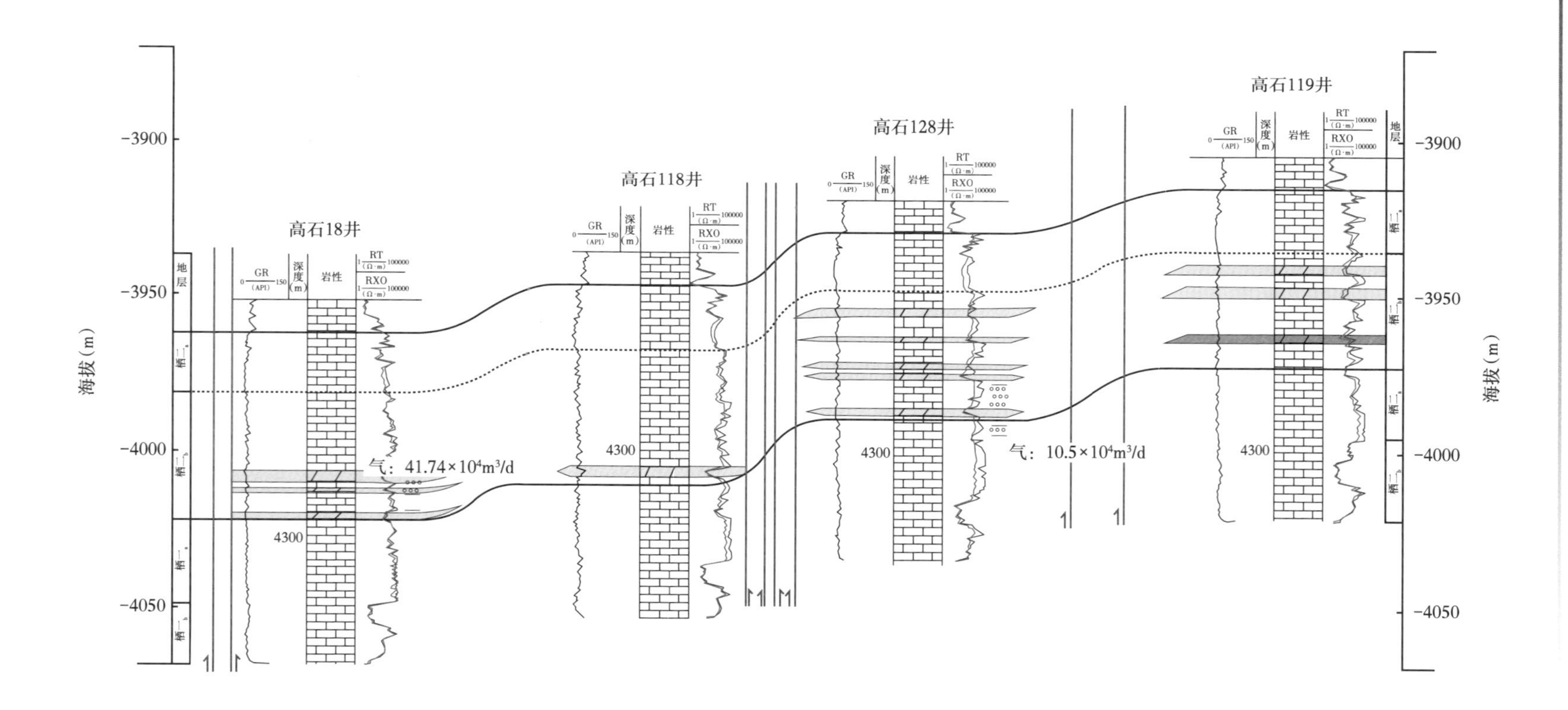

图 5-31 高石18井—高石118井—高石128井—高石119井气藏剖面图

高石 128 井于 2021 年测试获气 $10.5\times10^4m^3/d$，储层较高石 18 井更厚，但是产量较高石 18 井低，分析认为高石 128 井距离断层较高石 18 井更远，缝洞型储层相对高石 18 井欠发育，另外由于远离断层，油气的充注强度不如高石 18 井。

5.1.3.3　造特征及演化

5.1.3.3.1　剖面构造演化

乐山—龙女寺古隆起是发育在四川盆地中西部的巨型不规则鼻状构造，区内沉积盖层由震旦系、古生界、中生界和新生界组成，并发育多个区域不整合。平衡剖面方法根据物质守恒的原理，主要是根据变形前后面积守衡和主要地质界面长度守衡的原理来恢复一个地区地质历史上各个时期地质体在空间上的形态、位置和相互关系，是恢复盆地构造演化和沉积发育史的一种有效方法。基于地震资料，构建了过乐山—龙女寺古隆起的东西向格架线［格架（一）线］和南北向格架线［格架（二）线］（图 5-32），在剥蚀恢复基础上编制构造演化史剖面进而研究乐山—龙女寺古隆起在地质历史时期的形成演化过程，主要经历了雏形期、发育期、稳定埋藏期、调整定型期。

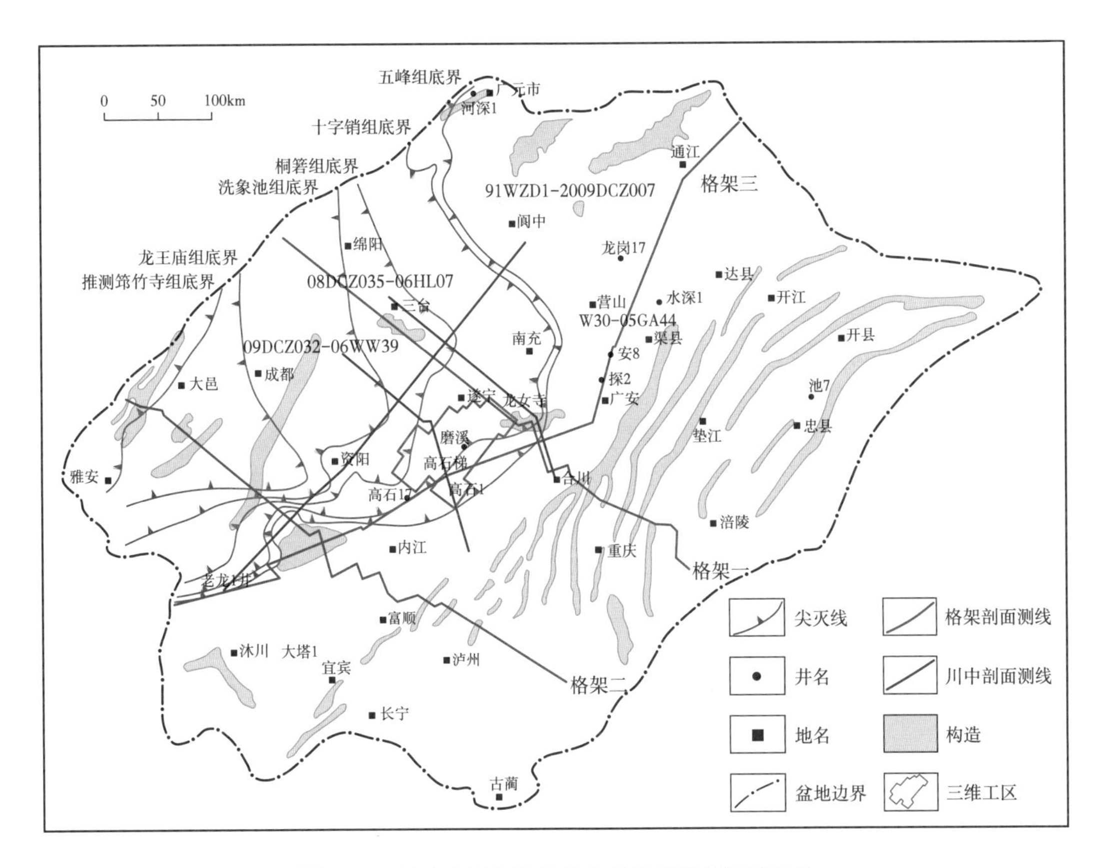

图 5-32　川中古隆起构造分布及地震格架测线位置

格架（一）线位于四川盆地中部为北西—南东向剖面由北西向南东发育金西构造经龙女寺古隆起、华蓥山断裂进入川东高陡构造带。高陡构造带主要构造有相国寺构造、铜锣峡构造和丰盛场构造等。剖面过金 3 井、花 1 井、女深 1 井和合川 12 井，如图 5-33 所示。

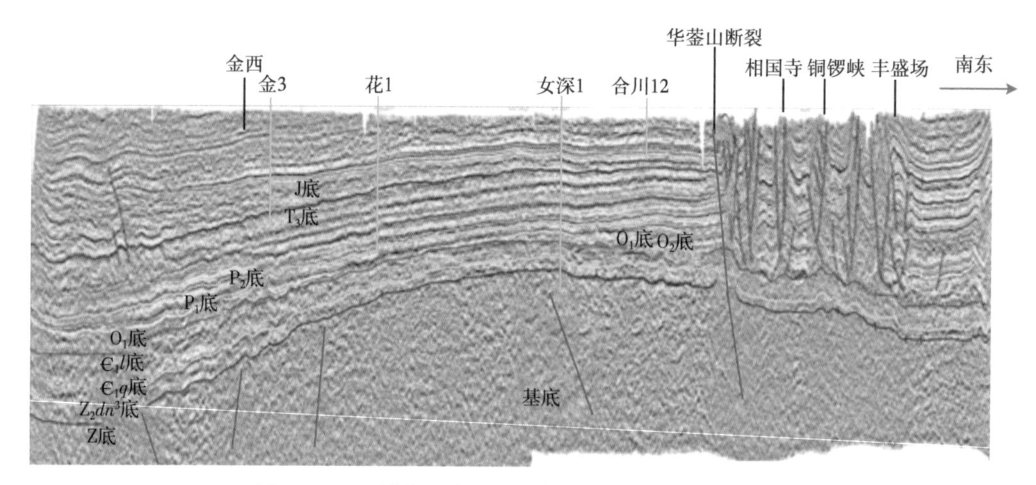

图 5-33　四川盆地东西向格架（一）线地震解释剖面

（1）雏形期（震旦纪）。

桐湾运动Ⅰ幕以前，灯一段和灯二段泥微晶云岩、富藻云岩连续沉积在下伏陡山沱组之上，在金 3 井北西及华蓥山断裂西侧地层沉积较厚，此时灯影组内无断层发育（图 5-34a）。灯二段沉积之后，桐湾运动Ⅰ幕使四川盆地发生升降运动，使灯二段遭受不同程度的风化剥蚀，进而在灯二段和灯三段之间形成一个平行不整合面。灯三段和灯四段平行不整合沉积在下伏灯一段与灯二段之上。灯四段沉积后发生桐湾运动Ⅱ幕，四川盆地以差异升降运动为主，西部抬升幅度相对较大（图 5-34b）。筇竹寺组沉积之前，在桐湾运动Ⅱ幕区域抬升作用下使该区域灯四段出露水面遭受剥蚀，形成灯四段顶部的不整合面，金 3 井以西由于抬升幅度较大及拉张侵蚀槽的发育遭受剥蚀的量相对较大，残留的灯四段明显较花 1 井—龙女寺地区薄（图 5-34c）。

（2）发育期（寒武纪—二叠纪）。

早寒武世，金 3 井以西的筇竹寺组上超不整合沉积在下伏灯影组之上，且地层厚度较东部显著增厚。该时期金 3 井—龙女寺地区发育生长背斜，西北和东南两翼地层增厚，龙女寺古隆起初具雏形（图 5-34d）。龙王庙组连续沉积在筇竹寺组之上，古隆起继承之前的构造格局继续发育，华蓥山断裂至金 3 井处为乐山—龙女寺古隆起核部，沉积较薄；金 3 井北西方向厚度逐渐增厚，东南部华蓥山断裂开始活动，为同沉积断层，其控制了断层两侧沉积厚度及沉积相的发育，华蓥山断裂下降盘沉积厚度明显增大并且沉积特征具有明显差异（图 5-34e）。中—下奥陶统在全区域稳定沉积厚度较薄并且比较均匀，侧面说明华蓥山断裂停止活动。晚奥陶世—志留纪龙女寺古隆起继承前期构造格局持续发育，金 3 井—龙女寺地区的隆起部位地层沉积较薄，古隆起北西、南东翼地层沉积逐渐加厚，古高点仍位于金 3 井西侧（图 5-34f）。

志留纪末期加里东运动进入高峰期，受加里东运动差异抬升作用的影响古隆起进一步隆升，盆地西部和龙女寺古隆起核部抬升幅度较大，华蓥山断裂再次活动，断层上盘（盆地东部）受断裂活动影响，抬升幅度较小（图 5-34g）。加里东运动导致龙女寺地区以西志留系、奥陶系、寒武系出露水面，遭到不同程度的剥蚀，龙女寺地区以东残留志留系，由于华蓥山断裂上盘抬升幅度较小，其剥蚀量明显小于断裂下盘，因此保留较厚的志留系。龙女寺古隆起在该时期基本成形，其核部位于金 3 井—龙女寺之间（图 5-34h）。

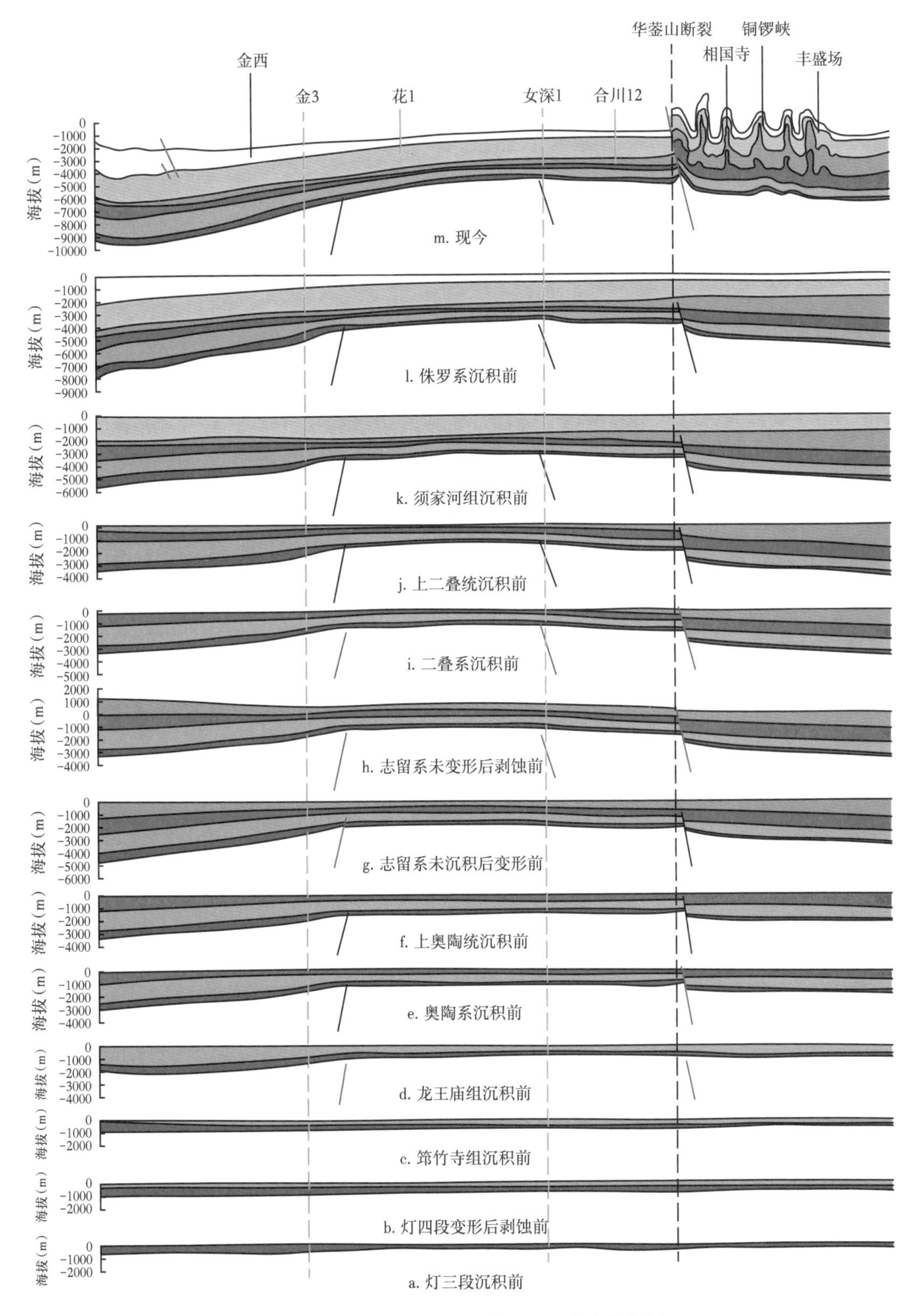

图 5-34　四川盆地东西向格架（一）线演化史剖面

（3）稳定埋藏期。

二叠纪，四川盆地海侵淹没古隆起，下二叠统角度不整合沉积在下古生界志留系、奥陶系之上，沉积稳定，其间缺失泥盆系、石炭系，华蓥山断裂停止活动，龙女寺古隆起继承前期构造格局（图 5-34i）。须家河组沉积之前，上二叠统及中—下三叠统连续沉积在中二叠统之上，由西北向东南沉积厚度逐渐减薄，龙女寺古隆起核部轴线向东南迁移（图 5-34g）。

（4）调整定型期。

侏罗纪，受印支运动影响，龙门山山前带发育前陆盆地，须家河组由西向东沉积厚度明显减薄，古隆起核部轴线继续向东南迁移，华蓥山断裂依旧停止活动（图 5-34k）。侏罗纪之后，受燕山运动和喜马拉雅运动的影响形成一系列逆断层和挤压构造，华蓥山断裂发生正反转，断裂以西相对比较平缓，发育一些小型构造如金西构造，华蓥山断裂以东形成川东高陡构造带，其中包括相国寺构造、铜锣峡构造及丰盛场构造等，龙女寺古隆起核部轴线迁移至龙女寺位置（图 5-341），形成现今构造格局。

综上所述，格架（一）剖面演化具有以下特点：华蓥山断裂为一条多期活动断裂，早期为正断层，喜马拉雅期发生反转成为逆断层，并且在寒武纪为同沉积断层，控制了断层两侧沉积厚度及沉积相的发育，致使断裂东西两侧沉积厚度和沉积特征具有明显差异。在加里东期华蓥山断裂控制了志留系的抬升剥蚀，致使断裂东侧志留系厚度明显增大。乐山—龙女寺古隆起在前寒武纪为雏形孕育阶段；寒武纪—志留纪发育生长背斜，为发育期；志留纪末期，加里东运动使乐山—龙女寺古隆起发生显著构造变形，核部隆升，寒武系—志留系被不同程度的夷平剥蚀；晚三叠纪，四川盆地进入前陆盆地发育阶段，乐山—龙女寺古隆起构造轴线向东南迁移，金西构造以西筇竹寺组沉积厚度较厚，为有利生烃区，晚期形成川东高陡褶皱带。

格架（二）线位于四川盆地南部，为南西—北东向剖面，由南西向北东依次经过老龙坝构造、威远构造、高石梯—磨溪构造、石全寨构造、营山构造和龙岗构造。剖面过老龙 1 井、威 28 井、资检 1 井、高石 17 井、高石 1 井和女基井，如图 5-35 所示。

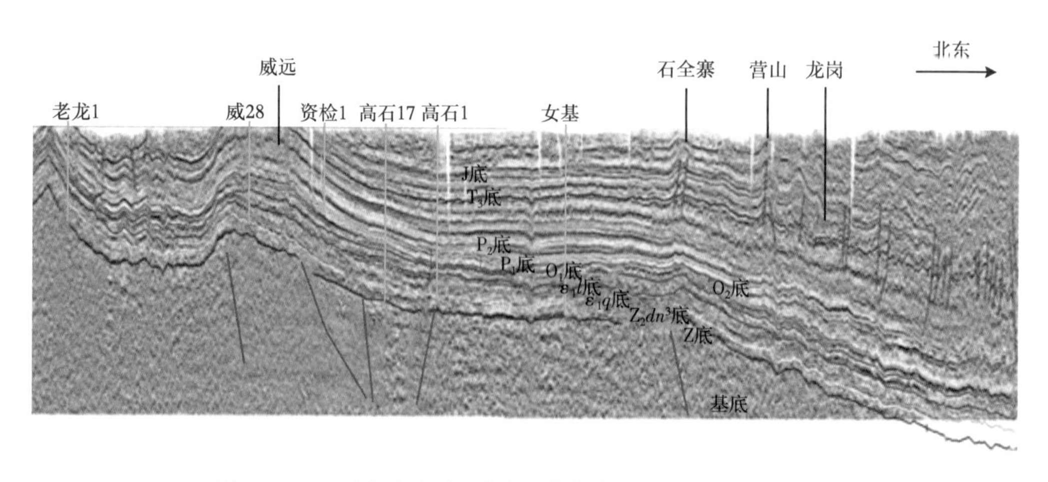

图 5-35　四川盆地南西—北东向格架（二）线地震解释剖面

（1）雏形期（震旦纪）。

桐湾运动Ⅰ幕以前，灯一段和灯二段连续沉积在下伏陡山沱组之上，沉积厚度自南西向北东有减薄的趋势（图5-36a）。灯二段沉积后发生桐湾运动Ⅰ幕，四川盆地以垂直升降运动为主，致使灯一段和灯二段出露水面遭受剥蚀，在灯二段和灯三段之间形成一个平行不整合面（图5-36b）。灯三段和灯四段平行不整合沉积在下伏灯一段和灯二段之上，且沉积厚度差异不大。灯四段沉积之后，由于桐湾运动Ⅱ幕使四川盆地发生区域抬升，灯影组出露水面遭受不同程度的剥蚀、侵蚀和溶蚀，形成侵蚀阶地地貌，威远构造以西抬升幅度较大，遭受夷平剥蚀，剥蚀量较大。威远构造与高石1井之间形成张裂侵蚀阶地和谷地，谷地处灯三段、灯四段被完全剥蚀，出露灯二段。高石1井以东抬升幅度较小，剥蚀量和侵蚀溶蚀量都较小，因此残留较厚的灯四段（图5-36d）。

（2）发育期（寒武纪—二叠纪）。

早寒武世，筇竹寺组不整合沉积在下伏灯影组之上，由于填平补齐高石17井附近的张裂溶蚀槽，槽内沉积厚度较大，向南西和北东方向厚度减薄，逐渐趋向均匀沉积（图5-36e）。龙王庙组连续沉积在下伏仓浪铺组之上，该区域高石梯和营山地区沉积厚度相对较薄，为古高点（图5-36f）。中—下奥陶统在全区域稳定沉积，威远—营山地区沉积厚度相对较薄，为乐山—龙女寺古隆起雏形（图5-36g）。志留系连续沉积在奥陶系之上。威远地区沉积厚度较大，为沉降中心，营山地区继承前期构造格局，古高点继续发育（图5-36h）。

志留纪末期加里东运动进入高峰期，受加里东运动差异抬升作用影响，古隆起进一步隆升，西南部及高石17井—石全寨的古隆起核部抬升幅度较大，其余部位隆升幅度相对较小，乐山—龙女寺古隆起基本定型（图5-36i）。加里东运动导致西南部及高石17井—石全寨的古隆起核部奥陶系—志留系出露水面，遭受剥蚀，威远构造、石全寨以东残留志留系（图5-36g）。

（3）稳定埋藏期。

早二叠世，古隆起进入稳定埋藏期。该期为构造活动平静期。中二叠统不整合沉积在下古生界之上，四川盆地内沉积厚度变化不大。由于之前奥陶系—志留系发生变形并遭受剥蚀，因此中二叠统与奥陶系、志留系呈角度不整合接触（图5-36k）。上二叠统及中—下三叠统连续沉积在中二叠统之上，沉积厚度自南西向北东逐渐增加（图5-36l）。

（4）调整定型期。

印支期，须家河组连续沉积在中—下三叠统之上，区域沉积厚度变化不大（图5-36m）。侏罗纪之后受燕山运动和喜马拉雅运动的影响，南西部主要发育老龙坝构造和威远构造，东北部发育石全寨、营山龙岗等低缓构造及一系列逆断层。高石梯—龙女寺古隆起处于斜坡位置，威远地区成为现今的构造高点（图5-36n）。

四川盆地古隆起南北向演化过程中的典型特征可概况为：桐湾运动Ⅱ幕时期高石1井与威远构造之间发育灯影组张裂侵蚀溶蚀谷地和阶地，充填了巨厚的筇竹寺组，为有利生烃区。乐山—龙女寺古隆起在志留系末受基底断裂活动影响，发生显著构造变形，形成两个古高点，核部寒武系—志留系遭受剥蚀；印支期，三叠系由南西向北东方向明显增厚，乐山—龙女寺古构造高点向南迁移；威远构造在加里东期—印支期处于乐山—龙女寺古隆起两古高点之间的鞍部，晚期大幅隆起成为构造高点；营山构造在奥陶系—志留系沉积

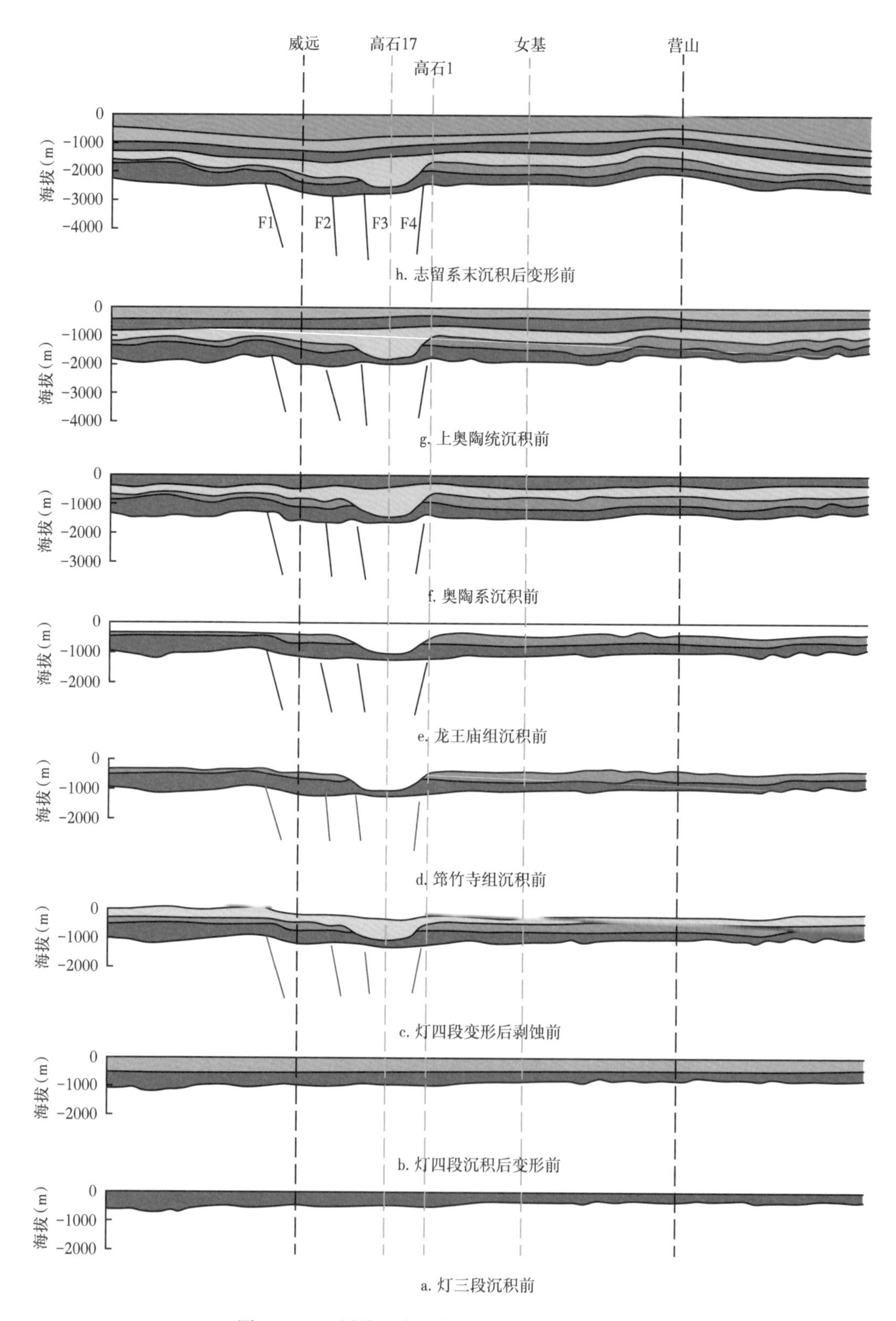

图 5-36　四川盆地南北向格架（二）线演化史剖面

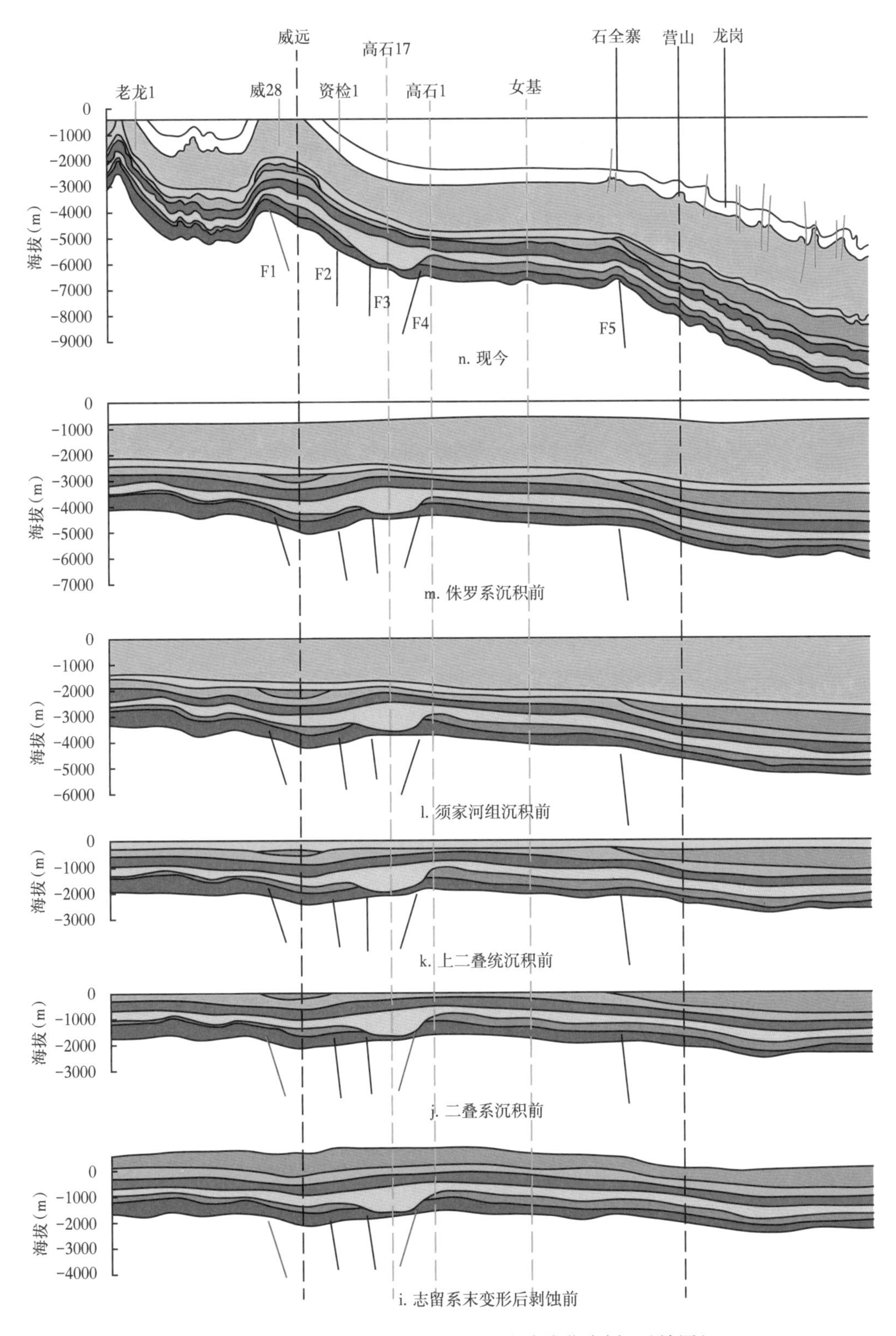

图5-36　四川盆地南北向格架（二）线演化史剖面（续图）

时期沉降幅度较小，为局部古高点，加里东运动后一直处于斜坡位置；广安构造形成于加里东期，此后持续发育至现今，始终为正向构造。

5.1.3.3.2 平面构造演化

区域构造演化对于川中栖霞组碳酸盐岩储层中油气的运移方向具有显著控制作用，利用残厚法完成了高石梯三维区栖霞组在雷口坡组沉积之前、须家河组沉积之前、珍珠冲组沉积之前、沙溪庙组沉积之前及现今共5个时期的构造平面图（图5-37至图5-41）。可以看出，栖霞组顶面的构造演化具有明显的规律性：早三叠世（雷口坡组沉积之前），除了在三维区南西和北东部发育一定幅度的构造高点外，栖霞组区域构造形态相对比较平缓；中三叠世（须家河组沉积前），南东地区开始缓慢抬升，初步形成南东高，北西低的构造格局，并沿北东—南西方向发育局部构造圈闭；晚三叠世（珍珠冲组沉积前），构造继续向南东调整，并在工区中部分异出一个低隆带，为磨溪—龙女寺构造带的雏形，其整体平行于构造走向，沿低隆带局部圈闭进一步发育，结合现今已钻井情况分析，产气井多分布于这一时期的构造高点或斜坡部位，因此认为晚印支期的古构造对于油气聚集具有重要控制作用；早燕山期（沙溪庙组沉积前），中部低隆带进一步发育，已经形成一个连续的背斜带，该背斜带上两口测试井均获得高产气流，对早期古气藏具有明显的控制作用。在其与南部区域古隆起之间形成一个狭长的向斜带；中—晚燕山期至今，中部背斜带幅度进一步增大，另外，高点整体向南东迁移，最终形成了现今的磨溪—龙女寺背斜带。

5.1.3.3.3 构造演化与油气成藏

通过分析已钻井与以上5个时期的构造形态，发现产气井的分布与晚印支期—早燕山期的构造高位置点吻合程度较好，高产井多分布于构造轴部的高部位，而与现今的构造高点之间关系不大，说明了晚印支期—早燕山期可能为油气成藏的关键时期（与包裹体结果分析一致）。之后随着构造调高点整，构造向南东方向进一步调整，而受储层非均质性及调整时间的控制，晚燕山期以来构造对油气分布的控制作用并未完全体现出来，现今油气藏表现为构造—岩性油气藏。

磨溪42井、磨溪31X1井、磨溪129H井均位于晚印支期东西向的低隆带上。该低隆带在早燕山期进一步发展成为一个东西向连续的背斜带，在该背斜带上获得了很好的勘探成效，磨溪42井和磨溪31X1井二次完井分别获$46.56\times10^4m^3/d$和$70.87\times10^4m^3/d$高产气流，另外磨溪129H井也解释出了多套含气层。而位于古构造鞍部的磨溪107井为产水井，测试产水$28.73m^3/d$。磨溪103井区，古构造与现今构造均位于相对低部位，以产水为主；高石18井区，古今构造均位于构造相对高部位，储层的含气性整体较好。

5.1.3.4 油气成藏期次

对磨溪117井和磨溪42井白云岩储层段开展了包裹体岩相学分析和均一温度的测定。在白云岩部分晶间微缝隙或裂缝中充填轻质油及暗褐色的沥青，轻质油显示浅蓝色或浅黄色荧光，沥青无荧光显示，液烃包裹体的发现，为原油充注时间的确定提供了依据。总的来看，川中栖霞组白云岩主要发育2期次的油气包裹体：

第Ⅰ期油气包裹体发育于白云石晶粒内，发育丰度极高（含油包裹体的矿物颗粒数目占总矿物颗粒数目的比例GOI约为10%），包裹体成群分布于白云石晶粒内，均为呈褐色、深褐色的低熟富有机质包裹体，与原油包裹体伴生的气液两相盐水包裹体均一温度主要分布在109~125℃之间。

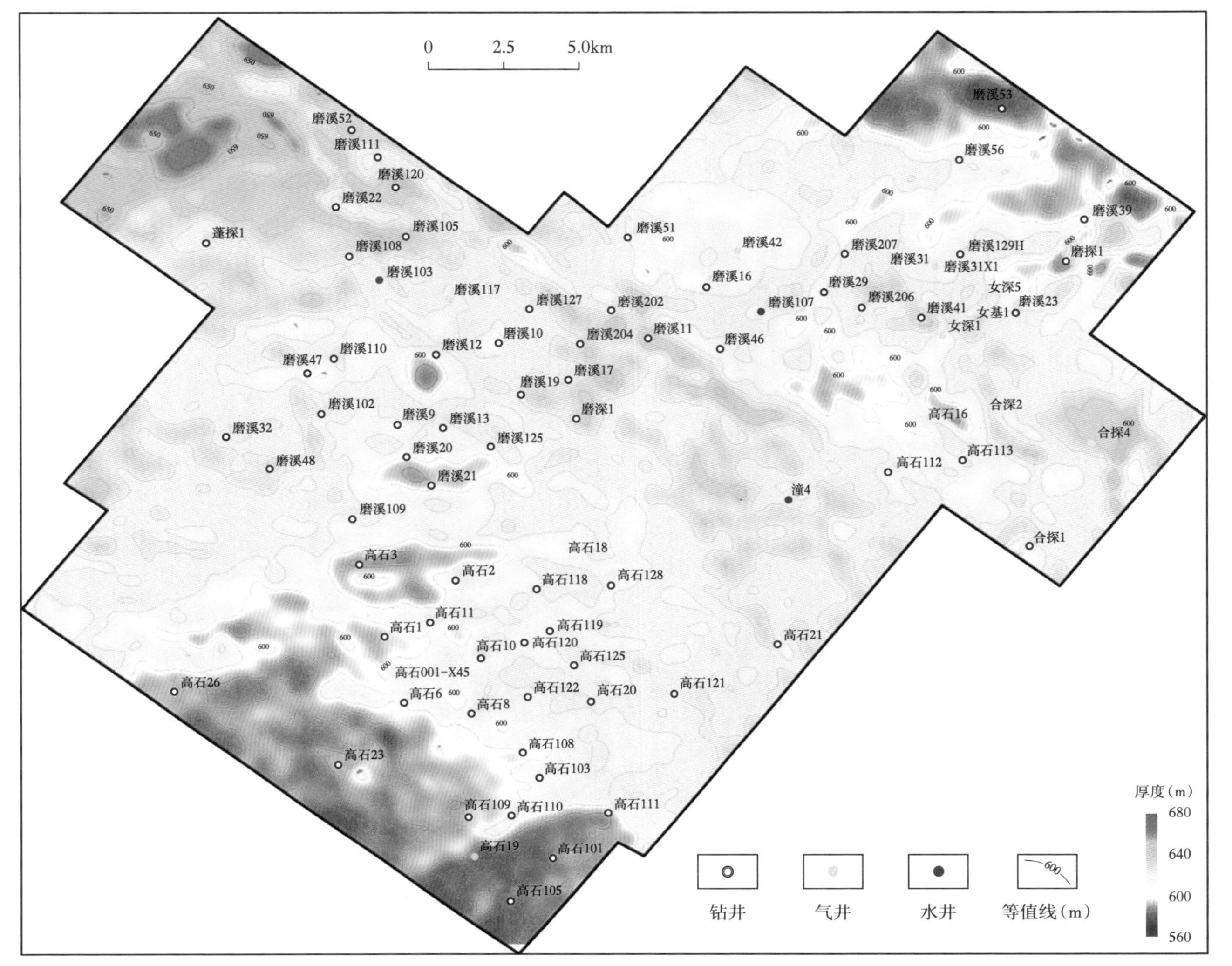

图 5-37　川中地区高石梯连片三维区雷口坡组沉积前栖霞组顶面构造图

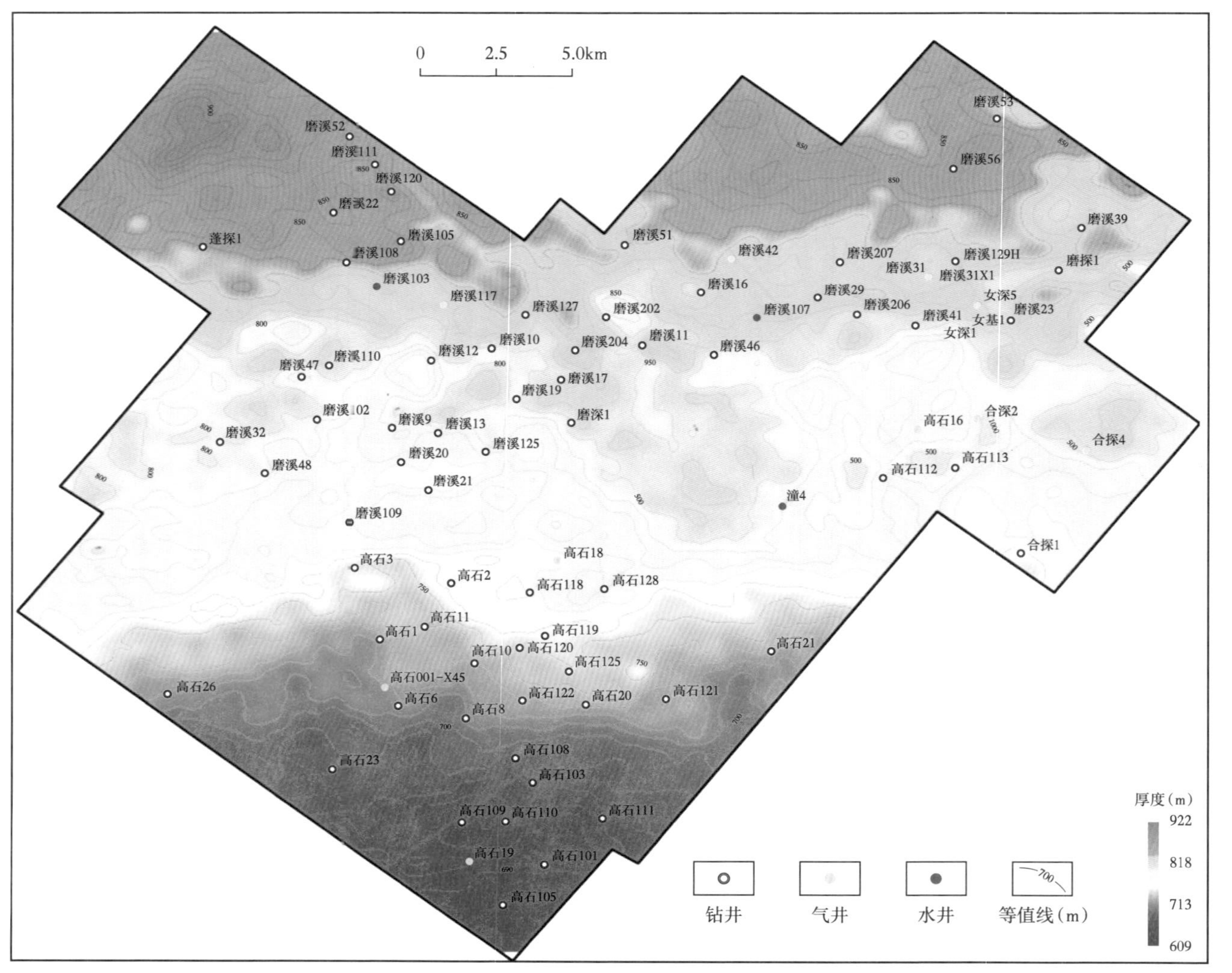

图 5-38　川中地区高石梯连片三维区须家河组沉积前栖霞组顶面构造图

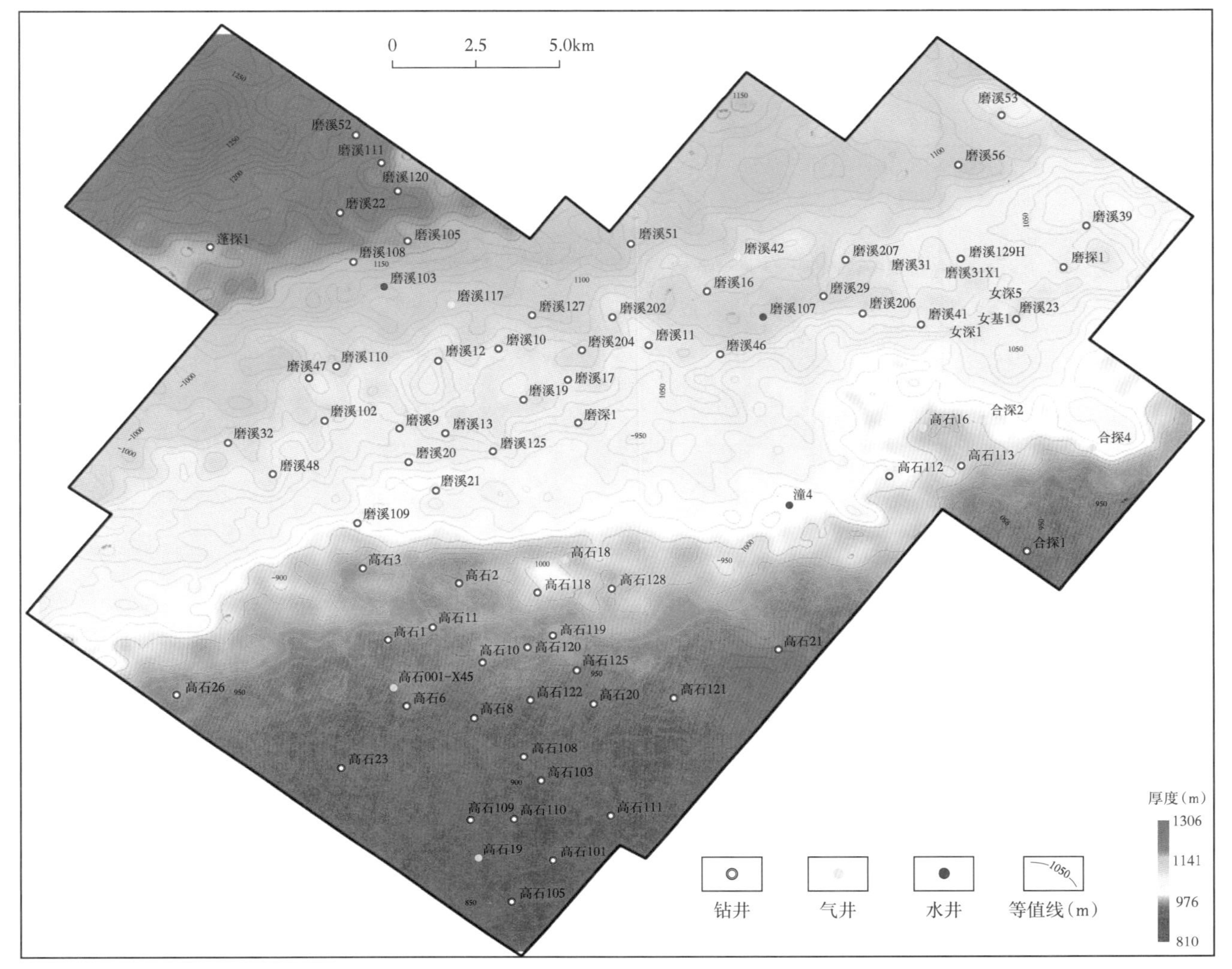

图5-39　川中地区高石梯连片三维区珍珠冲组沉积前栖霞组顶面构造图

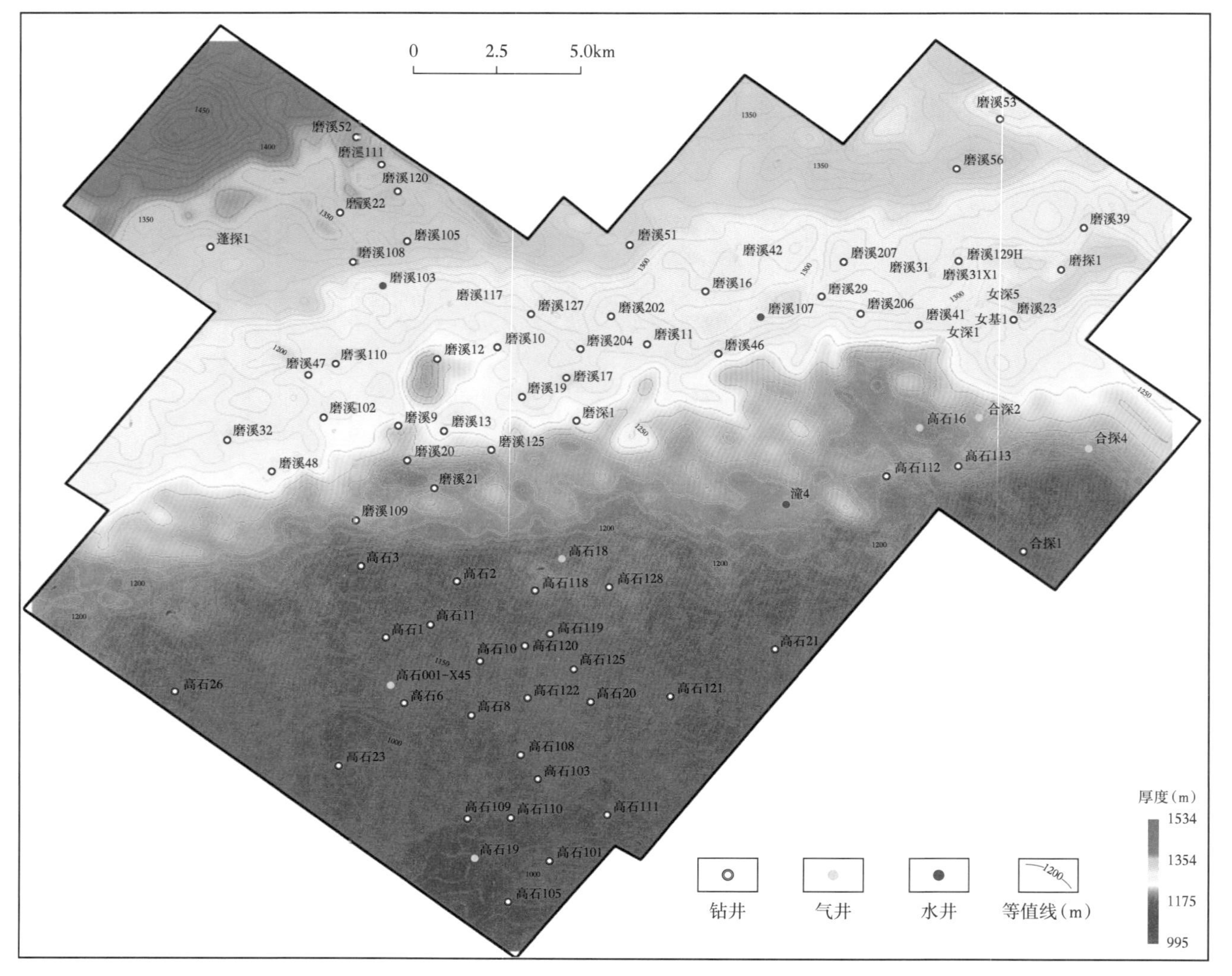

图 5-40　川中地区高石梯连片三维区沙溪庙组沉积前栖霞组顶面构造图

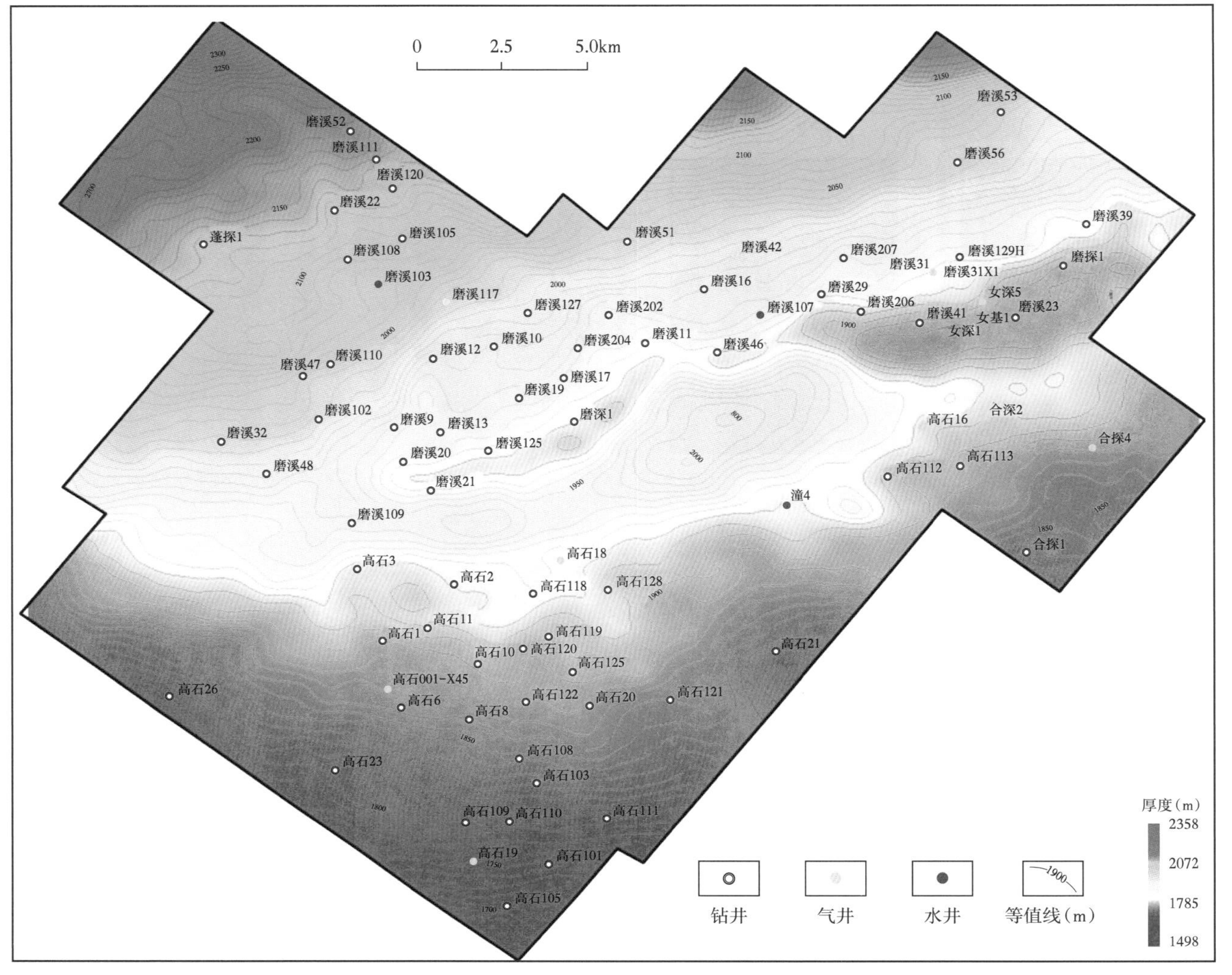

图 5-41　川中地区高石梯连片三维区现今栖霞组顶面构造图

第Ⅱ期油气包裹体发育于白云石结晶期后，发育丰度较高（GOI为4%~5%），包裹体成群/带状分布于云岩白云石晶粒加大边内，或成群分布于缝洞晚期充填白云石矿物内，主要为呈褐色、深褐色的液烃包裹体，个别视域内少量发育呈深灰色的气烃包裹体及气烃+盐水包裹体，气烃包裹体伴生的气液两相盐水包裹体均一温度为129~169℃（图5-42）。

a. 白云石晶粒内捕获的轻质油包裹体，磨溪117井，4611.54m

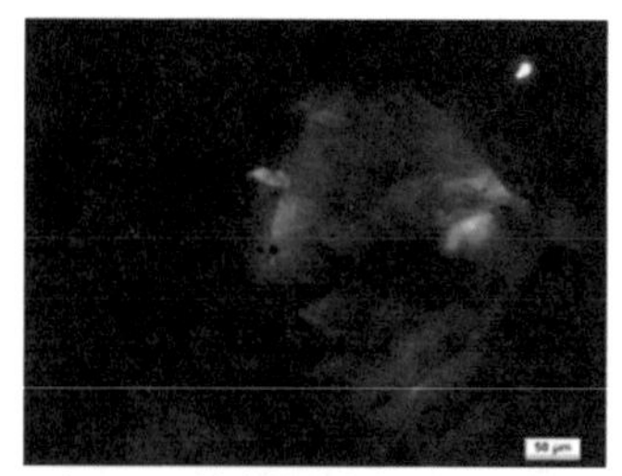

b. 白云石晶粒内捕获的轻质油包裹体，发浅蓝色荧光，与图a同一视域

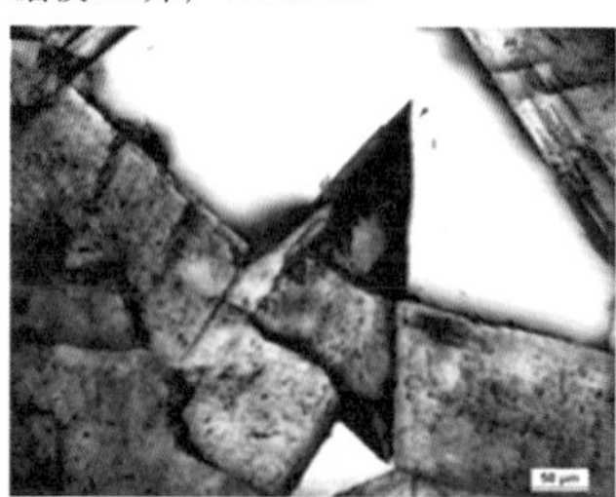

c. 白云石加大边及孔洞中充填的晚期白云石中捕获了轻质油包裹体，磨溪117井，4611.54m

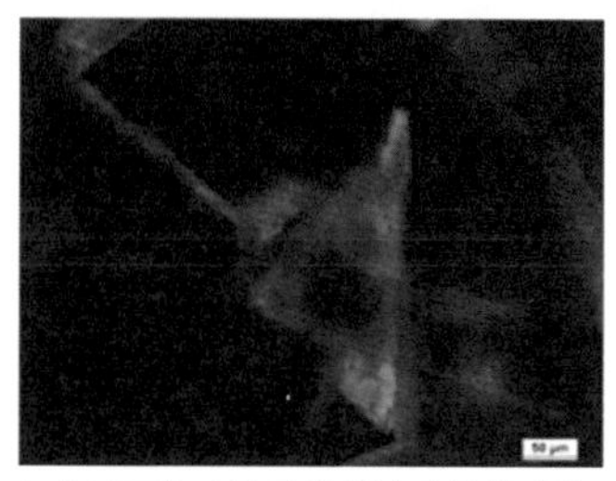

d. 白云石加大边及孔洞中充填的晚期白云石中捕获了轻质油包裹体，与图c同一视域

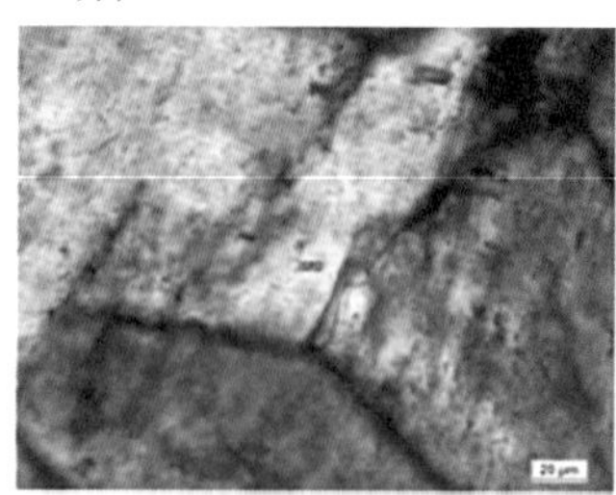

e. 白云石晶粒中捕获的气液两相盐水包裹体，磨溪117井，4602m

f. 缝洞晚期充填白云石晶粒中捕获的气液两相盐水包裹体，磨溪117井，4602m

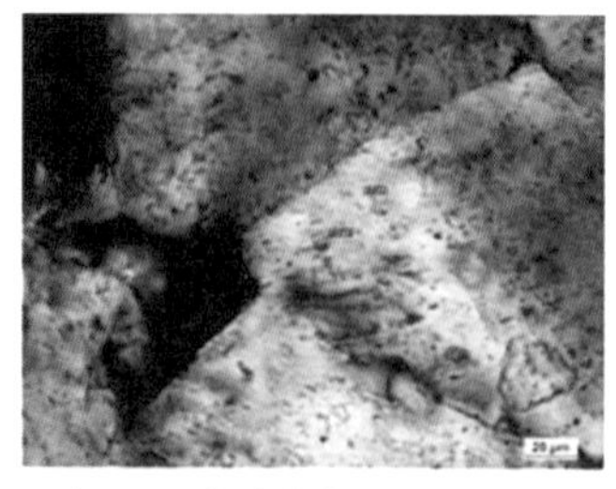

g. 白云石晶粒中捕获的气液两相盐水包裹体，磨溪117井，4606.1m

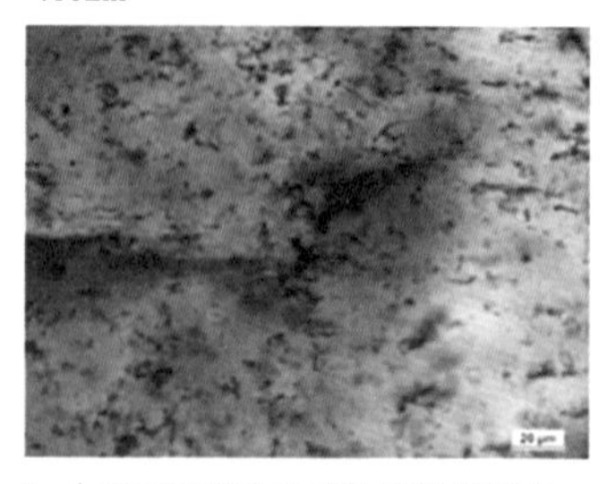

h. 白云石晶粒中捕获的暗褐色沥青，磨溪117井，4602m

图5-42　栖霞组包裹体典型显微照片

结合包裹体均一温度和热演化史得知（图5-43），筇竹寺组生成的液态烃于晚三叠世沿断层向上运移至栖霞组白云岩中，并形成印支期的古油藏。侏罗纪，栖霞组持续埋藏，

原油逐渐裂解，在孔、洞、缝中形成碳沥青，并最终于中—晚侏罗世形成燕山期的古气藏。晚白垩世以来为构造隆升期（图 5-43），也是古气藏向现今气藏的调整期。

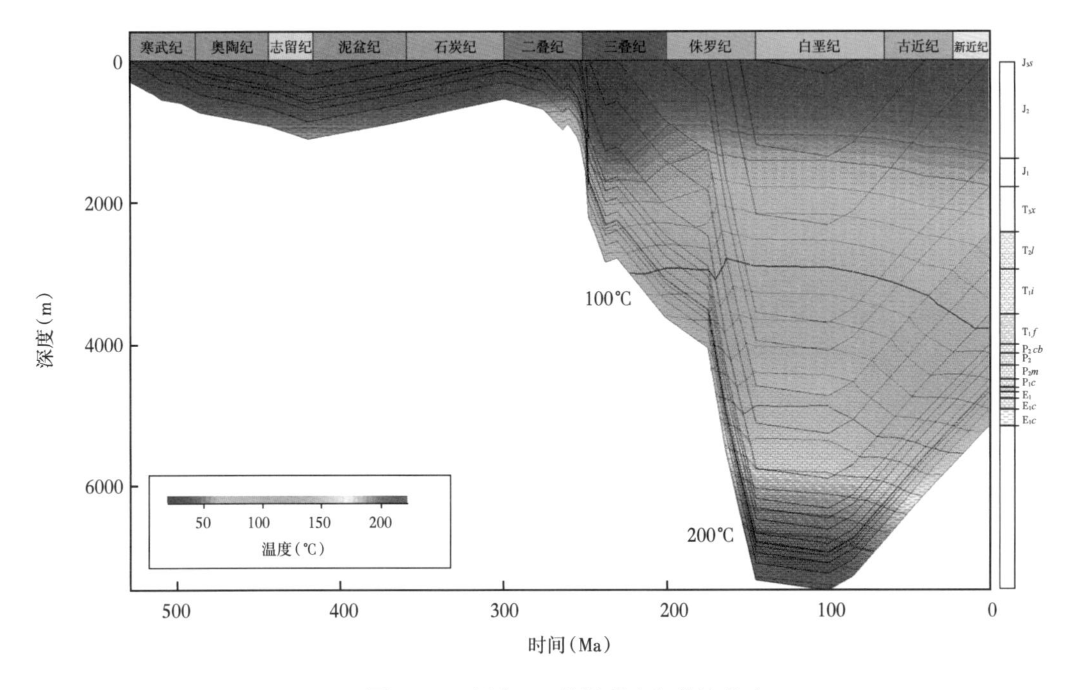

图 5-43　磨溪 117 井埋藏史与热演化史

5.1.3.5　油气成藏模式

从原油充注的关键时期来看（印支晚期），磨溪 31X1 井、磨溪 129H 井、磨溪 31 井均于古构造的局部高点，圈闭发育。早期的古油藏主要形成于磨溪 31X1 井、磨溪 129H 井一带。该构造一直持续到燕山期，原油原位裂解，并形成古气藏。在喜马拉雅期，女基井构造逐渐形成，但磨溪 31X1 井、磨溪 129H 井一带的天然气并没有向女基井构造高部位大量调整，一方面是由于储层的非均质性极强，另一方面是原油的大量裂解形成的沥青堵塞了部分孔隙和喉道，使得晚期的天然气难以大量向更高部位的女基井方向调整，现今构造高部位的女基井一带表现出天然气充注程度不高的特点（图 5-44）。

磨溪 31X1 井区栖霞组天然气表现出混源的特征，该井区距离拉张槽较远，下寒武统烃源岩的厚度变薄，TOC 变低，供烃强度减小。但该井区栖霞组自身烃源的生烃能力较其他地区更好，因此表现为下寒武统与中二叠统烃源混源，断裂垂向输导，早期圈闭控藏作用明显，晚期虽有构造调整，但是对天然气藏的改造程度不大。对于该井区的井位部署，除了考虑白云岩的分布以外，也应该把成藏期的构造情况考虑进去。

川中栖霞组烃源岩评价结果表明，高石 18 井区栖霞组烃源岩生烃能力差，而下伏的奥陶系湄潭组烃源岩有机质丰度较低，也属于非—差烃源岩。因此高石 18 井栖霞组的天然气可能主要来自下寒武统筇竹寺组烃源岩。该井区主要发育东西向断裂，北东向断裂欠发育，高石 18 井、高石 118 井、高石 128 井均位于东西向断裂旁（图 5-44）。油气成藏主要受断裂 + 储层 + 局部古构造所控制，尤其是东西向发育的走滑断裂对该井区储层的形成与油气充注起到了重要的作用。油气成藏表现为筇竹寺组供烃，东西向断裂纵向输导；古油藏 → 古气藏→现今气藏的过程中，没有经历较大的构造调整，表现为原位成藏的特征（图5-44）。

栖霞组白云岩储层具有较好的储集能力，孔、洞、缝均发育，但其同时具有非均质性强，横向变化快的特点。研究区栖霞组油气成藏模式表现为筇竹寺组烃源供烃、二叠系栖霞组白云岩成藏的特点，部分地区存在二叠系栖霞组自身烃源的贡献，但由于二叠系栖霞组泥灰岩生烃强度较低，并非主力烃源层。

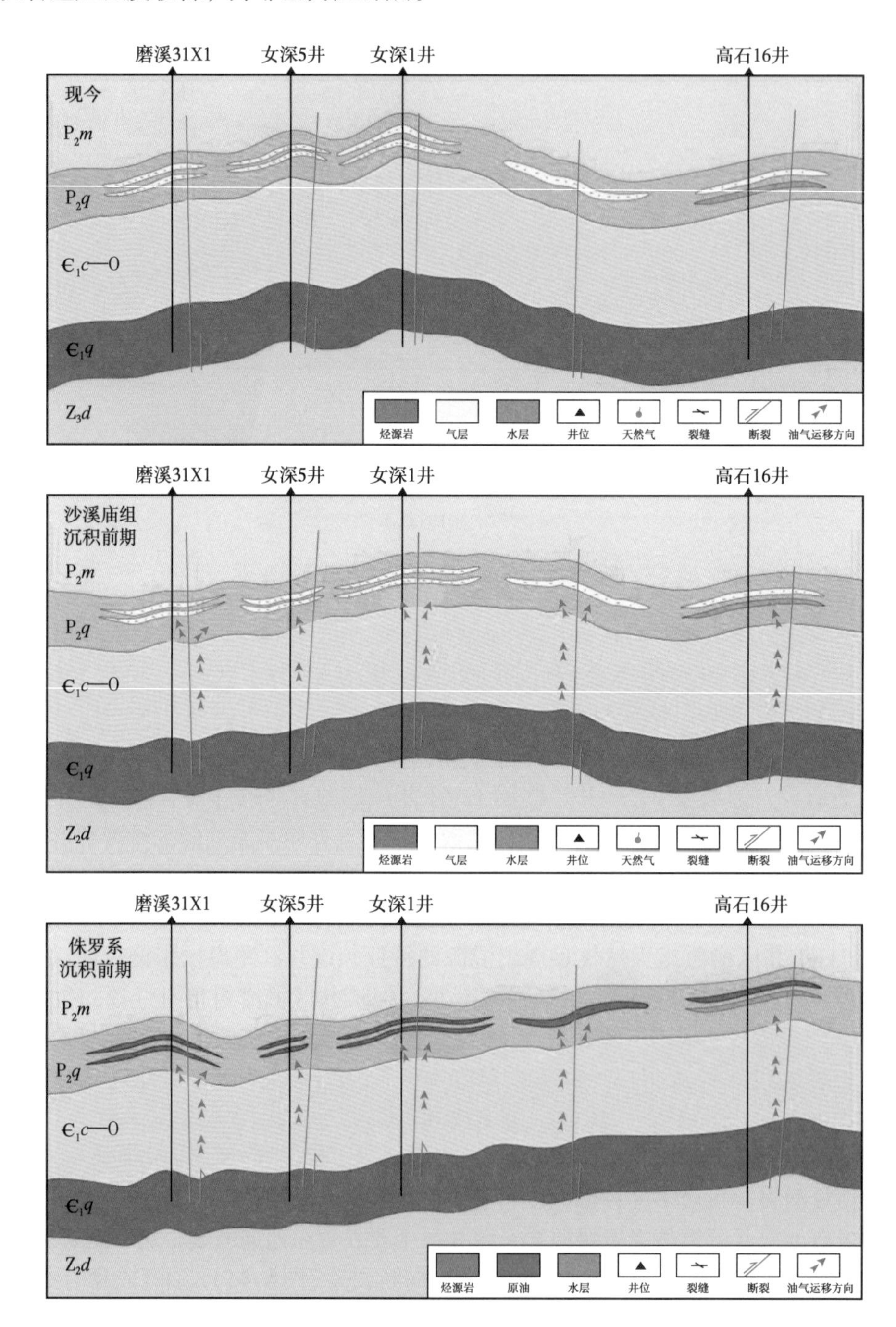

图5-44 磨溪31X1井区油气成藏模式图

高石 18 井区相邻的高石 001-X45 井栖霞组白云岩储层厚度仅 7m，测试却获日产 $161.91\times10^4m^3$，该井位于灯四段台缘带之上，并紧邻裂陷槽，油气的充注强度较灯四段台内地区充注强度更高，烃源强充注可能是该井获得高产的主要原因（图 5-45）。

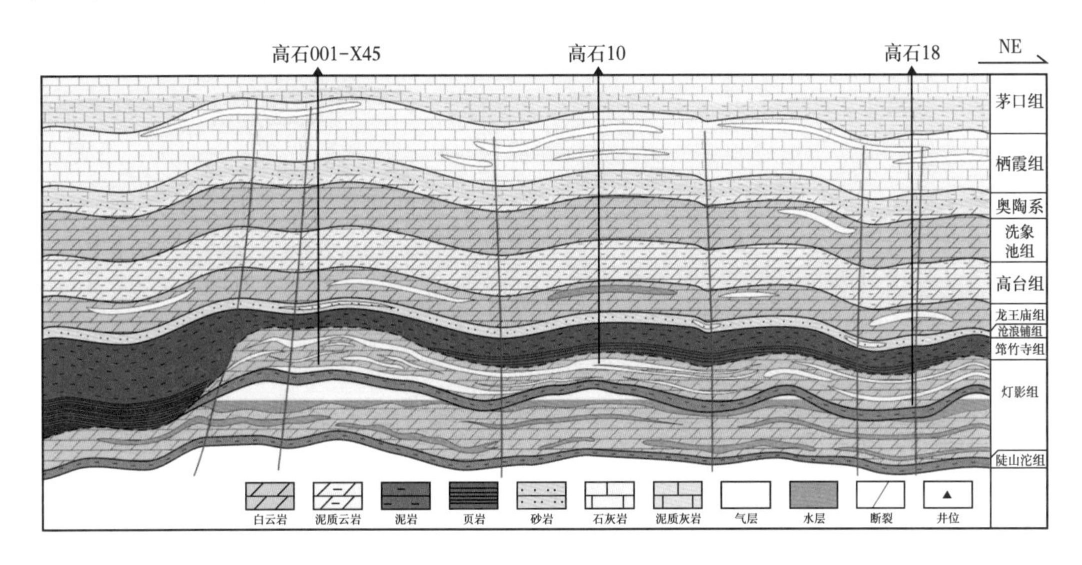

图 5-45　高石梯地区栖霞组油气成藏模式图

5.2　油气成藏主控因素

气藏的形成与沉积相、储层、烃源、圈闭及构造演化等含油气地质条件具有密不可分的关系，不同因素的差异性及相互之间的匹配关系在很大程度上决定了气藏最后的规模和产能。因此，在对含油气地质条件研究基础上，以研究区内典型气藏的解剖进一步明确成藏的主控因素，总结油气富集规律，指导下一步勘探部署。

5.2.1　充足的烃源岩条件

烃源岩是形成油气田的重要物质基础，四川盆地烃源岩主要划分为泥质岩和碳酸盐岩两大类，且深灰色—黑色泥质岩、碳酸盐岩是有效烃源岩。烃源岩主要分布在下寒武统筇竹寺组（ϵ_1q）、下志留统龙马溪组（S_1l）、下二叠统（P_1）、上二叠统龙潭组（P_3l）、上三叠统须家河组（T_3x）和下侏罗统（J_1）六套地层中，俗称“四下二上”。

中二叠统主要发育三套烃源层，自上而下分别为中二叠统灰黑色—黑灰色含有机质泥质灰岩、黑色泥页岩，志留系龙马溪组黑色页岩、深灰色泥岩和下寒武统筇竹寺组黑色泥质烃源岩。局部地区还有上二叠统龙潭组煤系烃源岩。龙潭组煤系烃源岩的供烃范围、供烃效率及对成藏的贡献仍存在争议，可能并不是整个盆地中二叠统的统一供烃层系。川西志留系龙马溪组烃源岩缺失，仅发育中二叠统和下寒武统二套烃源层，具有厚度大、有机质丰度高、类型好、成熟度高，烃源岩生气强度大的特点。川中中二叠统的供烃层系主要为寒武系筇竹寺组、高石梯—磨溪—龙女寺地区中二叠统烃源岩贡献。通过气源分析认为，川西栖霞组天然气主要为中二叠统自身泥灰岩及下寒武统筇竹寺组的混合来源；川中栖霞组天然气主要以寒武系筇竹寺组贡献为主，部分存在中二叠统泥灰岩的输入，极少部分存在志留系的贡献，如高石 19 井。

以四川盆地中二叠统泥灰岩烃源岩为例，川东、川西北地区泥灰岩较厚，川中、川西南、蜀南地区较薄；有机质类型以Ⅱ$_1$—Ⅱ$_2$型为主，有机质丰度高，平均有机碳含量为 1.4%，多以高—过成熟为主；主生油期为晚三叠世—中侏罗世，主生气期为晚侏罗世—白垩纪，三叠纪末进入生油高峰，侏罗纪末达到生气高峰。茅口组泥灰岩生气量大于栖霞组泥灰岩。茅口组烃源岩以Ⅱ$_1$—Ⅱ$_2$型为主，大隆组烃源岩以Ⅱ$_2$—Ⅲ型为主，梁山组烃源岩以Ⅲ型为主。龙马溪组烃源岩主要为盆地相黑色页岩和深灰色泥岩，有机碳含量普遍较高，一般分布于 0.4%~1.6% 之间，烃源岩有机质类型主要为Ⅰ型，有机质成熟度较高，R_o 为 2.0%~4.5%，均达到过成熟阶段，以生成油型裂解气为主。筇竹寺组泥岩为Ⅰ型，有机质丰度高，平均有机碳含量为 3%，处于高—过成熟阶段。综合分析认为川中—川西地区中二叠统泥灰岩及下寒武统筇竹寺组泥岩有机质丰度均较高，具有良好的生烃条件。志留系烃源岩对川中—川西地区栖霞组油气成藏的贡献较少。

5.2.2 有利的沉积相带与储集体

通过对沉积特征和层序结构的详细研究发现，栖霞组储层主要发育于栖霞组高位域（SQ1—HST）时期，为台缘滩相沉积。栖霞组沉积中—晚期，台地边缘一带环境利于生物的生长繁殖，发育高能滩。水体易于打碎生物残骸并在原地及附近形成以生物（屑）为主的颗粒堆积，可形成原生孔隙。虽在后期的胶结作用中部分孔隙被充填，但这些骨架颗粒形成的高孔渗层段为白云石化奠定了物质基础。

另外，在开阔台地相带内有一些局部地貌相对高的地带，环境良好，适于多种生物生长，且间歇性受到较强波浪的改造，也可发育生屑滩沉积。与台缘滩对比看，台内滩单滩体规模较小，但也是白云岩发育的有利相带。相比之下，滩间海亚相水体循环较弱、能量较低，主要形成灰泥沉积，从岩性和物性各方面均不适于储层发育。由此可见，高能生屑滩的分布对区内栖霞组储层的发育具有积极的控制作用。

高能颗粒滩发育且由于古地貌较高，经过同生—准同生期溶蚀作用并在埋藏期易于发生白云石化作用的区域即为储层的有利发育区。四川盆地栖霞组沉积期地貌特征是由西南向北东逐渐变低，这与目前钻井所揭示的白云岩分布特征基本一致：（1）在处于沉积高地的川西南地区，厚层白云岩储层发育，一般大于 45m，如周公 1 井、汉深 1 井等，储层成因是多期暴露滩体叠加在一起形成厚储层；（2）在处于沉积斜坡带的川西北—川中地区，白云岩储层较薄，通常为 10 余米，如磨溪 108 井、磨溪 42 井等，这是因为地貌相对低，滩体暴露频率低，未形成叠置状态，虽有局部高点能形成较厚储层，如矿 2 井，但分布极不稳定，如相距仅 5km 的矿 3 井白云岩储层仅厚数米；（3）在处于沉积洼地的川东北地区，白云岩储层则几乎不发育。在沉积相控的基础上，结合储层特征与成因分析等多方面因素，预测了四川盆地栖霞组白云岩储层的展布（图 3-21）。由图可见栖霞组厚层白云岩储层主要分布在川西剑阁—雅安地区，川中南充—遂宁地区发育薄层白云岩储层。

5.2.3 稳定的构造及圈闭

构造条件是区带评价中重点考虑的条件之一，构造区带的形成演化控制油气的运聚、成藏、调整乃至破坏。正向构造带是评价的重点。正向构造带（隆起）一般是低势带，是油气运移的指向带，位于隆起带高部位的构造圈闭比斜坡带或低洼带更容易捕捉油气；负向构造带（凹陷）一般处于高势带，不是油气运移的指向，难以有效地聚集油气。对研究区内构造条件进行评价时，还应充分考虑构造演化与烃源岩演化、古构造与现今构造的关系、构造带内目的层系的储集条件、构造位置与主力烃源坳陷的距离远近等。

前期勘探和研究表明，四川盆地海相已发现的大—中型气田及气藏、含气构造大多位于印支期、燕山期隆起或斜坡带上，近年来发现的高石梯—磨溪龙王庙组、下古震旦系气藏位于加里东期乐山—龙女寺古隆起之上，显示出了古隆起对油气成藏控制的重要作用。同时，现今构造圈闭是否发育仍然是评价构造条件好坏的重要因素之一。对于工区而言，构造圈闭与具一定规模的储集体复合形成构造—岩性或岩性—构造复合型圈闭应作为重点考虑。

川西北部发育一系列呈北东南西向展布、近平行的构造圈闭，以10号断裂为界，可分为射箭河—潼梓观构造带和中坝—双鱼石构造带，构造、断层和岩性变化可构成大型构造—岩性复合圈闭。据中国石油西南油气田公司勘探开发研究院（2018）研究表明，山前带栖霞组三维区内最低构造海拔 -7000m，西北受①号、⑩号断层遮挡，东北部受岩性封堵，构造—岩性复合圈闭面积 1030km^2。泥盆系观雾山组射箭河—潼梓观构造带发育圈闭13个，小于 5km^2 的圈闭6个，圈闭面积 92.52km^2；中坝—双鱼石构造带发育圈闭24个，小于 5km^2 的圈闭15个，圈闭面积 222.36km^2。良好的圈闭条件无疑为川西北部山前构造带深层规模性碳酸盐岩气藏的形成提供了聚集场所。上覆嘉陵江组和雷口坡组发育的巨厚膏盐层为油气的保存提供了良好的区域性盖层。

5.2.4　优越的保存条件

四川盆地古生界生烃层系多，生烃母质好，具有很强的生烃能力，生成油气能否聚集成藏并保存至今，保存条件是关键。与液态烃比较，天然气更容易散失，人们普遍接受天然气晚期成藏和动平衡聚集成藏的观点，保存条件对于天然气成藏尤其重要。四川盆地中二叠统与早侏罗世开始大量生油并聚集成藏，喜马拉雅期则是原油裂解或干酪根继续生成裂解气并聚集的成藏关键时刻。断裂活动期可能是控制中二叠统天然气聚集成藏与散失的关键因素。晚期断裂活动性导致各大区天然气保存条件差异。中二叠统断裂主要活动可能为印支期和喜马拉雅期，其中继承性发育的“通天”断层切割背斜核部，破坏了圈闭有效性，可能导致中二叠统天然气散失，而喜马拉雅期断裂无明显活动的断层相关褶皱带则有利于中二叠统天然气富集。为此，根据喜马拉雅期断裂构造特点，可以将气藏保存条件分两大类：一类是受喜马拉雅期断裂影响比较强烈的地区，另一类是受喜马拉雅期构造作用影响较弱的地区。

（1）川西北部矿山梁、碾子坝、长江沟等地表构造上残留大量沥青；矿山梁构造北高点矿2井栖霞组储层段在井深 2415m（海拔 -1543.18m），MDT 取得水样 10L，现场测量 Cl^- 含量为 427mg/L，为淡水，反映了水自由交替带下切很深，地表渗入水系统循环强烈的事实，处于自由交替带油藏已经完全被破坏。向盆地内处于宝轮镇的矿3井在井深 3324.5~3338.5m（海拔 -2748.8m）射孔测试联作，产微气，产水 11.52 m^3/d，经水化学分析为盐水，说明地表水自由交替受阻。再往盆地内的下寺构造矿1井茅口组 4220~4236m（海拔 -3665.64m）射孔酸化测试，产气 2.67×10^4m^3/d；河湾场构造河3井茅口组 3348.84~3380m（海拔 -2845.4m）获气 35.43×10^4m^3/d，这时地表水循环已停止，处于交替停止带，已具备一定保存条件。在断褶带双鱼石构造钻探的双探1井在茅口组井深6853~6881m（海拔-6548.96m）产气126.77×$10^4m^3/d$，栖霞组井深7212~7224.5m、7230~7242.5m、7298~7308m产气87.6×$10^4m^3/d$，埋藏较深。因此川西地区有利的含油气区带应是处于盆地地腹内或上覆地层保存较全的山前构造带，有利的圈闭应为那些构造完整、其上无通天断层发育的构造圈闭。

（2）川西南地区周公山构造上钻探的周公1井，于栖霞组中晶针孔云岩中产淡水132m^3/d。该井靠近盆地边界，构造活动强烈，因此保存条件较差。除盆地边界附近的周公山、汉王场等构造中二叠统保存条件较差外，靠近盆地一侧保存条件好，低压、常压中的相对“高压”是保存条件好的有利地区。

同时川西南部发育多套区域性盖层，主要为中二叠统茅口组致密生屑灰岩、三叠系膏盐岩和陆相砂泥岩，各套封盖层具有横向分布稳定、连续性好的特征。茅口组底部厚度介于50~80m的深灰色—灰黑色似眼球状灰岩和泥晶生屑灰岩区内广泛分布，其泥质含量高、岩性致密，是栖霞组最直接的盖层；中—下三叠统嘉陵江组—雷口坡组发育厚层膏盐岩，其中平探1井膏盐岩厚近700m；三叠系—侏罗系发育巨厚的砂泥岩地层，陆相砂泥岩厚超过3000m，均是栖霞组良好的区域性盖层，保存条件良好。纵观区域的盖层条件来看，该区域的多套盖层有利于栖霞组天然气保存。

（3）川中地区切割中二叠统断层，在中生代、新生代活动不明显或无活动，天然气的保存条件较好，其中蜀南地区褶皱背斜构造发育，因此成为中二叠统成藏富集的主要场所。

并且川中地区茅一段发育眼球眼皮灰岩、黑色介壳泥灰岩与含生屑泥晶灰岩互层、泥质灰岩夹黑色页岩，泥质含量较高。茅一段在研究区内分布稳定，厚度变化范围在20~100m之间，且普遍具有生烃能力，因此该地层在作为盖层的同时，又为烃源岩，具有浓度封盖作用，构成了栖霞组的良好直接盖层。上二叠统龙潭组发育一套生物灰岩与黑色煤碳质泥页岩夹煤层。龙潭组作为盖层的同时，又为烃源岩，具有烃浓度封盖作用，可作为栖霞组的良好间接盖层，保存条件优越。

第 6 章　资源潜力分析与勘探方向

近年中二叠统栖霞组勘探取得众多进展。早期钻探表明川西北部上古生界具有良好的含气性，2014 年以前川西北部在栖霞组、茅口组及石炭系钻获气井 12 口，但多为裂缝型气层，资源探明及发现率均较低。2014 年，位于双鱼石潜伏构造高点附近的风险探井双探 1 井发现栖霞组层状孔隙型白云岩气层，获得 $86.7 \times 10^4 m^3/d$ 的高产工业气流，取得了川西海相勘探的重大突破。双探 1 井栖霞组白云岩钻厚 15m、豹斑状云质灰岩厚 5m。栖霞组测井解释 2 套储层，厚 18.6m，平均孔隙度 5.5%。双探 1 井的发现展示出川西北部中二叠统良好的勘探前景，打开了盆地中二叠统白云岩气层勘探的新局面。

自 2014 年以来，中国石油大力实施勘探开发一体化，整体部署、稳步推进，在双鱼石地区共计部署探井 12 口，滚动勘探开发井 9 口，完钻井 10 口，正钻井 4 口（双探 6、双鱼 X131、双鱼 132、双鱼 133 井）。累获工业气井 8 口，即双探 1 井、双探 3 井、双探 7 井、双探 8 井、双探 10 井、双探 12 井、双探 101 井、双鱼 001-1 井，平均单井测试产量 $48 \times 10^4 m^3/d$。2018 年，在川西北部栖霞组 $463.5 km^2$ 含气面积内提交地质储量 $1169.45 \times 10^8 m^3$，其中双鱼石区块控制储量 $811.3 \times 10^8 m^3$，双鱼石南区块预测储量 $358.15 \times 10^8 m^3$，千亿立方米大气田格局基本形成。

中二叠统栖霞组为近期四川盆地勘探新突破领域，综合勘探成果和地质研究，栖霞组为大型整装构造—岩性复合气藏。气藏整体具有北高南低、西高东低构造特征，西以①号控藏断层为界，北东构造上倾方向以岩性封堵，东南部以钻探证实的气层底界海拔 -7085m 为界，气藏高度 825m，面积约 $1900 km^2$，栖霞组已成为盆地天然气勘探开发重点接替领域。

6.1　区带地质资源评价

通过“十三五”全国油气资源评价对四川盆地中二叠统栖霞组油气地质特征的分析，依据四川盆地中二叠统烃源岩、中二叠统栖霞组沉积相与储层的最新研究成果，划分出中二叠统栖霞组的勘探区带，并以整个盆地细分为三类评价区块，其划分原则如下所示：

（1）川北及川中地区为中二叠统烃源岩生烃强值区；

（2）栖霞组白云岩主要分布在川西地区，川中地区有局部分布；

（3）建设性成岩作用发育——白云石化作用发育区有利于储层发育；

（4）Ⅰ类区为有利的白云岩发育区，以生烃强度 $20 \times 10^8/km^2$ 为界，为优质的生储匹配区。

通过对四川盆地中二叠统栖霞组的烃源岩、储层及沉积相的综合分析，划分出 2 个评价区带（表 6-1），细分为 4 个Ⅰ类评价区块，包括川西北台缘区带、川中台内带、川西中部高能带、川西南台缘区带（表 6-2）。在对四川盆地中二叠统栖霞组烃源条件、储层条件、圈闭条件、保存条件及配套条件研究的基础上，通过将评价区与对应刻度区进行类比，得出各评价区地质系数、地质资源量与可采资源量（表 6-2）。综合表明，栖霞组天然气地质资源量可达 $1.4261\times10^{12}m^3$。

表 6-1 中二叠统栖霞组评价区带划分表

区带划分	沉积相带	储层厚度（m）	储层岩性	孔隙度（%）	有机碳含量（%）	生气强度（$10^8m^3/km^2$）	成熟度（%）	直接盖层	盖层厚度（m）
川西台缘带	台缘高能生屑滩	15~32	白云岩	2.7~6.5	1.2~2.2	40~60	2.2~2.5	泥灰岩	40~60
川中开阔台地区带	台内高能生屑滩	8~12	白云岩、云质灰岩	2.5~5.5	0.5~0.7	20~30	>2	泥灰岩	40~80

表 6-2 中二叠统栖霞组评价区资源量分布表

区带	评价区块	评价区面积（km^2）	地质系数	运聚系数（‰）	对应刻度区运聚系数（‰）	地质资源量（10^8m^3）	可采资源量（10^8m^3）
川西北台缘区带	Ⅰ类评价区 a	8000	0.36	1.65	4.59	3974	2678
川中台内带	Ⅰ类评价区 b	12000	0.23	1.06	4.59	3809	2567
川西中部高能带		5800				1841	1241
川西南台缘区带	Ⅰ类评价区 c	14000	0.24	1.1	4.59	4637	3125
合计						14261	9611

6.2 勘探方向

截至 2021 年末，川西地区、川中地区钻遇栖霞组探井 160 余口，其中栖霞组测试获工业气井近 30 口，初步实现了川西台缘带、川中台内高带千亿立方米资源规模。

针对川西台缘集中勘探可分为川西北双鱼石地区及川西南平落坝—大兴场地区。双鱼石地区获工业气井平均单井产量可达 $50\times10^4m^3/d$ 以上，已建成了年产 $10\times10^8m^3$ 天然气规模试采区，累计产天然气近 $20\times10^8m^3$。川西北双鱼石气藏发现后，持续开展川西台缘带的整体研究，综合研究认为龙门山南段山前构造带、邛崃—大兴场—冬瓜场构造带成藏条件优越，台缘面积超 $1.0\times10^4km^2$，有利滩体面积可达 $5000km^2$，同时该区钻井栖霞组试采效果好，气井稳产能力强，展现出良好的开发潜力。

川西台缘带突破后，盆地栖霞组台内滩储层研究表明川中具有台内高带特征，有利于滩相储层发育，开展老井上试，测试效果好，发现川中地区栖霞组气藏。截至 2020 年，川中地区栖霞组多口钻井获高产工业气流，川中地区台内薄储层展现出良好的含气。通过开展四川盆地及邻区野外剖面、实钻井分析研究，结合地震解释工作，明确栖霞组“一缘两高带”的高能滩体展布特征，在川西北、川西南台缘及川中台内滩勘探基础上，在德阳—绵阳地区新发现川西中部栖霞组台缘向盆地内延伸勘探有利区以及台内多个高带有利滩体。

6.2.1　龙门山山前复杂造山带

自川西北双鱼石地区台缘滩相储层突破后，勘探研究进一步向龙门山山前复杂断褶带延伸，通过开展龙门山山前复杂构造带多滑脱层背景下推覆滑脱机制研究，建立了山前前锋带复杂断褶与原地隐伏构造叠加的构造新模式，进而利用该区部署的线束三维资料，揭示了龙门山北段前陆褶皱冲断带地质结构与逆冲推覆构造样式，识别冲断掩伏构造下伏发育原地构造，是台缘勘探向造山带扩展的有利区。通过平面刻画，明确了龙门山北段栖霞组顶界三级台阶构造格局，在双鱼石台缘有利区的基础上，进一步将台缘有利区向造山带扩展 1200km^2。红星 1 井位于龙门山复杂构造带，已钻至冲断掩伏构造下盘原地构造系统，中二叠统茅口组已钻遇白云岩，栖霞组有望钻遇优质滩相白云岩储层。

6.2.2　川西中部台缘区

前期研究认为川西中部受古隆起影响，缺失中—上寒武统—石炭系，德阳—绵阳地区二叠系直接与下寒武统接触。利用格架剖面，识别川西德阳—绵阳地区二叠系之下、震旦系之上地层具有凹陷特征。通过井震标定及引层，初步明确德阳—绵阳凹陷呈北西—南东向展布，凹陷控制了中—上寒武统及奥陶系厚度的增大。德阳—绵阳凹陷沉积演化表明该构造单元控制了加里东旋回多幕次沉降及海西早期泥盆系沉积，形成了栖霞组沉积前差异古地貌格局，凹陷周缘古地貌高控制了栖霞组高能滩相展布，新发现凹陷边缘相带宽 20~48km，面积 5800km^2，其中发育 6 个有利滩体厚值区，面积合计 1670km^2。

6.2.3　九龙山—龙岗台内高带

该区位于古隆起外围区域，沉积背景位于扬子板块北缘，即勉略洋南侧沉积高能相带，具备发育高能滩相储层的条件。而九龙山地区栖霞组勘探表明具有较好含气性，同时川北米仓山前缘正源、鱼洞河、曾家镇等野外露头资料证实栖霞组台内滩相发育，川中地区加里东古隆起外围区域受差异古地貌控制仍可形成高能滩相储层。因此结合石炭系、梁山组的沉积分布、岩性与厚度特征，精细刻画古隆起外围区域古地貌高部位展布，是古隆起外围区寻找栖霞组高能滩相储层的勘探方向。

6.2.4　高石梯以西台内高带

基于川中台内高带的研究，初步认为环加里东古隆起奥陶系坡折带为栖霞组台内滩相有利区。目前围绕加里东古隆起，其东翼为川中高石梯—磨溪地区，已获得突破。其北翼受德阳—绵阳凹陷周缘地貌高带及古隆起围斜部位共同控制高能相带展布，已开展风险探井部署工作。而古隆起南翼，即高石梯以西地区，威远—安岳地区是下一步环古隆起台内高能滩相可能发育的有利地区，该区位于德阳—安岳裂陷之上，二叠系下伏发育巨厚优质下寒武统筇竹寺组烃源岩，结合该区海西早期栖霞组沉积前古地貌，可作为栖霞组台内高带滩相储层的接替领域。

参考文献

马力，2004. 中国南方大地构造与海相油气地质 [M]. 上册 . 北京：地质出版社 .

陈洪德，覃建雄，王成善，等，1999. 中国南方二叠纪层序岩相古地理特征及演化 [J]. 沉积学报，17（4）：13-24.

陈竹新，李伟，王丽宁，等，2019. 川西北地区构造地质结构与深层勘探层系分区 [J]. 石油勘探与开发，46（2），207-218.

陈竹新，贾东，魏国齐，等，2006. 川西前陆盆地南段薄皮冲断构造之下隐伏裂谷盆地及其油气地质意义 [J]. 石油与天然气地质，27（4）：460-466，474.

陈竹新，李伟，王丽宁，等，2019. 川西北地区构造地质结构与深层勘探层系分区 [J]. 石油勘探与开发，46（2）：397-408.

戴鸿鸣，王顺玉，王海清，等，1999. 四川盆地寒武系—震旦系含气系统成藏特征及有利勘探区块 [J]. 石油勘探与开发，26（5）：16-20，7.

戴金星，陈践发，钟宁宁，等，2003. 中国大气田及其气源 [M]. 北京：科学出版社 .

戴金星，1992. 各类天然气的成因鉴别 [J]. 中国海上油气（1）：11-19.

戴金星，2011. 天然气中烷烃气碳同位素研究的意义 [J]. 天然气工业，31（12）：1-6，123.

董才源，谢增业，裴森奇，等，2018. 四川盆地中二叠统天然气地球化学特征及成因判识 [J]. 断块油气田，25（4）：450-454.

董才源，谢增业，朱华，等，2017. 川中地区中二叠统气源新认识及成藏模式 [J]. 西安石油大学学报（自然科学版），32（4）：18-23，31.

郭正吾，邓康龄，韩永辉，等，1996. 四川盆地形成与演化 [M]. 北京：地质出版社 .

韩德馨，等，1996. 中国煤岩学 [M]. 徐州：中国矿业大学出版社 .

韩克猷，胡德一，1991. 四川盆地陆盆发展与上三叠统油气生成聚集关系 [J]. 天然气工业，11（4）：34-38，11.

郝彬，胡素云，黄士鹏，等，2016. 四川盆地磨溪地区龙王庙组储层沥青的地球化学特征及其意义 [J]. 现代地质，30（3）：614-626.

何斌，徐义刚，王雅玫，等，2005. 东吴运动性质的厘定及其时空演变规律 [J]. 地球科学，30（1）：89-96.

何登发，李德生，张国伟，等，2011. 四川多旋回叠合盆地的形成与演化 [J]. 地质科学，46（3）：589-606.

洪海涛，杨雨，刘鑫，等，2012. 四川盆地海相碳酸盐岩储层特征及控制因素 [J]. 石油学报，33（S2）：64-73.

胡国艺，肖中尧，罗霞，等，2005. 两种裂解气中轻烃组成差异性及其应用 [J]. 天然气工业，25（9）：23-25，150.

黄东，刘全洲，杨跃明，等，2011. 川西北部地区下二叠统茅口组油苗地球化学特征及油源研究 [J]. 石油实验地质，33（6）：617-623.

黄涵宇，何登发，李英强，等，2017. 四川盆地及邻区二叠纪梁山—栖霞组沉积盆地原型及其演化 [J]. 岩石学报，33（4）：1317-1337.

黄文彪，2010. 松辽盆地南部中西部断陷带深层烃源岩评价及有利区预测 [D]. 大庆：东北石油大学 .

贾东，陈竹新，贾承造，等，2003. 龙门山前陆褶皱冲断带构造解析与川西前陆盆地的发育 [J]. 高校地质学报，9（3）：402-410.

李国辉，李翔，宋蜀筠，等，2005. 四川盆地二叠系三分及其意义 [J]. 天然气勘探与开发，28（3）：20-25，4.

李海平，2020. 蜀南地区茅口组与嘉陵江组天然气成因与来源及运聚模式 [D]. 北京：中国石油大学（北京）.

李剑，谢增业，李志生，等，2001. 塔里木盆地库车坳陷天然气气源对比 [J]. 石油勘探与开发，28（5）：29-32，41.

李琪琪，2019. 川西北地区中二叠统栖霞组成藏主控因素分析 [D]. 成都：西南石油大学 .

梁狄刚，郭彤楼，陈建平，等，2008. 中国南方海相生烃成藏研究的若干新进展（一） 南方四套区域性海相烃源岩的分布 [J]. 海相油气地质，13（2）：1-16.

梁兴，叶舟，马力，等，2004. 中国南方海相含油气保存单元的层次划分与综合评价 [J]. 海相油气地质，9（1-2）：59-76，123.

刘和甫，梁慧社，蔡立国，等，1994. 川西龙门山冲断系构造样式与前陆盆地演化 [J]. 地质学报，68（2）：101-118.

刘冉，罗冰，李亚，等，2021. 川西地区二叠系火山岩展布与茅口组岩溶古地貌关系及其油气勘探意义 [J]. 石油勘探与开发，48（3）：575-585.

刘树根，童崇光，罗志立，等，1995. 川西晚三叠世前陆盆地的形成与演化 [J]. 天然气工业，15（2）：11-15

娄雪，2017. 四川盆地栖霞组白云岩储层成因机制与分布规律研究 [D]. 北京：中国石油大学（北京）.

逯瑞敬，2011. 松辽盆地南部长岭断陷深层烃源岩评价 [D]. 大庆：东北石油大学 .

罗志立，金以钟，朱夔玉，等，1988. 试论上扬子地台的峨眉地裂运动 [J]. 地质论评，34（1）：11-24.

马红强，陈强路，陈红汉，等，2003. 盐水包裹体在成岩作用研究中的应用——以塔河油田下奥陶统碳酸盐岩为例 [J]. 石油实验地质，25（S1）：601-606.

梅庆华，何登发，文竹，等，2014. 四川盆地乐山—龙女寺古隆起地质结构及构造演化 [J]. 石油学报，35（1）：11-25.

孟宪武，2015. 川西二叠系沉积储层特征研究 [D]. 成都：成都理工大学 .

Martin Schoell，丰梁垣，1981. 不同成因的天然气中甲烷的碳和氢同位素组成 [J]. 地质地球化学（3）：22-27.

邱琼，邢浩婷，李成，等，2015. 四川盆地中二叠统栖霞组岩相古地理特征研究 [J]. 内蒙古煤炭经济（4）：196-197.

沈树忠，张华，张以春，等，2019. 中国二叠纪综合地层和时间框架 [J]. 中国科学：地球科学，49（1）：160-193.

盛金章，等，1962. 河北康保栖霞组沉积期的（竹蜓）类 [J]. 古生物学报（4）：426-432.

宋世骏，刘森，梁月霞，2018. 鄂尔多斯盆地西南部长 8 致密油层油气成藏期次和时期 [J]. 断块油气田，25（2）：141-145.

宋文海，1996. 乐山 — 龙女寺古隆起大中型气田成藏条件研究 [J]. 天然气工业，16（S1）：13-26，105-106.

孙闯，2017. 龙门山褶皱冲断带构造物理模拟研究 [D]. 南京：南京大学 .

孙晓猛，许强伟，王英德，等，2010. 川西北龙门山冲断带北段油砂成藏特征及其主控因素 [J]. 吉林大学学报（地球科学版），40（4）：886-896.

孙奕婷，田兴旺，马奎，等，2019. 川西北地区双鱼石气藏中二叠统天然气碳氢同位素特征及气源探讨[J]. 天然气地球科学，30（10）：1477-1486.

汪泽成，赵文智，彭红雨，2002. 四川盆地复合含油气系统特征 [J]. 石油勘探与开发，29（2）：26-28.

王传尚，汪啸风，陈孝红，等，2003. 奥陶纪末期层序地层学研究 [J]. 地球科学，28（1）：6-10.

王大锐，2000. 塔里木盆地中、上奥陶统烃源岩的碳同位素宏观证据 [J]. 地质论评，46（3）：328-334.

王鼐，魏国齐，杨威，等，2016. 川西北构造样式特征及其油气地质意义 [J]. 中国石油勘探，21（6）：26-33.

吴庆余，刘志礼，朱浩然，1986. 前寒武纪藻类对某些层纹状燧石形成作用的生物地球化学模式和模拟实验研究 [J]. 地质学报（4）：375-389，411-412.

谢增业，杨春龙，董才源，等，2020. 四川盆地中泥盆统和中二叠统天然气地球化学特征及成因 [J]. 天然气地球科学，31（4）：447-461.

邢浩婷，邱琼，刘明，等，2015. 四川盆地中二叠统茅口组岩相古地理特征研究 [J]. 内蒙古煤炭经济（4）：195，197.

徐昉昊，袁海锋，徐国盛，等，2018. 四川盆地磨溪构造寒武系龙王庙组流体充注和油气成藏 [J]. 石油勘探与开发，45（3）：426-435.

徐诗雨，林怡，曾乙洋，等，2022. 川西北双鱼石地区下二叠统栖霞组气水分布特征及主控因素 [J]. 岩性油气藏，34（1）：63-72.

徐义刚，2022. 地幔柱构造、大火成岩省及其地质效应 [J]. 地学前缘，9（4）：341-353.

许波，2015. 伊通盆地莫里青断陷油气资源潜力研究 [D]. 大庆：东北石油大学 .

许效松，刘宝珺，赵玉光，1996. 上扬子台地西缘二叠系—三叠系层序界面成因分析与盆山转换 [J]. 特提斯地质：1-30.

杨巍，张廷山，刘治成，等，2014. 地幔柱构造的沉积及环境响应——以峨眉地幔柱为例 [J]. 岩石学报，30（3）：835-850.

杨跃明，陈聪，文龙，等，2018. 四川盆地龙门山北段隐伏构造带特征及其油气勘探意义 [J]. 天然气工业，38（8）：8-15.

张健，周刚，张光荣，等，2018. 四川盆地中二叠统天然气地质特征与勘探方向 [J]. 天然气工业，38(1)：10-20.

张敏，张俊，1999. 塔里木盆地原油噻吩类化合物的组成特征及地球化学意义 [J]. 沉积学报，17（1）：121-126.

张水昌，卢松年 .1993. 海洋古细菌分子化石 [J]. 地球科学，2（4）：381-392，527.

赵文智，胡素云，刘伟，等，2014. 再论中国陆上深层海相碳酸盐岩油气地质特征与勘探前景 [J]. 天然气工业，34（4）：1-9.

赵宗举，范国章，吴兴宁，等，2007. 中国海相碳酸盐岩的储层类型、勘探领域及勘探战略 [J]. 海相油气地质，12（1）：1-11.

赵宗举，李大成，朱琰，等，2001. 合肥盆地构造演化及油气系统分析 [J]. 石油勘探与开发，28（4）：8-13.

赵宗举，周慧，陈轩，等，2012. 四川盆地及邻区二叠纪层序岩相古地理及有利勘探区带 [J]. 石油学报，33（S2）：35-51.

郑和荣，曾允孚，张锦泉，1992. 四川龙门山北段泥盆纪陆架沉积特征与盆地演化 [J]. 石油勘探与开发，19（4）：27-35，107.

邹才能，陶士振，周慧，等，2008. 成岩相的形成、分类与定量评价方法 [J]. 石油勘探与开发，35（5）：526-540.

B G Jones，B E Chenhall，A J Wright，et al.，1987. Silurian evaporitic strata from New South Wales，Australia[J]. Palaeogeography，Palaeoclimatology，Palaeoecology，59：215-225.

B M Krooss，R Littke，B Müller，et al.，1993，Generation of nitrogen and methane from sedimentary organic matter：Implications on the dynamics of natural gas accumulations[J]. Chemical Geology，126，(3-4)：291-318.

Barry J Katz，Louis W Elrod，1983. Organic geochemistry of DSDP Site 467，offshore California，Middle Miocene to Lower Pliocene strata[J]. Geochimica et Cosmochimica Acta，47（3）：389-396.

D H Welte，W Kalkreuth，J Hoefs，1975. Age-trend in carbon isotopic composition in Paleozoic sediments[J]. Naturwissenschaften，62（10）.

D A Budd，1997. Cenozoic dolomites of carbonate islands：their attributes and origin[J]. Earth-Science Reviews，42（1-2）：1-47.

Demel R A，De Kruyff B，1976. The function of sterols in membranes[J]. Biochimica et Biophysica Acta（BBA）- Reviews on Biomembranes，457（2）.

F W Jones，J A Majorowicz，H L Lam，1985. The variation of heat flow density with depth in the prairies basin of western Canada[J]. Tectonophysics，121（1）：35-44.

Hans G Machel，H Roy Krouse，Roger Sassen，1995. Products and distinguishing criteria of bacterial and thermochemical sulfate reduction[J]. Applied Geochemistry，10（4）：373-389.

Huang Wen-Yen，Meinschein W G，1979. Sterols as ecological indicators[J]. Geochimica et Cosmochimica Acta，43（5）.

Ján Veizer，Davin Ala，Karem Azmy，et al.，1999. 87Sr/86Sr，$\delta^{13}C$ and $\delta^{18}O$ evolution of Phanerozoic seawater[J]. Chemical Geology，161（1-3）：59-88.

K E Peters，J M Moldowan，P Sundararaman，1990. Effects of hydrous pyrolysis on biomarker thermal maturity parameters：Monterey Phosphatic and Siliceous members[J]. Organic Geochemistry，15（3）：249-265.

K E Peters，J M Moldowan，1993. The biomarker guide：Interpreting molecular fossils in petroleum and ancient sediments [M]. Upper Saddle River：Prentice Hall：182-363.

Leslie B Magoon，George E Claypool，1984. The Kingak shale of northern Alaska—regional variations in organic geochemical properties and petroleum source rock quality[J]. Organic Geochemistry，6：533-542.

Luis M Agirrezabala，Carmen Dorronsoro，Albert Permanyer，2008. Geochemical correlation of pyrobitumen fills with host mid-Cretaceous Black Flysch Group（Basque-Cantabrian Basin，western Pyrenees）[J]. Organic Geochemistry，39（8）：1185-1188.

R Burwood，R J Drozd，H I Halpern，et al.，1988. Carbon isotopic variations of kerogen pyrolyzates[J]. Organic Geochemistry，12（2）：195-205.

T G Powell，1975. Geochemical studies related to the occurrence of oil and gas in the dampier sub-basin，Western Australia[J]. Journal of Geochemical Exploration，4（4）：441-466.

Wilson L Orr，1986. Kerogen/asphaltene/sulfur relationships in sulfur-rich Monterey oils[J]. Organic Geochemistry，10（1-3）：499-516.